地质灾害勘查技术

DIZHI ZAIHAI KANCHA JISHU

程先锋　眭素刚　齐武福　赵心亮　编著

图书在版编目(CIP)数据

地质灾害勘查技术/程先锋等编著.—武汉:中国地质大学出版社,2024.3
ISBN 978-7-5625-5784-5

Ⅰ.①地…　Ⅱ.①程…　Ⅲ.①地质灾害-勘探　Ⅳ.①P694

中国国家版本馆 CIP 数据核字(2024)第 037915 号

地质灾害勘查技术　　程先锋　眭素刚　齐武福　赵心亮　**编著**

责任编辑:杨　念　　选题策划:张　琰　　责任校对:张咏梅

出版发行:中国地质大学出版社(武汉市洪山区鲁磨路 388 号)　　邮政编码:430074
电　话:(027)67883511　　传　真:(027)67883580　　E-mail:cbb @ cug.edu.cn
经　销:全国新华书店　　http://cugp.cug.edu.cn

开本:787 毫米×1092 毫米 1/16　　字数:404 千字　　印张:17
版次:2024 年 3 月第 1 版　　印次:2024 年 3 月第 1 次印刷
印刷:武汉市籍缘印刷厂

ISBN 978-7-5625-5784-5　　定价:68.00 元

前　言

由于特殊的地质环境条件和工程建设力度，我国是世界上地质灾害最严重、受威胁人口最多的国家之一，地质灾害防治任务艰巨。我国对地质灾害防治工作越来越重视，地质灾害勘查、设计、施工与监理等相关产业迅猛发展。地质灾害勘查是用专业技术方法调查分析地质灾害状况和形成发展条件的各项工作的总称，其目的是科学地确定灾害地质体的特征、稳定状态和发展趋势，为分析地质灾害发生的危险性，论证地质灾害防治的可行性和比选防治工程方案，最终确定是否需要治理、采取躲避方案或实施防治工程等不同对策提供依据。

本书面向基层技术人员和地质类专业高职高专、本科学生，介绍了滑坡、崩塌（危岩体）、泥石流、岩溶塌陷、地面沉降、地裂缝、采空区及地震效应等常见地质灾害和不良地质现象的基本知识和勘查技术要求与方法，在理论够用的前提下，注重实例分析，力求具有较强的实用性。

本书共由九章组成：第一章为绪论；第二章为滑坡勘查；第三章为崩塌（危岩体）勘查；第四章为泥石流勘查；第五章为岩溶塌陷及岩溶场地勘查；第六章为地面沉降勘查；第七章为采空区勘查；第八章为地裂缝勘查；第九章为场地和地基的地震效应勘查。

本书编写过程中，参考了大量国内出版的同类专著和教材；笔者所在单位的领导和同事给予了大力支持和帮助，在此笔者一并致以诚挚的感谢！此外，本书的出版得到了云南省“兴滇英才支持计划”项目、“云南省教育厅健康地质调查评价工程研究中心（培育）”项目、“云南省教育厅高原生态农业地质调查与评价科技创新团队（培育）”项目、“云南国土资源职业学院生态环境地质科技创新团队”项目的联合资助。

囿于笔者水平有限，书中难免存在错误和不妥之处，恳请读者予以批评指正！

笔者

2024 年 2 月

目 录

1 绪 论

1.1 地质灾害及其危害与防治

地质灾害是指引起人类生命财产和生态环境损失的不良地质作用，主要包括滑坡、崩塌、泥石流、地面塌陷、地裂缝、地面沉降等灾种。

我国地质和地理环境复杂，气候条件时空差异大，地质灾害种类多、分布广、危害大，是世界上地质灾害最严重的国家之一。20 世纪 80 年代以来，我国大陆地区发生的死亡人数在 30 人以上，或经济损失在千万元以上，或造成重大社会影响的地质灾害就达 100 余处，如 1980 年湖北远安盐池河岩崩、1982 年长江三峡鸡扒子滑坡、1983 年甘肃洒勒山滑坡、1985 年长江新滩滑坡、1989 年四川华蓥山溪口滑坡、1991 年云南昭通头寨沟滑坡、1994 年乌江鸡冠岭崩滑、1995 年三峡库区巴东新城黄土坡滑坡、1996 年云南元阳老金山滑坡、1998 年重庆巴南麻柳咀滑坡、2000 年西藏易贡滑坡、2001 年重庆武隆滑坡、2003 年三峡库区千将坪滑坡、2004 年贵州纳雍危岩体崩塌、2005 年四川丹巴县城后山滑坡、2008 年云南楚雄泥石流、2009 年重庆武隆鸡尾山崩塌、2010 年舟曲"8·8"特大山洪泥石流等。这些灾害的发生，不仅带来了重大的人员伤亡或财产损失，而且也引发了严重的社会问题和公共安全问题。此外，缓变性地面沉降造成的经济损失也十分严重。

据统计，1996—2010 年(2010 年甘肃舟曲特大山洪泥石流地质灾害除外)，平均每年因突发滑坡、崩塌、泥石流等地质灾害死亡和失踪 1090 人，年均经济损失 120 亿～150 亿元。从统计数据来看，我国地质灾害的发生数量长期居高不下，造成的生命、财产损失更是触目惊心，这些均表明了我国地质灾害防治工作的艰巨性和长期性。

据 1999 年以来以县(市)为单元的地质灾害调查结果，全国除上海市外各省、自治区、直辖市均存在滑坡、崩塌、泥石流地质灾害。截至 2010 年年底，已记录编目的灾害隐患点约 24 万处，直接威胁人口达 1359 万人，受影响人口预计为 6795 万人。其中，四川、重庆、云南、贵州、江西、广西、广东、福建、陕西、湖南、山西、西藏、湖北、甘肃等省、自治区、直辖市最为严重，灾害隐患点数量约占全国总数的 75%。

我国地质灾害之所以如此突出，主要是与我国极其特殊的地质环境有关。从地球动力学的角度，我国新生代以来的地质环境及其演变主要受控于挽近期以来青藏高原的快速隆升，伴随这一过程，黄河、长江、澜沧江及其主要支流，如金沙江、雅砻江等先后开始发育并强烈下切，形成我国三级台地的总体地貌格局和高原东侧横断山系的高山峡谷地貌景观。与此同时，高原周边断裂体系，如龙门山断裂带、鲜水河断裂带、安宁河断裂带等产生强烈活动，强震沿这些断裂带频繁出现，造就了高原周边区域受构造控制的局部高地应力区分布现象。在这样的动力地质环境下，伴随河谷下切，河谷岸坡产生强烈的浅表生改造，并发育了各种类型的大型浅表生时效变形破裂，最终导致大规模的崩塌、滑坡屡屡发生，且常常有超大型崩滑堵江断流形成堰塞湖。综合比较，我国地质灾害，尤其是重特大地质灾害，具有规模大、成灾机制复杂、灾害损失大、防治难度高等特点，这些特点在全世界范围内也具有典型性甚至独特性。

地质灾害具有隐蔽性、突发性和破坏性，预报预警难度大，防范难度大，社会影响大。我国地质灾害防治面临严峻形势，具体表现在以下 3 个方面。

(1)我国特定的地质环境条件决定了地质灾害呈长期高发态势，我国地形地貌起伏变化大，地质构造复杂，具有极易发生地质灾害的环境基础。据预测，21 世纪前期全球气候变化背景致使我国极端气候事件发生的频率、强度和区域分布变得更加复杂，中小尺度天气系统孕育暴雨的不确定性因素加大，局地突发性强降水和台风等极端气候事件增多，地震趋于活跃，强降雨过程和地震引发地质灾害发生的概率加大，造成地质灾害的总体形势可能更加严重，未来 5～10 年仍是地质灾害的高发期。

(2)山地丘陵区经济社会发展迅速，不合理的人类工程活动破坏地质环境，导致地质灾害发生。中、西部地区地质环境脆弱，大规模的基础设施建设对地质环境的影响剧烈，劈山修路、切坡建房、造库蓄水等人为活动引发的滑坡、崩塌、泥石流地质灾害数量仍将保持增长态势。东部地区随着城市化进程的加快，现代都市圈逐渐形成，水资源供需矛盾加剧，由过量开采地下水和油气造成的地面沉降和地裂缝灾害数量仍将呈上升趋势。全国各地采矿挖掘形成了许多地质灾害隐患点，采矿活动引发的地面塌陷、地裂缝灾害在矿区和矿业城市普遍存在。因此，如何协调人—地关系以保障工程建设的顺利实施和环境安全将是我国国民经济建设中需要长期面对的议题。

(3)我国地质灾害点多面广，严重威胁人民群众的生命财产、国家重大工程与城镇安全，防治任务十分繁重。我国已发现的约 23 万处地质灾害隐患点中，需要治理的滑坡、泥石流地质灾害隐患点约 2.8 万处，其中包含特大型地质灾害隐患点 1800 多个。

地质灾害直接影响到社会经济发展和人民生活的各个方面，地质灾害防治工作是关系到人民群众切身利益的重大事情，对保护人民生命财产安全、减轻地质灾害损失、实现社会与经济的持续发展及人与自然和谐发展具有非常重要的意义。

自 20 世纪 90 年代以来，随着综合国力的不断增强，我国持续加大了对地质灾害防治工作的投入。20 世纪 90 年代初，我国开始设立专项的地质灾害防治经费和重大地质灾害治理专项经费；90 年代后期，国土资源部启动了“全国县(市)地质灾害调查”计划，全国性的地质灾害群测群防工作正式拉开序幕。为了加强地质环境管理，在全国范围内开展地质灾害群测群防和减灾防灾工作，2003 年 4 月国土资源部和中国气象局签订协议，联合建立了地质灾害气象预警预报制度，取得了显著的减灾防灾效益。

与此同时，相关的管理规定及法律法规也得到了不断健全和完善。1999年国土资源部发布了《地质灾害防治管理办法》，这是我国政府部门（作为行业归口管理）第一次出台适用于全国的地质灾害防治管理规范性文件。2003年国务院颁布了《地质灾害防治条例》，表明地质灾害的防治步入法制化轨道。2006年，国务院颁布了《国务院关于加强地质工作的决定》，要求强化地质灾害和地质环境调查监测。2008年，经国务院批准，国土资源部发布并实施《全国地质灾害防治"十一五"规划》。2010年10月18日通过的《中共中央关于制定国民经济和社会发展第十二个五年规划的建议》明确要求，要加快建立地质灾害易发区调查评价体系、监测预警体系、防治体系和应急体系，加大重点区域地质灾害治理力度。2011年，国务院颁布了《国务院关于加强地质灾害防治工作的决定》，明确提出要"构建全社会共同参与的地质灾害防治工作格局"，再次表明国家对加强地质灾害防治工作的重视和确保人民群众生命财产安全及经济社会安全稳定发展的坚强决心。2012年，经国务院批准，国土资源部发布并实施《全国地质灾害防治"十二五"规划》。为适应地质灾害防治形势要求，经国务院同意，中华人民共和国民政部于2012年3月16日批复：中国地质灾害防治工程行业协会筹备成立，标志着我国地灾防治行业迈上了新的台阶。

1.2 地质灾害勘查

1.2.1 目的任务及阶段划分

1. 目的任务

地质灾害勘查的目的在于探明灾害体的地质环境条件及其内部结构特征，确定灾害体范围、规模，分析灾害形成、发生、发展的原因、机理及控制因素，评价灾害体稳定状态，预测灾害发展趋势及危害性，为被动避让或主动防治的可行性方案论证提供决策依据，并为防治工程设计、施工、监测预报提供相关技术参数。

因此，地质灾害勘查不同于一般工程地质勘查，其显著特点是始终将查明和分析地质灾害体的岩土体结构变异、稳定状态及潜在危害置于突出地位。针对灾害体的种类、性质、规模及其对国民经济和人民生命财产的可能危害程度，在不同的勘查阶段采用相应的勘查手段和技术方法，布置适当的勘查工作量。它的最大特点是把对地质灾害体发育过程及其稳定性的认识置于首要地位，而不过分强调勘查工作量。

2. 阶段划分

地质灾害勘查一般可分为初步勘查、详细勘查和专项勘查阶段。

(1)初步勘查阶段。任务在于调查地质灾害的范围、规模、地质背景条件和灾害体的岩土体结构及变形破坏基本特征，分析形成灾害的主要原因及控制性因素，定性评价、判定灾害体的稳定状态。

此阶段使用的勘查方法主要为在充分利用已有地质、水文工程地质区测资料和遥感(航卫片)资料的基础上进行工程地质调查、测绘、填图,配合以适当的地球物理勘查技术方法,并以剥土、坑槽探等山地勘探工程予以验证,必要时在灾害体重点部位开展少量钻探工作。

(2)详细勘查阶段。重点在于查明灾害体岩土的物理力学性质及控制灾害体稳定状态的软弱结构面特征。主要工作内容为获取表征岩土体物理性质、力学性质的有关参数数据,探测控制灾害体发生、发展、破坏的构造断裂、裂隙、裂缝、破碎带、软弱夹层、基岩风化带、溶洞、采空区、老窿的分布埋藏情况及地下水的埋藏、补给、径流情况,为灾害体的形成机理和控制因素分析,控制性软弱、破坏面(带)特征及位置的确定,稳定性计算、评价及发展趋势、危害性的分析预测提供依据,并为防治方案论证决策和防治工程设计、施工及监测预报系统的布置提供基础技术参数。

详细勘查阶段除进行大比例尺工程地质测绘填图外,还应根据灾害种类、规模、岩土体基本特征等地质背景条件,优化选择适宜的地球物理勘查技术方法进行地面勘查工作,同时加大钻探、坑槽探、竖井、平斜探硐等的勘探工程量及岩土体原位试验和岩土试样的实验室测试工作量。在进行勘探的过程中,充分利用井、孔、硐、槽进行地球物理方法的检测、测试,提供岩土体物理性质和动力学参数资料。

(3)专项勘查阶段。针对对国民经济具有重大危害、经论证决策须进行工程防治治理的重点、典型地质灾害体,还应进行专项勘查。其目的是对灾害体岩土性质、物理力学参数、灾害体内部结构、控制性软弱破坏面等敏感关键部位的性质特征进行专门勘查、试验、分析、计算、评价,为防治工程设计、工程措施的选定和施工程序、场地布置安排,以及工程监测预报系统的建立和运行提供详细、准确的技术参数依据。

显然,对于不做防治治理的地质灾害体,一般无须进行专项勘查。

1.2.2 勘查内容

(1)灾情调查。主要是查明已经造成的危害,如人员伤亡、直接经济损失、间接经济损失和生态环境破坏状况及其特点。

(2)区域调查。主要是调查地质灾害形成的区域地形地貌环境和地质环境,特别是新构造期以来的地球表层动力学作用。

(3)具体地质灾害体的勘查。采用工程手段和简易监测方法,勘查地质灾害体的形态、结构和主要作用因素及其变化等,采用地质历史分析法综合评价其稳定性。

(4)室内外试验。根据稳定性评价的需要,有目的地在适当位置开展现场原位试验,采集样品进行室内试验。

(5)成因机制分析、研究模拟和稳定性评价。综合上述几方面的资料,分析地质体破坏的成因机制,抽象提取正确的地质模型,开展物理模拟和数学模拟,最后进行定性分析和定量评价。

(6)进行防治工程可行性论证,提出防治工程规划方案。根据灾情调查和勘查评价结论，做出未来灾害危险性预测，初步提出并论证不需治理、需要治理和必须搬迁躲避或采取综合方案的依据、布置与工程概算。

在以上6个方面中，勘查阶段的工作重点是(3)、(4)和(5)3个部分。

1.2.3 勘查方法

1. 选择原则

勘查方法选择的基本原则是以较低的勘查工作投入，取得较多的有用且好用的资料，实现最好的减灾效益。实际工作中应考虑以下原则。

(1)针对性。根据现场踏勘和前人资料，初步判定地质灾害的性质，有针对性地选用适宜的勘探方法，避免盲目地采用勘探手段取得大批无用资料，而需要的资料却很缺乏。

(2)实用性。力求以最简单的方法解决最复杂的问题，避免刻意追求新奇的技术。

(3)简便高效。尽可能使用操作简便、易于搬运、在地形地质和气象等方面环境适应性强的设备。

(4)经济合理。在能够满足勘查质量要求的前提下，尽可能地减少勘探工作量。

实践证明，勘查方法未必越先进(相应的花费越高)越好。如果地质测绘工作较细致深入，轻型山地工程配合得当，物探、化探工作针对性强，就可以大大降低钻探工程量，不用或少用重型山地工程等。

2. 勘查方法的配置

1)基本原则

根据勘查工作的阶段性，各勘查方法的实用性和在本区条件下的适宜性，方法之间的互补性、互验性，勘查技术和经费的可行性等进行选择配置，优先选用基本的、主要的、简便易行的、覆盖面大的和经济上节省的勘查方法，如遥感解译、地面测绘和物探。按点—线—面的顺序展开工作，逐步深入地认识勘查对象，并据此推测地下和山体内部的情况，用以指导钻探和山地工程布置。

2)勘探方法配置

钻探和山地工程对物(化)探有很强的互补性和互验性。首先用钻探对地面物(化)探结果进行验证，提高其成果的准确性和应用推广价值。随后进行测井和跨孔探测，拓宽物探的勘测范围，以取得更好的成效。钻探应尽量投入到关键部位，每个孔都应进行综合测井工作，力求让每个孔都具备较多的功能，包括利用钻孔进行变形监测等。对于由主裂缝或隐伏裂缝构成的危岩体或滑坡边界，应对钻探勘查井进行跨孔探测，以准确确定边界条件、裂缝的发育深度等重要参数。

不同的勘查阶段，对应不同的勘查任务和不同的勘查方法。初步勘查阶段，应以航片解译、地面测绘、物(化)探等轻型勘查手段为主，配置少量剥土、槽探及钻探。详细勘查阶段，应加大钻探工作量，以求得详细的地质资料。专项勘查阶段，需要大比例尺(1∶2000～

1∶100)的、定量的资料,应考虑投入重型山地工程,同时物(化)探退居辅助地位。

试验工作应结合勘查工作统一部署。试验用于查明灾害体的地质材料特性和赋存环境,提供岩土体物理力学参数和水文地质参数。对于复杂的地质问题,在暂时不能从理论上解决的情况下,试验工作就成了解决这些问题的有效途径。

3)勘查实施条件

充分考虑勘查实施条件及经济因素,选择适当的勘查方法。交通运输条件影响机械的搬运、材料的供应,同时会提高成本;供水条件影响钻探;支护水料影响硐探和竖井的支护等。

应考虑地质灾害体的稳定储备,选择扰动较小的勘查方法,尽量减少爆破施工,高陡地形条件下应减少硐探工程量,保证扰动作用控制在勘查对象的稳定储备之内。

1.2.4 勘查特点

地质灾害勘查不同于一般建筑地基的岩土工程勘察,其特点主要包括以下9个方面。

(1)重视区域地质环境条件的调查,并从区域因素中寻找地质灾害体的形成演化过程和主要作用因素。

(2)充分认识灾害体的地质结构,从其结构出发研究其稳定性。

(3)重视变形原因的分析,并把它与外界诱发因素相联系,研究主要诱发因素的作用特点与强度(灵敏度)。

(4)稳定性评价和防治工程设计参数有不唯一性,常表现为较强的离散性,应根据灾害体的特点与作用因素综合确定,并进行多状态的模拟计算。

(5)目前尚未研究出具有普适性的稳定性计算方法(也许并不存在),现有的方法都有较多的假定条件。

(6)勘查阶段结束不等于勘查工作结束,后续的工作如监测或施工开挖常常能补充、修改勘查阶段的认识,甚至完全改变以前的结论。因此,地质灾害的勘查具有延续性。

(7)地质灾害勘查方法的选择强调应用经验与技巧,寻求以最少的工作量和最低的资金投入获得最佳的勘查效果。

(8)勘查工作量确定的最基本原则是能够查明地质体的形态结构特征和变形破坏的作用因素,满足稳定性评价对有关参数的需求,而不拘于一般的勘查规程。在此前提下,勘查工作量越少越好,使用的勘查方法越少越好,勘查设备越简单越好,勘查周期越短越好。一般而言,勘查工作量依据地质灾害体的规模、复杂程度和勘查技术方法的效果综合确定。

(9)勘查队伍是实现勘查目标、选择合理勘查方法和优化勘查工作量的关键。从事地质灾害勘查的工作实体应在地质技术人才、勘查设备和室内分析试验等方面具备优越条件,并拥有相应的资质证书。

地质灾害勘查工程现场是一个"大试验室",某种意义上也是一个"原型试验场"。我国多年来多个勘查实例证明,地质人员在地学方面的较高造诣和丰富的勘查经验可以实现最佳的工作部署和勘查方法的最佳配置,使工作不走或少走弯路。物探、钻探等技术人员的良好素养和技能,可以使勘探工程取得更多更好的参数,不致漏掉,甚至破坏掉关键证据。

2　滑坡勘查

2.1　滑坡概述

2.1.1　滑坡的定义

斜坡上的土体或岩体沿着一定的软弱面向下或向外滑移且产生以水平运动为主的现象，统称为滑坡。它是地表起伏不平的地形形成过程中经常发生的一种地质作用。由于人类工程活动对地表地形的改造已经超过了自然营力，人为活动引起的滑坡数量已大大超过了自然产生的滑坡数量，50％以上的滑坡是人为因素（如开挖坡脚、灌溉等）引起的。

2.1.2 滑坡的基本特征

1. 滑坡的表面形态及结构

滑坡的表面形态主要是滑坡滑动后地表出现的各种微地貌形态，而其结构这里指主要部分埋在滑移体下的破坏面（滑动面）。

一个发育完整的滑坡，表面形态如图 2－1 所示，其名称和意义分述如下。

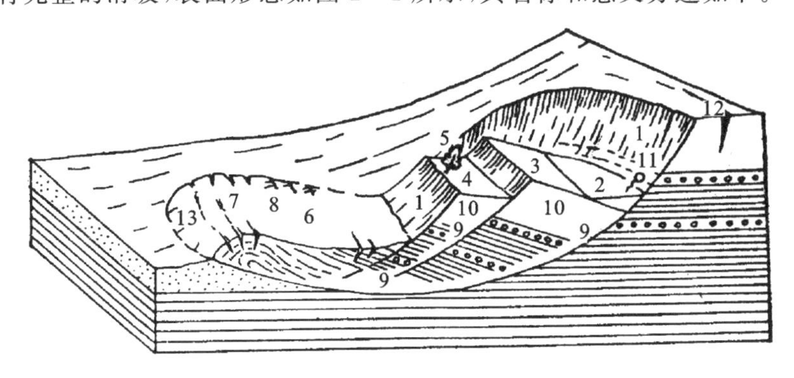

1. 滑坡壁；2. 封闭洼地；3. 滑坡平台；4. 滑坡台阶；5. 醉树；6. 滑坡舌；7. 滑坡鼓丘；8. 羽状裂隙；9. 滑动面；10. 滑坡体；11. 滑坡泉；12. 拉张裂缝；13. 扇形裂缝。

图 2－1　滑坡表面形态及结构图

(1)滑坡壁:滑坡体上部与不动体脱离的分界面露在外面的部分,似壁状,故称为滑坡壁。一般高数米至数十米。

(2)封闭洼地:滑动时滑坡体中后部相邻土楔形成反坡地形,即形成四周高中间低的洼地。

(3)滑坡平台:宽大的台面叫作滑坡平台,有时该平台具向山反倾的反向坡,叫反坡平台,是滑坡的一个典型地貌特征。

(4)滑坡台阶:滑坡体在滑动中因上下各段的滑动次序和速度的差异,其上部常形成一些错台,每一错台形成一个陡壁,称为滑坡台阶。

(5)醉树:滑坡体上树木,常因滑体旋转而倾斜、弯曲,形成醉树,又称醉汉林或马刀树。

(6)滑坡舌:滑坡体从滑坡剪出口剪出并伸入沟、堑、河道或台地上形似舌状的部分,称为滑坡舌。

(7)滑坡鼓丘:在滑坡体前缘,由于滑动面反挠或滑坡体前部受阻,该部分常在垂直滑动方向形成一条或数条土垅,称为滑坡鼓丘。

(8)羽状裂隙:又称剪切裂隙,滑坡体两侧剪切裂隙尚未贯通前,因动体与不动体间相对位移剪切而形成的呈羽状(雁行)排列的张裂隙。

(9)滑动面:滑坡体滑动时与不动体间形成分界面并沿其下滑,此分界面称为滑动面;滑动面有时不止一个,可能有几个,其中一个为主滑动面,其余为次滑动面。许多滑坡滑动时在滑动面上形成一层因剪切揉皱结构被破坏的软弱带,称为滑动带,一般厚数毫米至数米。滑动面上动体与不动体之间因相互摩擦而形成的痕迹,称为滑动擦痕,它指示滑坡体滑动的方向。

(10)滑坡体:滑坡发生后,与稳定坡体脱离而滑动的部分岩体或土体叫滑坡体,简称滑体。

(11)滑坡泉:滑坡发生后,改变了原有斜坡的水文地质结构,在滑体内或滑体周缘形成新的地下水集中排泄点,称为滑坡泉。

(12)拉张裂缝:滑坡体上部的弧形开放性裂缝,与滑坡壁走向大致平行。通常将其最外一条称为滑坡主裂缝或破裂缘。在主裂缝上部的斜坡中,由于滑体移动造成的卸荷作用,常形成一系列拉张裂缝。这些裂缝的形态、产状与主裂缝相近,但无明显垂向位移,称为卸荷—引张裂缝,滑坡范围可能循这些裂缝进一步扩大。

(13)扇形裂缝:位于滑坡体下部,平面呈扇骨状,为滑坡向下滑动时,滑坡舌向两侧扩散形成的放射状张开裂缝,也称滑坡前缘放射状裂缝。

2. 滑坡的度量

野外调查时,需要对滑坡进行测量,可据测量数据计算滑坡的总体积。测量方法如图2-2所示。

破坏面长度(L_r):从破坏面冠到趾的距离。

滑坡体长度(L_d):从趾尖到顶部的距离。

总长度(L):从滑坡趾尖到冠的距离。

破坏面宽度(W_r):垂直于破坏面长度的滑坡两侧翼之间的最大宽度。

滑坡体宽度(W_d):垂直于滑坡体长度的滑坡体最大宽度。

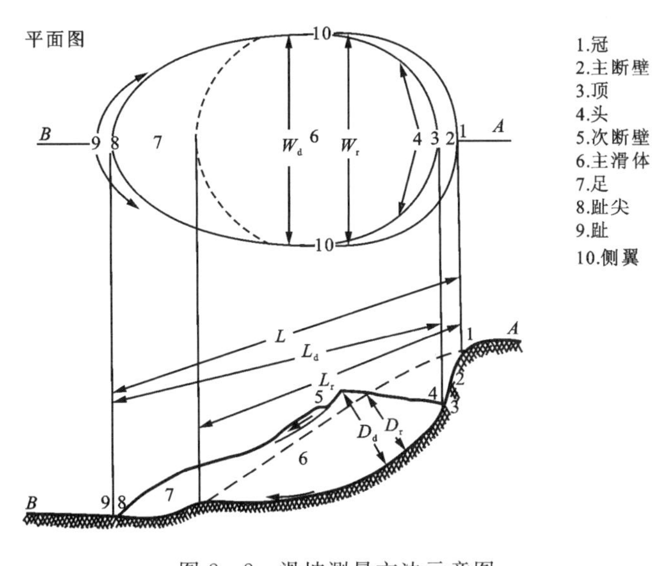

图 2-2 滑坡测量方法示意图

破坏面深度(D_r):垂直于原始地面测得的原始地面之下破坏面的最大深度。

滑坡体厚度(D_d):垂直于滑坡体表面测得的滑坡体最大厚度。

2.1.3 滑坡的类型

为了对滑坡进行深入的研究和采取有效的防治措施,需要对滑坡进行分类。但由于自然地质条件的复杂性,且分类的目的、原则和指标也不尽相同,目前已有种类繁多的滑坡分类方案:或按产生滑坡的岩土体特性(层状岩石、块状岩石,土、黏土、黄土、碎石土等);或按滑坡滑面深度(深层、浅层、表层);或按滑坡规模(巨、大、中、小型);或按形成时代(新、老、古);或按切层与否(顺层、切层);或按滑坡成因,凡此等等不一而足。本节根据《滑坡防治工程勘查规范》(GB/T 32864—2016)对滑坡进行分类,详细见表 2-1、表 2-2。

表 2-1 滑坡岩土体和结构因素分类

类型	亚类	特征描述
堆积层(土质)滑坡	滑坡堆积体滑坡	由前期滑坡形成的块碎石堆积体,沿下伏基岩或滑坡体内软弱面滑动
	崩塌堆积体滑坡	由前期崩塌等形成的块碎石堆积体,沿下伏基岩或滑坡体内软弱面滑动
	黄土滑坡	由黄土构成,大多发生在黄土体中,或沿下伏基岩面滑动
	黏土滑坡	由具有特殊性质的黏土构成
	残坡积层滑坡	由基岩风化壳、残坡积土等构成,通常为浅表层滑动
	冰水(碛)堆积物滑坡	冰川消融沉积的松散堆积物,沿下伏基岩或滑坡体内软弱面滑动
	人工填土滑坡	由人工开挖堆填弃渣构成,沿下伏基岩或滑坡体内软弱面滑动

续表 2-1

类型	亚类	特征描述
岩质滑坡	近水平层状滑坡	沿缓倾岩层或裂隙滑动,滑动面倾角不大于10°
	顺层滑坡	沿顺坡岩层层面滑动
	切层滑坡	沿倾向坡外的软弱面滑动,滑动面与岩层层面相切
	逆层滑坡	沿倾向坡外的软弱面滑动,岩层倾向山内,滑动面与岩层层面倾向相反
	楔体滑坡	厚层块状结构岩体中多组弱面切割分离楔形体的滑动
变形体	岩质变形体	由岩体构成,受多组软弱面控制,存在潜在滑面,已发生局部变形破坏,但边界特征不明显
	堆积层变形体	由堆积体(包括土体)构成,以蠕滑变形为主,边界特征和滑动面不明显

表 2-2　滑坡其他分类因素

有关因素	名称类别	特征说明
滑体厚度	浅层滑坡	滑坡体厚度在10m以内
	中层滑坡	滑坡体厚度在10～25m之间
	深层滑坡	滑坡体厚度在25～50m之间
	超深层滑坡	滑坡体厚度超过50m
滑动形式	推移式滑坡	上部岩(土)层滑动,挤压下部产生变形,滑动速度较快,滑体表面波状起伏,多见于有堆积物分布的斜坡地段
	牵引式滑坡	下部先滑,使上部失去支撑而变形滑动。一般速度较慢,多具上小下大的塔式外貌,横向张性裂隙发育,表面多呈阶梯状或陡坎状
发生原因	工程滑坡	由切脚或加载等人类工程活动引起的滑坡
	自然滑坡	由自然地质作用产生的滑坡
现今活动程度	活动滑坡	发生后仍继续活动的滑坡,或暂时停止活动,但在近年内活动过的滑坡
	不活动滑坡	发生后已停止发展的滑坡
发生年代	新滑坡	现今正在发生滑动的滑坡
	老滑坡	全新世以来发生滑动,现今整体稳定的滑坡
	古滑坡	全新世以前发生滑动,现今整体稳定的滑坡
滑体体积 V/m^3	小型滑坡	$V<10\times10^4$
	中型滑坡	$10\times10^4\leqslant V<100\times10^4$
	大型滑坡	$100\times10^4\leqslant V<1000\times10^4$
	特大型滑坡	$1000\times10^4\leqslant V<10\ 000\times10^4$
	巨型滑坡	$V\geqslant10\ 000\times10^4$

2.1.4 滑坡的形成因素

滑坡的成因可概括为：组成斜坡的土石性质与一定坡度和高度的斜坡外形不相适应，或者说土石的强度不足以支持一定坡度和高度的斜坡。以力学概念描述则是：斜坡上促使滑动的力超过了阻止滑动的力。所有能加大滑动力和减小抗滑力的各种自然及人为作用都是与滑坡成因有关的因素，或统称为引起滑坡的因素。联合国教育、科学及文化组织世界滑坡编目工作组于20世纪90年代建议将所有这些因素归纳为场地条件、地貌作用、自然作用、人为作用四大类（表2－3）。

表2－3　与滑坡成因有关的因素简表

场地条件	地貌作用
①软塑性材料——黏性土； ②敏感材料——敏感黏土； ③湿陷性材料——黄土； ④风化材料——强风化岩石； ⑤剪切破坏材料——剪切破碎带； ⑥节理或裂隙材料； ⑦岩体不连续面（层理面、片理面、劈理面）的不利定向； ⑧构造不连续面（断层面、不整合面、挠曲层间错动面及沉积接触面）的不利定向； ⑨渗透性差异及地下水的影响； ⑩刚性差异（刚性、致密材料下伏塑性材料）	①构造上隆； ②火山上隆； ③冰川消融回弹； ④流水侵蚀坡趾； ⑤波浪侵蚀坡趾； ⑥冰川侵蚀坡趾； ⑦侵蚀侧边界； ⑧潜蚀（溶解或管涌）； ⑨斜坡上或其顶部沉积加载； ⑩植被的去除（侵蚀、森林火灾或干旱）
自然作用	**人为作用**
①强烈短期降雨； ②积雪快速融化； ③长时间强降雨； ④洪水高潮后或天然坝溃决引起的水位迅速消落； ⑤地震； ⑥火山爆发； ⑦火山口湖溃决； ⑧多年冻结融化； ⑨冰融风化； ⑩膨胀土的胀缩风化	①斜坡或其趾被开挖； ②斜坡上或其顶部加载； ③水位消落（水库）； ④灌溉； ⑤排水系统维护不善； ⑥给排水漏水（供水管、下水道及排水沟等）； ⑦植被的去除（毁林）； ⑧采矿与采石（露采坑、地下巷道）； ⑨形成极松散废弃堆积物； ⑩人工震动（爆破、打桩、重型机械）

场地条件指组成斜坡岩土体的性质或地质结构，主要指易滑岩土层及易滑结构。

地貌作用主要指改变斜坡外形使之变高变陡的各种自然作用，或塑造斜坡外形的各种自然作用。

自然作用包括增大滑动力和减小阻滑力的各种自然因素。

人为作用包括增大滑动力和减小阻滑力的各种人为活动。

2.2 滑坡勘查阶段及技术要求

2.2.1 滑坡危害等级及地质条件复杂程度划分

根据滑坡危害范围确定危害对象，危害对象包括县城、村镇、主要居民点以及矿山、交通干线、水库等重要公共基础设施。危害对象等级划分见表2－4。

表2－4 危害对象等级划分

划分依据		一级	二级	三级
潜在经济损失		直接经济损失＞1000万元，或潜在经济损失大于10 000万元	直接经济损失500万～1000万元，或潜在经济损失5000万～10 000万元	直接经济损失＜500万元，或潜在经济损失＜5000万元
危害对象	城镇	威胁人数＞1000人	威胁人数500～1000人	威胁人数＜500人
	交通道路	一级、二级铁路；高速公路	三级铁路；一级、二级公路	铁路支线；三级以下公路
	大江大河	大型以上水库，重大水利水电工程	中型水库，省级重要水利水电工程	小型水库，县级水利水电工程
	矿山	能源矿山，如煤矿	非金属矿山，如建筑材料	金属矿山，稀有、稀土矿山

滑坡勘查的地质条件复杂程度可分为简单和复杂两类，其主要依据地形地貌、地层岩性、地质构造、岩（土）体工程地质水文地质等特征划分。滑坡勘查地质条件复杂程度分类表见表2－5。

表2－5 滑坡勘查地质条件复杂程度分类表

勘查地质条件类型	特征
简单	单斜地层，岩层平缓，岩性岩相变化不大，地质界线清楚；围岩露头良好，岩体工程地质质量好；地形起伏小，地貌类型单一；第四系沉积相单一，阶地结构好；重力地质作用弱，风化卸荷裂隙不发育，风化层厚度薄
复杂	褶皱和断层发育，岩性岩相变化大，地质界线不清楚；地质露头出露差，岩体工程地质质量差；地形起伏大，地貌类型多变；卸荷裂隙发育，风化层厚度大，植被发育；堆积层厚度巨大；水文地质条件变化大

2.2.2 滑坡勘查技术要求

对应于滑坡防治工程的立项、可行性论证、设计、施工等阶段，滑坡的勘查阶段一般可分为滑坡调查、可行性论证阶段勘查、设计阶段勘查（详细勘查）、施工阶段勘查 4 个阶段。对于规模小、结构简单、治理工期短的滑坡，可根据实际情况合并勘查阶段，简化勘查程序。各勘查阶段技术要求如下。

1. 滑坡调查阶段勘查技术要求

滑坡调查阶段是滑坡勘查的前期准备阶段，是滑坡防治工程项目的立项依据。滑坡调查应以资料收集、地面调查为主，适当结合测绘与勘查手段，初步查明滑坡的分布范围、规模、结构特征、影响及诱发因素等，并对其稳定性和危险性进行初步评估。

1）区域环境地质调查

应以资料收集为手段，初步了解滑坡区的地形地貌条件、地质构造条件、岩（土）体工程地质条件、水文地质条件、环境地质条件与人类工程经济活动情况。

2）地面调查

（1）应初步查清滑坡区地形地貌特征、地质构造特征。

（2）应查清滑坡边界特征、表部特征、内部特征与变形活动特征。

（3）应查清滑坡周边地区人类工程经济活动。

（4）应基本了解滑坡类型、形态与规模、运动形式、形成年代与稳定程度。

（5）应基本了解地下水性质、入渗情况及产流条件。

（6）应对滑坡影响范围、承灾体的易损性及滑坡的危险性进行初步评估。

2. 滑坡可行性论证阶段勘查技术要求

可行性论证阶段是滑坡勘查的重要阶段，应提交含对滑坡机理及防治方案定论的勘查报告。应基本了解滑坡所处地质环境条件，初步查明滑坡的岩（土）体结构、空间几何特征和体积、水文地质条件，提供滑坡基本物理力学参数，分析滑坡成因，进行稳定性评价，查明满足制订防治工程方案的地质要求。

勘查应结合防治方案可行性论证进行，采用互动反馈方式，合理确定滑坡体（包括滑面或滑带土）物理力学指标，判定滑坡稳定状态，提出防治工程建议方案。

1）地质环境条件调查

（1）以资料收集为主，确定工作区地貌单元的成因形态类型，包括斜坡形态、类型、结构、坡度，以及悬崖、沟谷、河谷、河漫滩、阶地、沟谷口冲积扇等微地貌组合特征、相对时代及其演化历史。

（2）以资料收集为主，了解地层层序、地质时代、成因类型，特别是易滑地层的分布与岩性特征和接触关系，以及可能形成滑动带的标志性岩层。

（3）以资料收集为主，了解区域断裂活动性、活动强度和特征，以及区域地应力、地震活动、地震加速度或基本烈度。分析区域新构造运动、现今构造活动、地震活动以及区域地应力场特征。

(4)核实调查主要活动断裂规模、性质、方向、活动强度和特征及其地貌地质证据，分析活动断裂与滑坡、崩塌地质灾害的关系。

(5)调查各种构造结构面、原生结构面和风化卸荷结构面的产状、形态、规模、性质、密度及其相互切割关系，分析各种结构面与边坡几何关系及其对滑坡稳定性的影响。

(6)调查了解工程岩组，包括岩体产状、结构和工程地质性质，并划分工程岩组类型及其与滑坡地质灾害的关系，确定软弱夹层和易滑岩组。

(7)了解社会经济活动，包括城市、村镇、乡村、经济开发区、工矿区、自然保护区的经济发展规模、趋势及其与滑坡地质灾害的关系。

(8)充分收集水文、气象资料。应掌握多年平均降雨量、最大降雨量、暴雨及降雨季节、勘查区沟谷最大流量、气温等信息。

2)工程地质测绘

(1)测绘范围应包括后缘壁至前缘剪出口及两侧缘壁之间的整个滑坡，并外延到滑坡可能影响的一定范围。

(2)当采用排水工程进行滑坡防治时应对滑坡外围拟设置的地面排水沟或地下廊道洞口等防治工程所在地区进行工程地质测绘。

(3)当滑坡危及剪出口下部建筑物或可能造成下部河流堵江时，应测绘包括危害区的纵向控制性剖面。

(4)地形地貌测绘应包括宏观地形地貌(地面坡度与相对高差、沟谷与平台、鼓丘与洼地、阶地及堆积体、河道变迁及冲淤等)和微观地形地貌(滑坡后壁的位置、产状、高度及其壁面上擦痕方向，滑坡两侧界线的位置与性状，前缘出露位置、形态、临空面特征及剪出情况，后缘洼地、反坡、台坎、前缘鼓胀、侧缘翻边埂等)。

(5)岩(土)体工程地质结构特征测绘应包括周边地层、滑床岩(土)体结构；滑坡岩体结构与产状或堆积体成因及岩性，软硬岩组合与分布、层间错动、风化与卸荷带，黏性土膨胀性、黄土柱状节理，滑带(面)层位及岩性。

(6)滑坡裂缝测绘应包括分布、长度、宽度、形状、力学属性及组合形态，并应对建筑物开裂、鼓胀或压缩变形进行测绘，现场做出滑坡裂缝与滑坡关系的判断。

(7)调查滑坡体上植被类型(草、灌、乔等)及持水特性，醉树分布部位，池塘与稻田分布及水体特征，坡耕地、果园分布及灌渠。

(8)调查滑坡区人类工程活动，包括开挖切脚或斩腰、道路与车载、民居与给排水、堡坎和晒坝、工程弃渣及堆载、采矿或爆破、人防工程或窑洞。

(9)初步查明地表水入渗情况、产流条件、径流强度、冲刷作用，以及地表水的流通情况、灌溉、库水位及升降。开展简易入渗试验，提供初步入渗系数。

3)勘探和测试

(1)应初步查明滑坡体结构及各层滑动面(带)的位置，了解地下水水位、流向和动态，采取岩土试样。

(2)可采用主—辅剖面法,不少于一条纵、横剖面布置勘探线。勘探线应由钻探、井探、槽探及物探等勘探点构成。纵向勘探线的布置应结合滑坡分区进行,不同滑坡单元均应有主勘探线控制,在其两侧可布置辅助勘探线。横向勘探线宜布置在滑坡中部至前缘剪出口之间。

(3)勘探点间距应根据滑坡结构复杂程度和规模确定(表 2-6)。主勘探线与辅勘探线间距 40～100m。主勘探线勘探点一般不宜少于 3 个,点间距可为 40～100m。辅勘探线勘探点间距一般为 40～160m。勘探点之间可用物探方法进行验证连接。

表 2-6 勘探点线间距布置要求

勘查地质条件类型	勘探线	主勘探线与辅勘探线间距/m	主勘探线勘探点间距/m	辅勘探线勘探点间距/m
简单	纵向	60～100	60～100	80～160
	横向	60～100	60～100	80～160
复杂	纵向	40～80	40～80	40～120
	横向	40～80	40～80	40～120

(4)勘探方法应钻探、井探或槽探相结合,并用物探沿剖面线进行探测验证。勘探孔的深度应穿过最下一层滑面,并进入滑床 3～5m,拟布设抗滑桩或锚索部位的控制性钻孔进入滑床的深度宜大于滑体厚度的 1/2,并不小于 5m。

(5)对结构复杂的大型滑坡体,可采用探硐进行勘探,并绘制大比例尺的展示图,进行照相、摄像。应选择合理的掘进和支护方式,严禁对滑坡产生过大扰动。

(6)应采取滑带与滑体岩土试样,测试其物理、水理与力学性质指标。在探井、探槽或探硐中,对滑带土应取原状土样。当无法采取原状土样时,可取保持天然含水量的扰动土样进行重塑样试验。

(7)初步查明地下水基本特征,包括含水层分布、类型、富水性、渗透性、地下水位变化趋势,主要隔水层的岩性、厚度和分布,地下水水化学特征,泉点、地下水溢出带、斜坡潮湿带等的分布及动态情况。

(8)应结合钻孔和探井进行地下水位动态观测,并分析地下水的流向、径流、排泄条件和渗透性等。

3. 滑坡设计阶段勘查(详细勘查)技术要求

设计阶段勘查(详细勘查)包括初步设计和施工图设计两个阶段。设计阶段勘查应结合防治工程部署,充分利用可行性论证阶段的初步勘查成果,进行重点勘查。重点查明滑坡岩(土)体结构、空间几何特征和体积、水文地质条件,提供工程设计需用的岩(土)体物理力学参数，进行稳定性评价和推力计算，提出满足工程设计图的地质要求。其工程地质测绘主要要求如下。

(1)根据可行性论证推荐的防治方案，开展工程部署区大比例尺测绘。

(2)地面排水工程测绘应沿排水沟工程轴线追索进行，内容包括地形、坡度、岩(土)体结构。以纵剖面图测绘为主，比例尺宜为 1∶100～1∶500，并在沿线不同单元处测绘横剖面图。地下排水工程的测绘应沿廊道工程轴线追索进行，结合钻探、井探、物探等，测绘纵向剖面图，比例尺宜为 1∶100～1∶500。对廊道口应提交进硐工程地质立面图，比例尺宜为 1∶20～1∶100。

(3)抗滑桩和锚固工程的测绘沿工程布置轴线进行，测绘内容包括地形、坡度、岩(土)体结构的测绘。结合钻探、井探和物探等，提交沿工程布置方向的地质剖面图，比例尺宜为 1∶200～1∶500。

(4)挡墙工程的测绘应沿工程布置轴线进行，包括地形、坡度、滑体结构、滑带的测绘工作，比例尺宜为 1∶250～1∶1000，并提交工程区纵向的工程地质剖面图，比例尺宜为 1∶50～1∶100。

(5)刷方减载和回填压脚工程的测绘应提供工程区纵、横剖面图，包括地形、坡度、岩(土)体结构等，剖面间距为 20～100m，并应对不同的单元或转折地段有剖面控制，比例尺宜为 1∶50～1∶500。

4. 滑坡施工阶段勘查技术要求

施工阶段勘查包括防治工程实施期间，开挖和钻探所揭示的地质露头的地质编录、重大地质结论变化的补充勘探和竣工后的地形地质状况测绘，同时编制施工前后地质变化对比图，并对其做出评价。施工阶段勘查应采用信息反馈法，结合防治工程实施，及时编录分析地质资料，将重大地质结论变化及时通知业主，情况紧急时应及时通知施工和设计单位，采取必要的防范措施。施工阶段勘查应针对现场地质情况，及时提出改进施工方法的意见及处理措施，保障防治工程的施工适应实际工程地质条件。

1)开挖露头测绘与钻孔勘探

(1)施工地质工作方法应采用观察、素描、实测、摄影、录像等手段编录和测绘施工揭露的地质现象，对滑体、滑床、滑带、软弱岩层、破碎带及软弱结构面宜进行复核性岩土物理力学性质测试，可进行必要的变形监测或地下水观测。

(2)根据施工设计图开挖最终形成的地质露头，应在工程实施前进行工程地质测绘，提交平面图、剖面图、断面图或展示图，并进行照相、摄像。

(3)对开挖过程中间揭露的滑带土、擦痕等典型滑坡地质形迹应及时加以编录、照相、摄像，留样。

(4)抗滑桩开挖的探井，在开挖中应及时进行工程地质编录、照相、摄像，特别应注意主滑带和滑坡体内各种软弱带。在主剖面线的探井内采取主滑带和软弱带原状样，进行抗剪强度试验，复核或校证原地质报告的结论。

(5)对于一级防治工程,采用物探等手段,结合钻进判断滑带位置并进行岩(土)体质量划分。判断钻孔数量宜不少于锚杆(索)钻孔总数的5%,且不宜少于3孔,采用物探等手段,结合钻进判断滑带位置和进行岩(土)体质量划分。

(6)当锚杆(索)钻孔和抗滑桩竖井等探测的滑带位置与原地质资料误差较大时,应及时修正滑坡地质剖面图和工程布置图,并指导工程设计变更。

(7)在实施喷锚网工程和砌石工程前,应进行地质露头工程地质测绘,并进行照相、摄像。

(8)采用注浆等方法改性加固滑坡体后,应沿主勘探线进行钻探取样,提供改性后的滑坡体物理力学参数。

(9)对于回填形成的堆积体,应沿主勘探线进行钻探取样,提供物理力学参数。

2)补充工程地质勘查

(1)施工期间发现滑坡重大地质结论变化,应进行补充工程地质勘查的工作,提交补充工程地质勘查报告。重大地质结论变化包括局部滑体变形加剧或滑动,滑坡岩(土)体结构与原报告差异大,滑动面埋深与原报告相差达20%以上等。

(2)补充工程地质勘查主要针对变化区进行,采用工程地质测绘、物探、山地工程等查明地质体的空间形态、物质组成、结构特征、成因和稳定性,地下水存在状态与运动形式,岩土体的物理力学性质;应评估变化对滑坡整体稳定和局部稳定的影响。

(3)勘查方法、工作量和进度应根据地质问题的复杂性、施工图设计阶段查明深度和场地条件等因素确定。应利用各种施工开挖工作面观察和收集地质情况。

(4)当滑坡出现重大地质结论变化时,应进行弱面抗剪强度校核,重新进行整体稳定性评价和推力计算。对工程的设计方案和施工方案的变更提出建议。

(5)补充工地地质勘查报告应根据工程实际存在的地质问题有针对性地确定,内容包括前言、施工情况及问题经过、新发现的滑坡体结构特征、滑带特征、滑坡变形破坏特征、变化区滑坡体稳定性评价和推力分析,以及滑坡整体稳定性评价、滑坡防治工程方案变更或补充设计建议等。

(6)补充工程地质勘查报告附件包括平面图、剖面图、钻孔柱状图、探井和探硐展示图,以及地区物理勘探报告、岩(土)物理力学测试报告、地下水动态监测报告、滑坡变形监测报告等原始资料。

2.3 滑坡勘探方法及工作量布置

2.3.1 滑坡勘探方法

滑坡勘探的主要任务是查明滑坡体的范围、厚度、物质组成和滑动面(带)的个数、形状及各滑动带的物质组成,并查明滑坡体内地下水含水层的层数、分布、来源、动态及各含水层间的水力联系等。滑坡勘探工作应根据需要查明的问题和要求,选择适当的勘探方法。勘探方法主要有井探、槽探、深井(竖井)、硐探、电探、地震勘探及钻探等,一般可参照表2-7选用。

表2-7 滑坡勘探方法适用条件及部位

勘探方法	适用条件及部位
井探、槽探	用于确定滑坡周界和滑坡壁、前缘的产状,有时也用于现场大面积剪切试验的试坑
深井(竖井)	用于观测滑坡体的变化、滑动带特征及采取不扰动土试样等。深井常布置在滑坡体中前部主轴附近。采用深井时,应结合滑坡的整治措施综合考虑
硐探	用于了解关键性的地质资料(滑坡的内部特征),在滑坡体厚度大且地质条件复杂时采用。硐口常选在滑坡两侧沟壁或滑坡前缘,平硐常为排泄地下水整治工程措施的部分,并兼作观测硐
电探	用于了解滑坡区含水层、富水带的分布和埋藏深度,了解下伏基岩起伏和岩性变化及与滑坡有关的断裂破碎带范围等
地震勘探	用于探测滑坡区基岩的埋深,滑动面位置、形状等
钻探	用于了解滑坡内部的构造,确定滑动面的范围、深度和数量,观测滑坡深部的滑动动态

2.3.2 滑坡勘探工作量布置

1. 勘探点的布置原则

勘探线和勘探点的布置根据工程地质条件、地下水情况和滑坡形态确定。除应沿主滑方向布置勘探线外,在其两侧滑坡体外也应布置一定数量的勘探线。勘探点间距不宜大于40m,在滑坡体转折点处和预计采取工程措施的地段,也应布置勘探点。在滑床转折处,应设控制性勘探孔。勘探方法除钻探和触探外,还应有一定数量的探井。对于规模较大的滑坡,宜布置物探工作。

(1)定性阶段。一般沿滑坡主滑断面布置勘探点;对于大型复杂滑坡,还需在主滑段面两侧和垂直主滑断面的方向分别布置1～2条具有代表性的纵(或横)断面。一般情况下,断面中部滑动面(带)变化较小,勘探点间距可大些;断面两头变化较大,勘探点应适当加密。同时,还应考虑整治工程所需资料的搜集。

(2)整治阶段。如以支挡为主,则应以满足验算和设计支挡建筑物所需资料为准,补加验算剖面的数目应视滑动面(带)横向变化情况而定。如果考虑以排水疏干为主要措施,则应在排水构筑物(如排水隧洞检查井)的位置上,增补少量勘探点。

2. 勘探孔深度的确定

勘探孔应穿过最下一层滑面，进入稳定地层；控制性勘探孔应深入稳定地层一定深度，满足滑坡治理需要。在滑坡体、滑动面(带)和稳定地层中应采取土试样，必要时还应采取水试样。

(1)根据滑动面的可能深度确定勘探孔深度，必要时可先在滑坡中、下部布置1～2个控制性深孔，其深度应超过滑坡床最大可能埋深3～5m。其他钻孔可钻至最下滑动面以下1～3m。

(2)当堆积层滑坡的滑床为基岩时，则钻入基岩的深度应大于在基层中所见同类岩性最大孤石的直径，以能确定是基岩时终孔。

(3)若为向下做垂直疏干排水的勘探孔，应打穿下伏主要排水层，以了解其厚度、岩性和排水性能。在抗滑桩地段的勘探深度，则应按其预计锚固深度确定。

3. 钻进过程中注意事项

(1)滑动面(带)的确定。滑带土的特点是潮湿饱水或含水量较高，比较松软，颜色和成分较杂，常具滑动形式的揉皱或微斜层理、镜面和擦痕；所含角砾、碎屑具有磨光现象，条状、片状碎石有错断的新鲜断口。同时还应鉴定滑带土的物质组成，并将该段岩芯晾干，用锤轻敲或用刀沿滑面剖开，测出滑面倾角和沿擦痕方向的视倾角，供确定滑动面时参考。

(2)黄土滑坡的滑动面(带)往往不清楚，应特别注意黄土结构有无扰动现象及古土壤、卵石层产状的变化。这些往往是分析滑面位置的主要依据。

(3)钻进过程中应注意钻进速度的变化，并确定缩孔、掉块、漏水、套管变形的部位，同时注意观测地下水位。这对确定滑动面(带)的意义很大。

2.4 物理力学试验与稳定性分析

2.4.1 物理力学试验

对滑坡主要岩土层和软弱层应采样进行室内物理力学性能试验，其试验项目应包括物性、强度及变形指标，试样的含水状态应包括天然状态和饱和状态。滑坡物理力学试验应提供基本指标，包括天然重度和饱和重度、密度、土石比、孔隙比；天然含水量、饱和含水量；塑限、液限；颗粒成分、矿物成分及微观结构；岩(土)体抗剪强度指标标准值取值时应根据滑坡所处变形滑动阶段及含水状态分别选用峰值强度指标、残余强度指标(或两者之间的强度指标)以及天然强度指标、饱和强度指标(或两者之间的强度指标)；对滑坡体宜分类进行不同岩(土)体的室内常规三轴压缩试验、直剪试验与压缩试验，确定c、φ值，压缩模量及其他强度与变形指标；中型规模以上的滑坡宜进行滑坡体各岩土层的大型重度试验。当采用抗滑桩、锚索等依靠滑床进行滑坡防治时，应在支挡工程布置部位对滑床基岩不同岩组取样进行常规物理力学试验。钻孔岩芯样样品直径≥85mm，高度≥150mm。每种岩性的岩样≥3组，每组岩样≥3件。

当滑带土中粗颗粒含量较高时，其抗剪强度指标宜以现场直接剪切试验测试值为主，并参考室内试验值确定。若未进行现场直接剪切试验，其综合取值时应将室内直接剪切试验得出的内摩擦角乘以1.15～1.25的增大系数。采用井探、硐探、槽探揭露的滑带应取原状土样进行试验，原状土样尺寸不小于200mm×200mm×200mm，土样不应少于6件。当采用钻探等勘探方式无法采取原状土样时，可取保持天然含水量的扰动土样，做重塑土样试验。钻孔中采集土样应使用薄壁取土器，采用静力压入法，土样样品直径不应小于85mm，高度不应小于150mm，所采样品应及时蜡封。

每项岩(土)体室内物理力学试验不得少于6组；对于现场直接剪切试验，每组不应少于3个试件，岩石抗压强度不应少于9个试件，岩石抗剪强度不应少于3组。危害等级为一级且中型规模以上的滑坡应对其滑动面(带)进行不少于2组的现场直接剪切试验。

滑坡工程勘查应该提供水文地质参数。对于土质滑坡和较破碎、破碎及极破碎的岩质滑坡，在不影响其安全条件下，通过抽水、压水或渗水试验确定水文地质参数。抽(注)水试验一般不得少于2组。

2.4.2 力学参数选取

在滑坡稳定性计算中，正确选用滑带土及滑坡体岩(土)体的抗剪强度指标是十分重要的。实践证明，选用不适当的指标往往会造成计算结果偏离实际，影响正常的分析计算，甚至可能引起工程事故。

滑带土一般采用直剪试验和三轴剪切试验。直剪试验和三轴剪切试验按受剪时固结排水条件可分为6种方法，两种试验相互对应情况见表2-8。计算滑坡稳定性时，可根据实际工程情况选用最接近的一种测定土的强度指标。

表2-8 抗剪强度试验方法选用表

直剪试验		三轴剪切试验	
试验方法	符号	试验方法	符号
快剪	c_q、φ_q	不排水剪	c_u、φ_u
固结快剪	c_{cq}、φ_{cq}	固结不排水剪	c_{cu}、φ_{cu}
慢剪	c_s、φ_s	固结排水剪	c_d、φ_d

抗剪强度指标的选择，需考虑土的性质、地质条件、滑坡的具体情况和剪切方法使用的经验等因素，试验方法尽可能与实际情况相符合。

当采用有效应力计算时，应采用有效抗剪强度指标。但有效应力需按实测孔隙水压力求得，故多用于校核滑坡设计。

工程实践中较多采用的还是土的总应力强度指标，因为总应力法简单，试验和计算均不需要孔隙水压力。表 2-9 为强度指标的应用情况举例，可供计算时参考。滑坡滑带抗剪强度参数指标的选取应结合滑坡变形滑动阶段和试验方法综合考虑，可参照表 2-10 取值。滑带抗剪强度参数可采用试验、经验数据类比与反演相结合的方法确定。

表 2-9　强度指标的应用情况举例

<table>
<tr><td colspan="2">抗剪强度指标</td><td>应用情况举例</td></tr>
<tr><td rowspan="3">总应力指标</td><td>快剪或不排水剪</td><td>透水性差的滑带土</td></tr>
<tr><td>固结快剪或固结不排水剪</td><td>一般黏土滑坡体</td></tr>
<tr><td>慢剪或固结排水剪</td><td>透水性好的一般黏土滑坡体
滑面下地基的长期稳定分析</td></tr>
<tr><td colspan="2">有效应力指标</td><td>在稳定渗流下滑坡的稳定分析</td></tr>
<tr><td colspan="2">浸水快剪指标</td><td>在饱水状态下的滑带土</td></tr>
</table>

表 2-10　滑带抗剪强度参数指标选取建议表

<table>
<tr><td rowspan="2">变形阶段</td><td colspan="3">试验方法</td></tr>
<tr><td>滑带土峰值强度</td><td>滑带土残余强度</td><td>滑体土峰值强度</td></tr>
<tr><td>整体暂时稳定的滑坡</td><td>●</td><td></td><td></td></tr>
<tr><td>变形滑动的滑坡</td><td></td><td>●</td><td></td></tr>
<tr><td>未形成滑带的变形体</td><td></td><td></td><td>●</td></tr>
</table>

2.4.3　滑坡稳定性分析

滑坡稳定性分析方法主要有数值分析法和极限平衡法。

数值分析法主要有有限元法、有限差分法。有限元法的优点是部分地考虑了滑坡体的不连续性和非均质性，可以给出滑坡体的应力、应变大小与分布，能近似地从应力、应变角度去分析滑坡体的变形破坏机制；其缺点是不能很好地求解不连续和大位移的问题，对于应力集中、无限域等问题的求解不够理想。有限元法代表性软件有 ANSYS、ABAQUS、GEO-SLOPE 等，但对于岩土分析来说，一般使用 GEO-SLOPE，它可以解决岩土工程中的二维计算问题，但没有 3D 功能。有限差分法最具代表性的为快速拉格朗日分析法（FLAC 3D）。快速拉格朗日分析法可以准确地模拟材料的屈服、塑性流动、软化直至大变形，尤其在材料的弹塑性分析、大变形分析等领域有独到的特点。FLAC 3D 克服了边界元法和有限元法都基于小变形假设的局限，能够模拟大变形问题，较有限元法能更好地考虑滑坡体的不连续性和大变形特征。FLAC 3D 还提供了流体模型和动力模型，满足复杂受力条件对介质行为影响研究的需要，所以说 FLAC 3D 在滑坡稳定性分析方法上开辟了新的途径。

以极限平衡理论为基础的滑坡稳定分析方法以条分法为主。条分法以极限平衡理论为基础，是目前工程界普遍采用的方法。条分法的基本思路是：岩土体破坏是坡体沿边坡内部产生的滑动面造成的，通过静力平衡条件判断滑动面上的滑体是否处于稳定状态，而滑动面的形状基于人为假定，所以找到滑动面发生滑动的最小荷载，则与其相对应的滑动面就是边坡潜在的滑动面，这个滑动面可以是圆弧面、折线面或不规则曲面等。

综上所述，极限平衡法虽然不能考虑岩土体之间的应力—应变关系，并且极限平衡法的求解是基于不同的人为假定和简化；但是由于极限平衡法在工程界的应用非常广泛，积累了大量的工程实践经验，目前在我国，极限平衡法还是工程界主要的定量分析方法。在不同规范中对不同的工程计算都是基于极限平衡理论方法的，其主要原因是极限平衡法所用参数较容易获得，并且计算结果定量直观，很多规范直接给出了安全系数的边界值。可以说，极限平衡法目前在工程界还是一种不可替代的边坡稳定性计算方法，基于此，本书主要对极限平衡法在滑坡稳定性分析中的应用进行介绍。

1. 滑坡稳定性计算的基本公式

判别滑坡能否失稳滑动而产生灾害，以及是否需要采取必要的防灾减灾措施，都需要首先判定滑坡的稳定性。稳定性通常以稳定性系数 K 表示，其定义为滑体沿潜在滑面上的抗滑力 R 与滑动力 T 之比，即：

$$K=\frac{\sum R}{\sum T} \tag{2-1}$$

以最简单的平面滑动为例，可以导出极限平衡法稳定性计算基本公式。

如图 2－3 所示，滑块在倾角为 α 的潜在滑面上做平面滑动，其滑动力 T 为滑体质量 W 平行滑面的切向分量，即：

$$T=W\sin\alpha \tag{2-2}$$

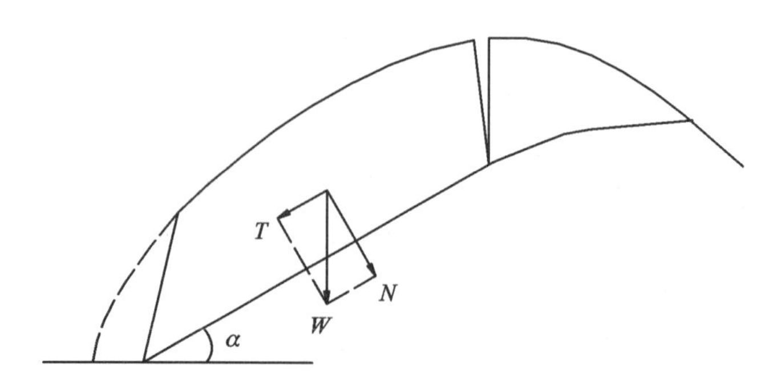

图 2－3　平面滑动滑坡稳定性分析图示

其抗滑力则为潜在滑面上的摩擦阻力和内聚力 c 之和，其中摩擦阻力为法向力 N 与摩擦系数 $\tan\varphi$ 之积，而法向力 N 则为滑体质量 W 的法向分量，即：

$$\begin{cases} R=N\tan\varphi+cL \\ N=W\cos\alpha \end{cases} \tag{2-3}$$

因此

$$R=W\cos\alpha\tan\varphi+cL \tag{2-4}$$

式中：L 为潜在滑面长。

由此得出：

$$K=\frac{W\cos\alpha\tan\varphi+cL}{W\sin\alpha} \tag{2-5}$$

$K>1$，则滑体是稳定的；$K=1$，为极限平衡；$K<1$，则滑体失稳。

从式(2-5)可以看出：K 值一方面随潜在滑面上的抗剪强度参数内摩擦角 φ 和内聚力 c 的减小而减小，另一方面又随滑面的倾角 α 变大而减小。因此，决定滑体稳定性的有两类参量：一类是潜在滑面上的抗剪强度参数 c、φ(决定滑体质量 W 的土石密度 ρ 或重度 γ 也是比较重要的参量)；另一类是滑体的几何边界条件，即潜在滑面的形状(平面、折线面、弧面)和其倾角 α。

如图 2-4 所示，潜在滑面为折线形。为了计算此类滑面滑体的稳定性，必须在折线形滑面的各转折点作垂线将滑体分为多个滑面倾角为某一定值的条块，分别计算每个条块的法向力 N 和切向力 T，求出 $\sum N$ 和 $\sum T$，其稳定性系数的计算公式如下：

$$K=\frac{Lc+\tan\varphi\sum_{i=1}^{n}W_i\cos\alpha_i}{\sum_{i=1}^{n}W_i\sin\alpha_i} \tag{2-6}$$

式中：L 为潜在滑面长；W_i 和 α_i 分别为每一条块的重力和滑面倾角。

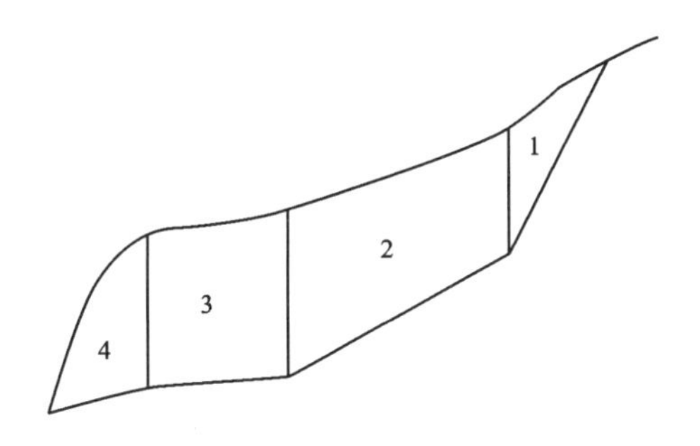

图 2-4 折线形滑面滑坡条分法稳定性分析图示

如图 2-5 所示，滑面为圆弧形。则潜在滑面倾角由后缘的极陡向前逐渐变缓，直至前缘的反倾坡内。其稳定性计算显然应采用条分法。首先用垂线将滑体分为若干条块，每一条块底滑面倾角 α_i 近似等于某一定值。其计算公式为

$$K=\frac{\sum_{i=1}^{n}(W_i\cos\alpha_i\tan\varphi+L_ic_i)}{\sum_{i=1}^{n}W_i\sin\alpha_i} \tag{2-7}$$

式中：L_i 为第 i 块土条滑动面长；W_i 和 α_i 分别为每一条块的重力和滑面倾角；C_i 为第 i 块土条滑动面黏结强度标准值。

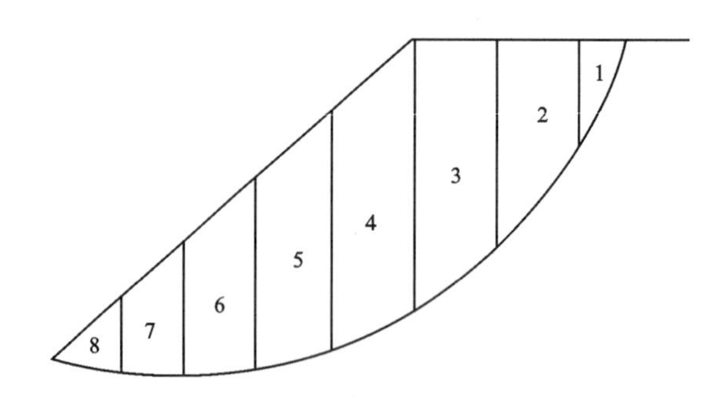

图 2－5　圆弧形分法滑面滑坡稳定性分析图示

由图 2－5 可见，滑动力主要来自后缘陡倾段，随滑面倾角变缓，决定摩擦阻力大小的重力法向分量不断增大而切向分量不断减小，至 α 减为 0 时（条块 6）切向分量为 0，反倾坡内切向分量与滑动方向相反，实际上已经成为抗滑力的一部分。因此，自接近前缘的滑面缓倾段至前缘反倾段，这一部分滑体实际上是一抗力体。

2. 水对滑坡稳定性的影响

滑坡多发生在多雨季节，一次暴雨可诱发大量滑坡滑动，显然水对滑坡稳定性的影响很大。其本质为下渗的雨水形成水压力，一方面增加了沿滑动面方向的下滑力 T，另一方面降低了垂直于滑动面的法向力 N，进而降低抗滑力 R。受降雨影响的滑坡稳定性分析过程中，一般采用滑坡体整体或滑坡体土骨架两种分析方法。

1）滑坡体整体分析法

滑坡体整体分析法即将滑坡体的土骨架及滑坡体内的水作为一个整体考虑，此时滑坡体近似块体，采用天然重度、水压力作为边界水压力考虑，而无需考虑水流动过程中产生的渗透力（图 2－6），计算公式如下。

折线滑动：

$$K=\frac{(W\cos\alpha-p_{\mathrm{w}}-p'_{\mathrm{w}}\sin\alpha)\tan\varphi+cL}{W\sin\alpha+p'_{\mathrm{w}}\cos\alpha} \tag{2-8}$$

圆弧滑动（瑞典条分法）：

$$K=\frac{\sum_{i=1}^{n}[(W_i\cos\alpha_i-r_wh_iL_i)\tan\varphi'+L_ic'_i]}{\sum_{i=1}^{n}W_i\sin\alpha_i} \tag{2-9}$$

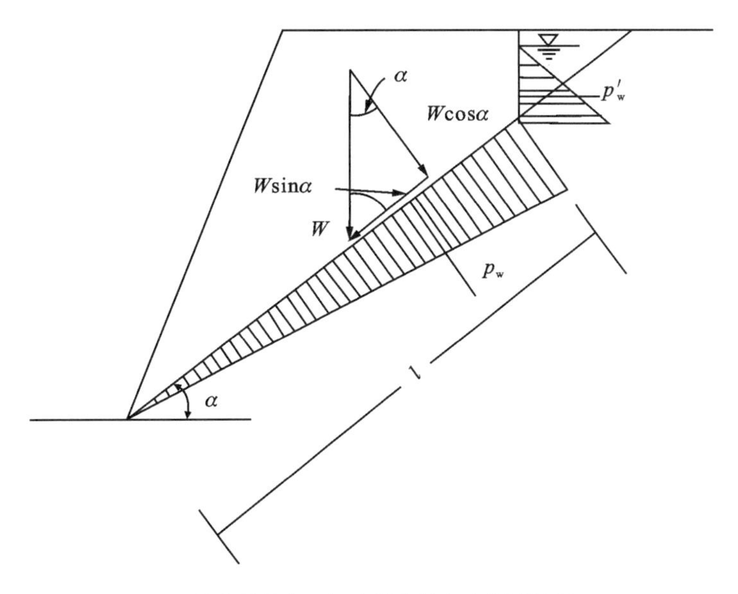

p_w. 法向场压力；p'_w. 水平向压力；l. 滑面长度。

图 2－6 空隙水压力对斜坡稳定性的影响示意图

式中：r_w 为水的重度；h_i 为第 i 块土条水头高度；C'_i 为第 i 块土条滑动面黏结强度标准值(有效应力指标)。

2)滑坡体土骨架分析法

滑坡体土骨架分析法即将滑坡体的土骨架作为一个整体考虑，此时水作为体积力作用于土骨架，土骨架采用浮重度，水则需考虑流动过程中产生的渗透力，而不必考虑水的界面力(图 2－7)，计算公式如下。

圆弧滑动(瑞典条分法)：

$$K=\frac{\sum_{i=1}^{n}(W_i\cos\alpha_i\tan\varphi'+L_ic'_i)}{\sum_{i=1}^{n}W_i\sin\alpha_i+\sum_{i=1}^{n}\frac{J_id_i}{R}} \tag{2-10}$$

3)渗透压力或动水压力

地下水在土体孔隙中渗流时，会对其周围骨架产生渗透压力或动水压力。如果动水压力指向坡外，则将降低斜坡上岩土体的稳定性，甚至引起滑坡。

为导出渗透压力的数学表达式，在渗流场中沿流线方向截取一长为 dl、横断面积为 dA 的微单元土体。沿流线方向作用在该土体上孔隙水流的力如图 2－8 所示。

(1)土柱两端空隙水压力之差 Δp_w(设沿渗流方向为正)

$$\Delta p_w=-\mathrm{d}p_w\mathrm{d}A=\rho_w g(-\mathrm{d}h+\mathrm{d}z)\mathrm{d}A \tag{2-11}$$

(2)土柱中孔隙水流的自重在流线方向的分力 w 为

$$w=-n\rho_w g\,\mathrm{d}A\mathrm{d}l\,\frac{\mathrm{d}z}{\mathrm{d}l} \tag{2-12}$$

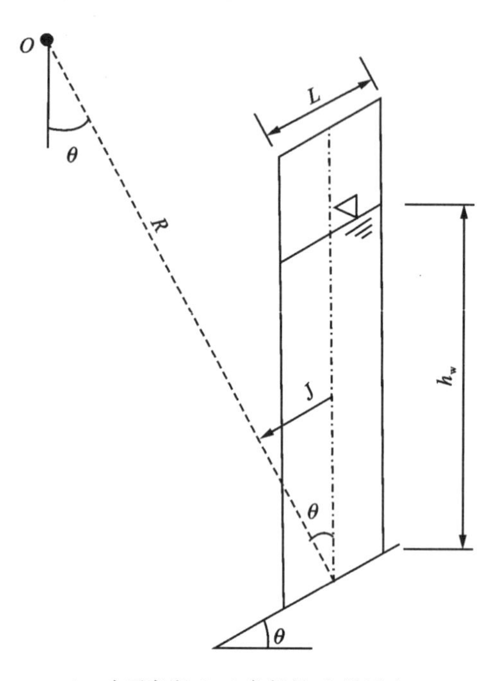

h_w. 水下高度;L. 土条斜长;J. 渗透力。

图 2－7　滑坡体土骨架分析法示意图

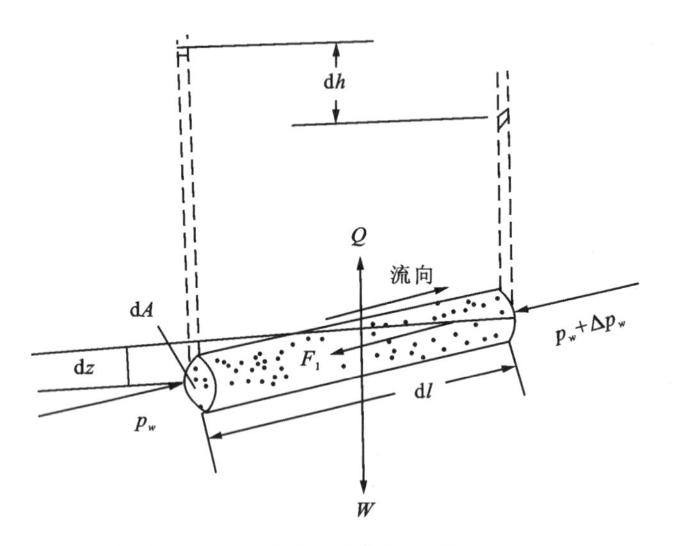

图 2－8　渗流场微单元土体上受力示意图

(3)渗流所遇到的阻力,即骨架对孔隙水流的摩阻力,该作用力平均分布于土体内,总摩阻力 F_1 为

$$F_1 = f_1 \mathrm{d}A\mathrm{d}l \tag{2-13}$$

(4)土粒受水的浮力,并以同样大小反作用于水体,在流线方向上的分量 Q 为

$$Q=-(1-n)\rho_w g\,\mathrm{d}A\mathrm{d}l\,\frac{\mathrm{d}z}{\mathrm{d}l} \tag{2-14}$$

式(2-11)—式(2-14)中：ρ_w 为水的密度；n 为孔隙度；g 为重力加速度。略去渗流的惯性力，上四式的代数和为零，则有

$$f_1=\rho_w g\,\frac{\mathrm{d}h}{\mathrm{d}l} \tag{2-15}$$

渗流作用在土骨架上的力也就是渗透所遇阻力的反作用力，其作用方向与渗流方向一致，故有拖拽土体或土粒向渗流方向前进的趋势。因此，单位体积土体所受的渗透力即渗透压力 J 为

$$J=-f_1=-\rho_w g\,\frac{\mathrm{d}h}{\mathrm{d}l}=\rho_w g i \tag{2-16}$$

式中：$i=-\frac{\mathrm{d}h}{\mathrm{d}l}$为水力梯度。

因为 $\rho_w=1\mathrm{g/cm^3}$，所以渗透压力的大小取决于水力梯度的大小，水力梯度越大，则渗透压力（动水压力）越大。渗透压力普遍作用于渗流场中的所有土粒上，它由孔隙水压力转化而来，即渗透水流的外力转化为均匀分布的内力或体积力。

水库由正常高水位快速消落往往会引发岸坡滑坡。其原因为水库水位消落，而赋存于岸坡岩土体的地下水往往回落不及时，因而库岸内外将形成水头差发生渗流产生渗透力，渗透力将增大下滑力，进而引发岸坡滑坡（图 2-9）。

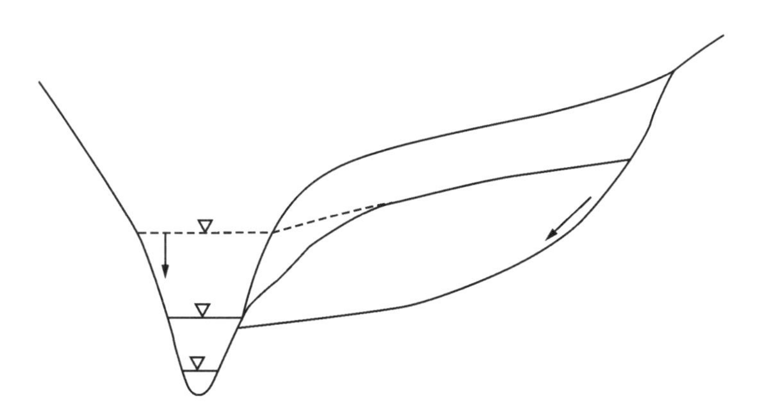

图 2-9　水库水位快速消落产生高动水压力示意图

2.4.4 滑坡稳定性的宏观变形迹象判断

滑坡处于临界稳定或接近极限平衡状态时，往往在地表出现变形迹象。在滑坡调查中可以根据无或有这些宏观变形迹象判断滑坡是稳定、临界稳定还是即将失稳滑动。

滑坡即将失稳滑动在地表出现的配套的系统变形迹象如图 2-10 所示。由图 2-10 可知，这一地表变形迹象系统包括：多级后缘弧形拉张裂缝，其中有的有下错迹象，有的无下错

迹象；侧翼雁行排列的剪张裂缝；与前缘隆起相伴的横张及纵张裂缝，以及沿前缘裂缝出现的多个泉或渗水点。整套裂缝的出现表明滑坡即将失稳滑动，但两翼裂缝仍呈雁列式排列而未连成整体，则表明滑移面尚未完全贯通。

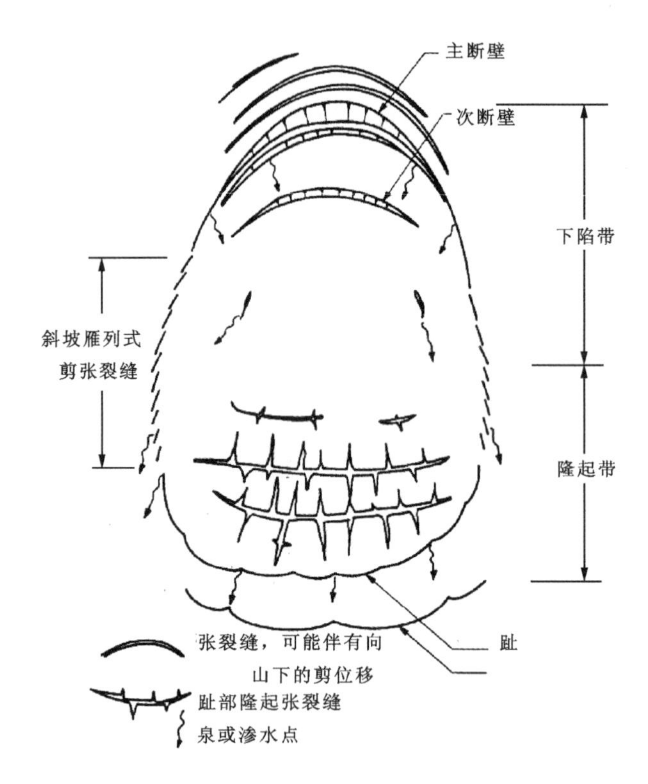

图 2－10　滑坡失稳下滑前地面上的系统变形开裂迹象

这一系列裂缝中最早出现的一般是后缘张裂缝。初期这些裂缝是断续的，然后逐渐连接成完整的弧形缝且张开宽度不断加大，最后可出现下错，并相继出现多级弧形张裂缝。根据这些裂隙的发展情况可以判定滑坡的稳定状况。根据拉张裂缝变形的速率可以预报滑坡的发生时间。侧翼剪裂缝发育稍迟于后缘弧形张裂缝，并由后缘向前缘延伸，由雁行不连续裂缝向连续裂缝发展。前缘隆胀裂缝发育又迟于侧翼剪裂缝。如果前缘局部滑出还可出现放射形张裂缝。

除了地形上配套的裂缝之外，滑坡体上的建筑物变形与开裂也是判断滑坡稳定性的宏观迹象。但建筑物的开裂也可由其他原因造成，比较常见的为地基的不均匀沉降引起的建筑物开裂。判断建筑物开裂是否由滑坡活动所引起，应当将开裂建筑物在滑坡上所处的位置、开裂的力学属性及发展过程联系起来加以分析。如正好位于后缘拉裂带，则建筑物会产生自地基向上发展的张裂缝；如位于前缘隆起带，则建筑物会产生自顶部向下发展的张裂缝；如处于两侧翼剪张带，则会产生剪裂缝。若群体建筑物位于相应地带，则建筑物的开裂应是群体的而非个别的。

2.5 滑坡防治措施

由于城市的快速发展，铁路和高等级公路的建设大规模地改变了土地利用方式，挖方、填方等土石方工程规模日益增大，施工强度急剧攀升，由此而引起的滑坡灾害也就日益严重。预防和减轻地质灾害已成为当务之急。

有效的滑坡灾害管理，可通过避开或降低其危害性而大大减少由滑坡所造成的社会经济损失：首先是防灾，即防止滑坡的发生；其次是减灾，滑坡发生虽不可避免但应尽可能地将其造成的灾害影响减至最小；最后才是治理灾害。防灾减灾治灾可以概括为以下4条途径。

(1)对易发生滑坡的地段限制开发；交通干线应绕避易发生滑坡的地段；如可能滑动的滑坡体上已建有城镇或集中居民点，而且该滑坡又不能或不宜进行工程加固，则应搬迁避让。

(2)制定并严格执行土石方工程、建设工程的行业规范，以防止挖方(特别是深挖方)或填方(特别是高填方)边坡发生滑坡。

(3)在可能发生滑坡的地段建立监测预警系统，通过预报避免或降低滑坡灾害。

(4)采用防治或控制滑坡失稳的工程措施。

其中第(4)条就是通常所说的滑坡防治工程，主要包括减重与加载、排水、抗滑支挡工程等。本节将简要介绍这些工程措施的选用原则。

2.5.1 减重与加载

通过削方减载或填方加载来改变滑体的力学平衡条件，从而达到治理滑坡的效果。滑坡体往往滑面后缘倾角陡，而接近前缘倾角缓，甚至位于反倾坡内，滑动力主要来源于滑坡近后缘段即头部，而近前缘段即滑坡的足部则为抗滑段或抗力体。消减产生滑动力的物质、增加抗力体的物质即可大大提高滑坡的稳定性，这就是通常所说的“砍头压脚”。

1. 后部主滑地段和牵引地段减重

如果滑坡的滑动方式为推动式，并具有上陡下缓的滑动面，可以采取后部主滑地段和牵引地段减重的治理方法，减重时需要经过滑坡推力计算，求出沿各滑动面的推力，才能判断各段滑体的稳定性。减重不当，不但不能稳定滑坡，还会加剧滑坡的发展。

2. 滑坡前部或坡脚加载

在滑坡前部或滑坡剪出口附近填方压脚，以增大滑坡抗滑段的抗滑能力，该措施实施的前提条件是滑坡前部具备压脚地段。同样，滑坡前部加载也要经过精确计算，才能达到稳定滑坡的目的。

2.5.2 排水

排水措施包括地表水排水和地下水排水。

地表水排水的目的是拦截滑坡范围以外的地表水不进入滑坡体，同时还应考虑滑坡体范围内的水流出滑坡体范围。地表水排水工程主要有截水沟和排水沟。地表水排水技术简单易行且加固效果好，工程造价低，因而应用极广，几乎所有滑坡整治工程都包含地表水排水工程。

地下水排水主要是通过疏干地下水或降低地下水位，以减少滑带土的孔隙水压力，提高其抗剪强度，从而增大滑坡的稳定性，因此可以减少或取消支挡工程，节约投资。地下水排水工程依据滑坡地下水条件，常用的措施有截水盲沟、截水盲(隧)洞、仰斜(水平)孔群排水、井点抽水、支撑盲沟、边坡渗沟、虹吸排水等。

2.5.3 抗滑支挡工程

抗滑支挡工程包括抗滑挡土墙、抗滑桩、预应力锚索抗滑桩、预应力锚索框架或地梁等。抗滑挡土墙多用在预防中小型滑坡上。抗滑桩抗滑能力大，对滑坡稳定影响小，施工安全，见效快，在大中型滑坡中被广泛推广、应用。预应力锚索框架结构简单，施工安全，对坡体挠动小，对附近建筑物影响小，节省工程材料，并可对坡体稳定起到立竿见影的效果，近年来得到了迅速发展和广泛应用，尤其在岩质滑坡中，效果更明显。

2.6 滑坡勘查实例

2.6.1 工程概况及勘查工作量布置

1. 工程概况

楚雄天然气综合利用项目门站北面西段滑坡位于楚雄市东瓜镇二环路北侧，挖方边坡西段长约50m，边坡最高约38m，该段边坡最初分级分台设计开挖，每级边坡坡高最高为8m，坡比为1∶1，2014年5月，该段边坡在施工过程中出现开裂、滑动(图2-11)，2014年10月，调整了该边坡的开挖坡比，将已滑动坡体清除后，开挖坡比调整为1∶1.5～1∶2，同样出现了开裂滑动(图2-12)。

2. 勘查工作布置

根据工程特点并结合地质情况，本次勘查采用了以下勘查手段。

(1)工程地质测绘及资料收集。在收集场地已有资料的基础上，通过实地调查，查明场

图 2-11 场地北面西段边坡开裂、滑动 1(2014 年 5 月)

图 2-12 场地北面西段边坡开裂、滑动 2(2014 年 10 月)

地地形地貌、地质界线，场地及其附近有无影响其稳定性的不良地质作用，重点对滑坡周边的稳定状况进行调查。

(2)钻探。沿滑坡主滑方向共布置勘探线 3 条,每条勘探线上布置不少于 3 个勘探点,共布置 11 个勘探点(其中 2 个探井)。勘探点间距为 20～35m,勘探深度为 15.2～50.2m,钻探的目的是查明滑面(带)的位置,同时查明滑坡区(尤其是滑动面)岩土工程特性,采取岩土试样,为下一步防治工程设计提供所需的各种岩土物理力学参数,获得滑坡稳定性分析剖面。

(3)取样及试验。在 7 个钻孔中进行了岩土取样,共采取岩样 30 件。滑面试样采用环刀采取,土样质量为Ⅰ级和Ⅱ级。采取岩土试样后进行室内分析试验,确定岩土物理力学性质指标。

(4)注水试验。为确定岩石地层的透水性,在钻孔内进行降水头注水试验,通过试验观察水头下降速度与时间的关系或注入流量与时间的关系,计算地层的渗透系数并评价地层的渗透特性。

(5)现场直剪试验。为准确获取场地内岩体及岩层面的抗剪强度指标,在场地不同平台试坑内一定深度进行岩体及岩层面原位剪切试验。

(6)室内土工试验。为获取场地各岩土层的物理力学指标,采取原状岩土试样进行岩土的物理性质、抗剪强度、残余剪等试验。

根据工程规模及工期要求,本次勘查共投入 2 台 HT－150 型钻机、1 台(套)现场原位剪切试验设备、1 台南方全站仪、6 台(套)室内土工试验设备等。为避免雨水通过钻孔渗漏到滑动面,影响滑坡稳定性,钻孔施工验收完毕后均须进行回填灌浆封孔处理。

2.6.2 场地工程地质条件

1. 地形地貌

场地属于剥蚀低山丘陵地貌,滑坡地段原始地貌为斜坡,斜坡坡顶高程为 1 856.96m,坡顶位置坡度为 3°～10°,斜坡段坡度为 10°～15°,地形较为平缓。目前,场地已经开挖整平,场地整平标高为 1 807.4～1 809.7m,在场地北、东、西三面形成挖方边坡。北面挖方边坡西段长约 50m,边坡坡顶高程为 1 845.6m,边坡坡底标高约为 1 808.8m,该段边坡出现了开裂滑动,形成了滑坡。

2. 场地岩土类型

根据地质调查及探井、钻探揭露,场地地层主要为高峰寺组(K_1g)砂岩、粉砂质泥岩。按地层成因、岩性构成及物理力学性质等将工程地质单元层划分为 3 个单元层和多个亚层。

1)第四系堆积层(Q^{ml})

碎石土(单元层代号为$①_1$):褐黄、棕褐等色,粒径为 20～100mm,结构以松散为主。厚度为 1.40～2.80m,层底深度为 1.40～2.80m。分布在滑坡体东面,为 2014 年 5 月滑坡体垮塌下来的堆积物。

2)白垩系高峰寺组(K_1g)

(1)粉砂质泥岩(单元层代号为③):褐黄、棕褐、紫红等色。粉砂泥质结构,粉砂含量为30%～45%,中厚层状构造。中等风化,节理裂隙发育,岩芯呈块状、短柱状。岩石质量指标(rock quality designation,RQD)一般为30%～60%。揭露层厚0.8～7.80m,与砂岩互层,在钻孔揭露深度范围内,主要分布2层,其层底深度分别为0.80～8.70m和11.20～20.80m。整个场地均有揭露。

(2)粉砂质泥岩(单元层代号为$③_1$):褐黄、棕褐、紫红等色。粉砂泥质结构,粉砂含量为30%～45%,中厚层状构造。强风化,岩芯呈土状、砂状和土夹碎块状,岩体破碎,节理裂隙发育。厚度约为2.7m,层底深度为3.70m。只有钻孔ZK1揭露,在滑坡后缘范围外围上部约20m范围内分布。

(3)粉砂质泥岩(单元层代号为$③_2$):褐黄、棕褐、紫红等色。粉砂泥质结构,粉砂含量为30%～45%,中厚层状构造。中等风化,节理裂隙发育,岩芯呈块状、短柱状。RQD一般为32%～58%。揭露层厚3.3～4.90m。该层位于滑动带之上,属于滑坡体。该层除受滑坡体后缘长约28m、宽0.05～0.4m、深3～8m的裂缝拉断外,其岩体并未受挤压发生扭动,岩体较为完整,与粉砂质泥岩③力学性质并无差异。由于它位于滑动带之上,将它归属于滑坡体,所以单独将该粉砂质泥岩划分为一亚层。

(4)粉砂质泥岩(单元层代号为$③_3$):灰绿、褐黄、棕褐、紫红等色。该层为与砂岩接触面上粉砂质泥岩遇水软化而形成的泥化夹层。该层呈泥状,其力学性质差,厚度为0.02～0.07m。主要分布在粉砂质泥岩与砂接触面,本次滑坡的滑动带就属于该层。

(5)砂岩(单元层代号为④):淡灰、棕褐、青灰等色。粉砂泥质结构,局部为泥质砂岩,中厚层状构造。中等风化,节理裂隙发育,岩芯呈块状、短柱状。RQD一般为10%～76%。揭露层厚1.2～11.5m,与粉砂质泥岩互层,在钻孔揭露深度范围内主要分布2层,其层底深度分别为10.20～21.90m和15.20～50.20m。整个场地均有揭露。

(6)砂岩(单元层代号为$④_1$):淡灰、棕褐、青灰等色。粉砂泥质结构,局部为泥质砂岩,中厚层状构造。强风化,节理裂隙发育,岩芯呈砂状和土夹碎块状。厚度约为6.7m,层底深度为10.40m。只有钻孔ZK1揭露,在滑坡后缘范围外围上部约20m范围内分布。

根据现场地质测绘及现场钻探揭露岩芯轴夹角等综合分析,场地砂岩、粉砂质泥岩总体产状为210°～230°∠20°～21°(滑坡后缘外侧上部约100m处,岩层产状为210°～220°∠23°～30°)。场地主要发育2组节理。

3. 场地岩土物理力学指标

为了获得滑坡滑动带的物理力学指标,采用环刀对该滑坡滑动带现场取样,共采取Ⅰ级土试样6件,进行浸水固结快剪和多次剪试验;采取岩样10组,分别测试天然抗压强度、饱和抗压强度、抗剪断强度;利用场地边坡勘察现场直接进行剪切试验(6组)。现将室内土工试验和原位测试成果分析统计列于表2-11—表2-14。

表 2-11　岩土层物理力学指标统计表

地层及单元层号	孔隙比 e	饱和度 $S_r/\%$	土粒比重 G_s	湿密度 $\rho/(g \cdot cm^{-3})$	含水量 $\omega/\%$	液限 $w_L/\%$	塑性指数 $I_P/\%$	液性指数 I_L
粉砂质泥岩③$_3$	0.55～059/0.57(6)	69～84/76.5(6)	2.7～2.73/2.72(6)	1.96～2.04/2.01(6)	15～18/16.17(6)	37～42/39.33(6)	14～17/15.67(6)	<0～<0/<0(6)

地层及单元层号	浸水固结快剪		多次剪	
	凝聚力 c/kPa	摩擦角 φ/(°)	凝聚力 c/kPa	摩擦角 φ/(°)
粉砂质泥岩③$_3$	24.6～35.6/30.907(6)	9.6～11/10.28(6)	4.10～9.30/6.9(6)	2.2～3.1/2.73(6)

表 2-12　岩石室内试验物理力学指标统计表

岩石名称	湿密度/$(g \cdot cm^{-3})$	干密度/$(g \cdot cm^{-3})$	软化系数	天然抗压强度/MPa	饱和抗压强度/MPa	饱和抗剪断强度	
						内摩擦角/(°)	黏聚力 c/MPa
粉砂质泥岩③	2.57～2.66/2.61 (12)	2.47～2.61/2.53 (12)	0.57～0.78/0.67 (12)	11.80～56.10/26.61 (17)	6.0～44.7/16.61 (35)	38.2～40.2/39.47 (3)	1.8～2.6/2.17 (3)
砂岩④	2.24～2.64/2.42 (14)	2.10～2.61/2.34 (14)	—	—	14.0～138.2/65.80 (34)	39.3～44.6/41.13 (3)	2.6～10.7/5.33 (3)

表 2-13　现场直接剪切试验成果表

试验地层	试验状态	黏聚力 c/kPa	内摩擦角 φ/(°)
中风化粉砂质泥岩层面	自然	39～43/41(3)	14.5～17.5/16(3)
	浸水	10～14/12(3)	14～15.9/14.9(3)
强—中风化砂岩	自然	53.3～60.7/57(3)	13.8～16.2/15(3)
	浸水	30.5～38.3/34.4(3)	12.9～15.3/14.1(3)

注:现场直接剪切试验成果利用场地边坡勘查资料。

表 2-14 重型圆锥动力触探试验成果分层统计表

岩土名称及代号	强风化粉砂质泥岩③$_1$	强风化砂岩④$_1$
动探实测锤击数 $N_{63.5}$/击	$\frac{35.0\sim45.0}{39.0}(11)$	$\frac{45\sim78}{65}(6)$
标准差	1.320	3.320
变异系数	0.019	0.086
动探修正后锤击数 $N_{63.5}$/击	$\frac{27.5\sim43.2}{34.4}(11)$	$\frac{41.5\sim51.9}{46.4}(6)$
标准差	1.238	3.512
变异系数	0.009	0.076

注:表 2-11—表 2-14 中$\frac{1\sim17.4}{5.69}(7)$表示$\frac{最小值\sim最大值}{平均值}$(参与统计样本数)。

2.6.3 场地水文地质条件

1. 主要岩土层的渗透性

为查明滑坡体各岩土层的含水层类型和各岩土层的渗透性或吸水率,本次勘查对各试验地层分别进行了钻孔注水试验,各试验成果分层统计评价见表 2-15。

从表 2-15 的渗透系数可以看出:粉砂质泥岩③具有弱—微透水性;砂岩④以弱—中等透水为主,局部为微透水,主要受节理、裂隙控制。

表 2-15 钻孔注水试验分层统计评价表

试验孔位	试验地层	试验深度段/m	k 渗透系数/($cm\cdot s^{-1}$)	k 平均值/($cm\cdot s^{-1}$)	k 最大值/($cm\cdot s^{-1}$)	k 最小值/($cm\cdot s^{-1}$)	渗透性评价
ZK2	粉砂质泥岩③	4.3～6.3	2.56×10^{-4}	8.64×10^{-5}	9.56×10^{-4}	1.10×10^{-6}	弱—微透水性
ZK4		12.5～14.5	8.77×10^{-5}				
ZK6		8.4～10.0	1.10×10^{-6}				
ZK1	砂岩④	26.0～28.0	1.56×10^{-3}	6.00×10^{-4}	1.56×10^{-3}	1.02×10^{-6}	以弱—中等透水为主,局部为微透水
ZK3		12.8～14.8	7.7×10^{-4}				
ZK5		2.3～4.30	1.02×10^{-6}				

2. 含水层岩组类型及特征

根据地层岩性特征及赋存地下水介质的孔隙特征,将场地地下水类型划分为砂岩裂隙水。地下水含水层及其富水性描述如下。

砂岩裂隙水含水层岩组(K_1g):中厚层状砂岩,砂岩连续厚达240m,裂隙孔隙发育,含丰富的层间裂隙孔隙层压自流水,根据区域水文地质资料,单井计算涌水量为500~2000t/昼夜,地下水径流模量为1.0~5.0L/(s·km^2)。

场地钻孔揭露深度范围内,砂岩透水性弱—中等,含中等的层间裂隙承压自流水,场地滑坡地段原始地貌为斜坡,滑坡上部(钻孔深为36.2m)及滑坡后缘外侧上部约100m处(钻孔深为50.2m)钻孔没有揭露地下水,滑坡中部及滑坡下部地下水位埋深标高一般为1 807.23~1 809.64m(坡脚高程约为1 808.2m),滑坡体上没有稳定地下水,由于滑坡北东部为斜坡低洼凹地,上层孔隙水直接通过上部砂岩裂隙及层间裂隙补给地下水,场地粉砂质泥岩、砂岩软硬岩层接触面常为地下水渗透的边界面。滑动带虽无稳定水位,但很湿。

3. 地下水补给、径流、排泄条件

场地位于楚雄向斜的东翼,场地砂岩裂隙水主要接受大气降水和其北东部凹地孔隙水的补给。场地地层为砂岩与粉砂质泥岩互层,粉砂质泥岩具有弱—微透水性,为相对隔水层,场地砂岩裂隙水具有一定的承压性,富水性中等,因此场地为地下水的径流区。场地地下水由东向西运动,最终往北西方向流入龙川河。

2.6.4 滑坡特征及成因机理分析

1. 滑坡特征

1)滑坡形态特征

滑坡平面形态为扇形,主滑方向约为225°,滑坡纵长约为64m,后缘宽约为40m,前缘宽约为50m,滑体厚度为6~12m,体积约为$3.2\times10^4m^3$,为小型中层滑坡。滑坡后缘发育横向张性裂缝,裂缝长约为28m,宽为0.05~0.4m,深为3~8m;滑坡西面边界发育一条走向260°的裂缝(为优势节理面J1发展而来),裂缝长约为30m,裂缝宽为0.1~0.3m,深为3~6m,该裂缝与滑坡后缘横向裂缝贯通(图2-13—图2-15)。

2)滑坡体特征

滑体岩性为中风化粉砂质泥岩,岩石软化系数为0.57~0.78,平均为0.67,属于软化岩石,岩块的单轴饱和抗压强度R_c为6.00~44.70MPa,平均为16.61MPa,主要处于较软岩范围,力学强度较高。

滑坡体上粉砂质泥岩节理裂隙较发育,主要发育两组节理:节理J1产状为165°~170°∠83°~86°,每组节理间距为1.5~1.8m;节理J2产状为45°~50°∠78°~81°,每组节理间距为0.2~0.3m。节理J1为一组优势节理面,易沿该节理面分割岩体,从而形成滑坡。本次滑坡西侧边界就是受该裂隙面控制的。

3)滑动面特征

滑坡滑动面为粉砂质泥岩与砂岩接触面,而粉砂质泥岩、砂岩软硬岩层接触面为地下水渗透的边界面,易使粉砂质泥岩软化,形成软弱层面。在粉砂质泥岩与砂岩层间接触面，粉砂质泥岩遇水软化，呈泥状，为可塑—硬塑状态，厚度为0.02～0.03m，力学性质极低，形成软弱结构面，成为本次滑坡的滑动面(图2-16)。滑面与岩层面产状一致，产状为215°∠21°。

图2-13 滑坡体全貌

图2-14 滑坡后缘裂隙

图2-15 滑坡西面边界裂隙

图 2-16　滑坡滑动面

4)滑坡变形破坏特征

滑坡发生后,裂缝与滑向近垂直或大角度相交。滑坡体中部也出现多处裂缝,裂缝走向约为 260°,裂缝长为 5～10m,宽为 2～5cm,可见深度为 3～20cm。滑坡后壁见明显擦痕(图 2-17)。

图 2-17　滑坡后壁擦痕

2. 滑坡成因机理分析

影响本滑坡的主要因素为地层岩性、地形地貌、构造节理面、地下水，而诱发该滑坡发生的主要因素为人工开挖边坡。现分述如下。

1）地层岩性

滑坡场地地层为砂岩、粉砂质泥岩互层，属于典型的滇中红层。粉砂质泥岩亲水性强，遇水易软化、泥化、塑变，强度低。软硬岩层接触面为地下水渗透的边界面，在砂岩接触面上的粉砂质泥岩软化、泥化形成软弱夹层，一般呈硬塑—软塑状态，其状态主要受地下水影响，在雨季，地表水补给地下水，层间裂隙为地下水渗透的边界面，粉砂质泥岩在水的作用下产生泥化、软化，使软弱夹层强度迅速降低，从而对坡体的稳定性起控制作用。

另外，场地岩体为软岩与硬岩相间互层，二者强度和变形特性差异大，当岩体受挤压发生扭动时，沿层面产生层间挤压错动，形成一个碎裂岩面，厚度一般为 0.01～0.03m，这个碎裂岩面在地下水作用下形成断层泥，具有滑感。岩体暴露临空时易沿挤压面滑落，而这种层面是岩体结合力很弱的部位。

2）地形地貌

滑坡段原始地貌为斜坡，斜坡坡顶位置坡度为 3°～10°，斜坡段坡度为 10°～15°，坡度较为平缓。由于场地开挖整平，滑坡地段形成挖方边坡，边坡高一般为 36m，边坡最高约为 38m。该段边坡最初分级分台设计开挖，形成了 4 台 5 级边坡，每级边坡坡高最高为 8m，开挖坡比为 1∶1.5～1∶2（坡度为 34°～26°）。边坡坡向为 225°，与岩层产状一致（岩层产状为 210°～230°∠20°～21°），且岩层倾角小于边坡坡度，对边坡稳定不利。

3）构造节理面

滑坡场地地层属于滇中红层，红层倾斜地层在构造演化过程中形成大量的构造节理。场地地层主要发育两组节理，两组节理近于正交，并且为剪节理，同时节理 J1 受东面老采石场砂岩采空的影响，发生了卸荷作用，节理间距进一步扩大，形成一组优势节理，控制着场地岩层的切割体。本次滑坡西面滑坡边界裂缝就是受控于该组裂隙发育形成的。

4）地下水

场地位于楚雄向斜的东翼，为地下水的径流区，西侧为老采石场，形成一个凹地，为地表雨水的汇集区，并且直接渗透补给地下水。场地砂岩为主要含水层，场地粉砂质泥岩、砂岩软硬岩层接触面为地下水渗透的边界面，从而使粉砂质泥岩软化，形成软弱层面，控制着斜坡的稳定性。

5）边坡开挖

本滑坡原始地貌为斜坡，斜坡坡度为 10°～15°，斜坡坡向与岩层面倾向相一致，为顺向坡，原始斜坡坡度小于岩层倾角，有利于斜坡稳定，在开挖前，斜坡处于稳定状态。由于砂岩、粉砂质泥岩互层，场地粉砂质泥岩、砂岩软硬岩层接触面为地下水渗透的边界面，粉砂质泥岩受地下水软化、泥化成软弱面，而岩体又受优势节理面 J1 切割，又由于边坡开挖后边坡坡度为 26°～34°，岩层倾角小于坡脚，坡脚形成临空面，在多种因素的综合作用下，滑坡沿软弱层面滑动,诱发形成了该滑坡。因此,该滑坡为牵引式滑坡。综上所述,边坡开挖是该滑坡诱发的直接因素。

2.6.5 滑坡稳定性分析评价

1. 岩土计算参数的分析与选取

滑坡滑动面为粉砂质泥岩与砂岩接触面上的粉砂质泥岩软化而成的泥化夹层,一旦遇水,该软弱层力学指标会很差。而滑坡体上粉砂质泥岩为中风化,力学指标高,所以岩土计算参数主要依据滑坡的控制性结构面参数进行选取,滑动面参照多次剪试验和理正岩土边坡稳定计算软件进行反算综合确定。节理面参数主要参照现场直接剪切试验和理正岩土边坡稳定计算软件进行反算综合确定。其他指标依据室内试验结果和相关工程经验综合确定。

本次滑坡滑动面强度指标反演条件如下:①假设滑坡发生时处于蠕滑变形状态,反演时假设滑坡稳定性系数 $F_s=1.00$;②本次滑坡范围较小,滑坡主滑方向主要位于 2—2′剖面附近,并且滑坡形成的滑动面主要集中在 2—2′剖面附近,故选择 2—2′剖面为主滑体滑动面强度指标反演断面。

滑坡强度指标反演方法:反演采用理正岩土边坡稳定分析软件,设定边坡稳定性系数 $F_s=1.00$,滑面为粉砂质泥岩与砂岩接触面上的软弱泥化层层面,采用折线形滑面,分析方法采用摩根斯顿—普赖斯法。根据室内多次残余剪试验、野外直接剪切试验,先确定一个滑面(或滑体节理面)黏聚力 c 值,反算出一个与之相对应的滑面(或滑体节理面)内摩擦角 φ 值;用与此相似的方法确定 φ 值反算 c 值。不断重复上述工作,参考滑带土多次剪强度、野外直接剪切试验强度,在同类滑坡工程经验的基础上,最终确定本滑坡滑动面(带)、滑体节理面抗剪强度指标,如表 2 - 16 所示。

表 2 - 16 滑动面、节理面抗剪强度指标值

岩土名称	天然重度 $\gamma/(\mathrm{kN\cdot m^{-3}})$	黏聚力 c/kPa	内摩擦角 φ/(°)
粉砂岩、砂岩层间滑动面	19.4	6	2
粉砂质泥岩节理面参数	25.3	12	13
砂岩节理面参数	23.40	30	14

2. 现状滑体稳定性评价

1)稳定性计算模式

本次计算采用理正岩土边坡稳定分析软件、复杂平面稳定计算模式,运用传递系数法进行计算,计算公式如下。

(1)滑坡稳定性计算公式：

$$K_f=\frac{\sum_{i=1}^{n-1}\left\{[W_i(\cos\alpha_i-A\sin\alpha_i)\tan\varphi_i+c_iL_i]\prod_{j=1}^{n-1}\psi_j\right\}+R_n}{\sum_{n}^{n-1}\left[W_i(\sin\alpha_i+A\cos\alpha_i)\prod_{j=1}^{n-1}\psi_j\right]+T_n} \tag{2-17}$$

其中：

$$R_n=[W_n(\cos\alpha_n-A\sin\alpha_n)]\tan\varphi_n+C_nL_n$$

$$T_n=W_n(\sin\alpha_n+A\cos\alpha_n)$$

$$\prod_{j=1}^{n-1}\psi_j=\psi_i\psi_{i+1}\cdots\psi_{n-1}$$

式中：ψ_j 为第 i 块的剩余下滑力传递至第 $i+1$ 块时的传递系数($j=i$)，$\psi_j=\cos(\alpha_i-\alpha_{i+1})-\sin(\alpha_i-\alpha_{i+1})\tan\varphi_{i+1}$)；$W_i$ 为第 i 条块的质量(kN/m)；c_i 为第 i 条块的内聚力(kPa)；φ_i 为第 i 条块的内摩擦角(°)；L_i 为第 i 条块的滑面长度(m)；α_i 为第 i 条块的滑面倾角(°)；A 为地震加速度(重力加速度 g)；K_f 为稳定系数。

(2)剩余下滑推力计算公式：

$$P_i=P_{i-1}\psi+K_ST_i-R_i \tag{2-18}$$

其中：

传递系数：$\psi=\cos(a_{i-1}-a_i)-\sin(a_{i-1}-a_i)\tan\varphi_i$

下滑力：$T_i=W_i\sin\alpha_i+A\cos\alpha_i$

抗滑力：$R_i=W_i(\cos\alpha_i-A\sin\alpha_i)+c_iL_i$

式中：P_i 为第 i 条块推力(kN/m)；P_{i-1}为第 i 条块的剩余下滑力(kN/m)；W_i 为第 i 条块的质量(kN/m)；c_i、φ_i 为第 i 块的内聚力(kPa)及内摩擦角(°)；L_i 为第 i 条块长度(m)；α_i 为第 i 条块的滑面倾角(°)；A 为地震加速度(重力加速度 g)；K_S 为设计安全系数。

滑坡推力计算的模型如图 2-18 所示。

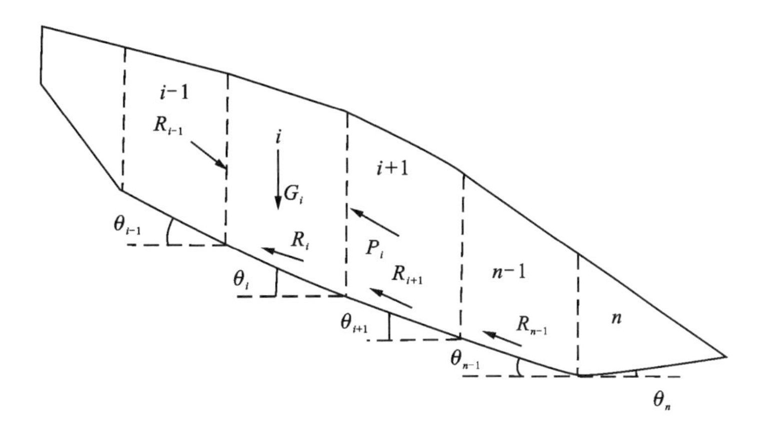

图 2-18 滑坡推力计算模型

2)计算指标取值及计算边界条件的确定

现状滑体稳定性计算采用表 2-16 中所列指标,由于滑坡体没有稳定地下水位,本次计算不考虑地下水的影响。地震计算参数取值:地震烈度 7 度,水平地震系数 0.10,地震作用综合系数 0.25,地震作用重要性系数 1.0。

3)计算结果及分析评价

本次滑坡范围较小,滑坡主滑方向位于 2—2′剖面附近,而 2—2′、3—3′剖面基本为滑坡边界范围位置,为对滑坡稳定性进行全面综合分析,所以本次计算采用 1—1′、2—2′、3—3′勘查剖面进行滑坡稳定性计算。分两种工况对滑坡稳定性进行计算分析,计算结果见表 2-17。

表 2-17　现状滑体稳定性计算结果表

计算剖面	稳定性系数 F_s	
	不考虑地震	考虑地震(地震烈度 7 度)
1—1′	1.120	1.025
2—2′	1.045	0.951
3—3′	1.141	1.044

根据《建筑边坡工程技术规范》(GB 50330—2013)5.1.3 条、5.1.4 条,在自然状态下,代表滑坡主滑方向的 2—2′剖面的安全系数为 1.045($1.0 \leqslant F_s < 1.05$),其稳定性为欠稳定;在考虑地震作用的条件下,其安全系数小于 1,为不稳定性状态。而滑坡边界附近 1—1′、3—3′剖面,在自然状态下,其安全系数都大于 1.05,处于基本稳定状态,但安全储备不足;而在考虑地震作用的条件下,1—1′、3—3′剖面处于欠稳定状态。

综上所述,滑坡处于欠稳定状态,在强降雨或地震作用下,滑坡有进一步滑动的可能,必须采用一定的工程治理措施。

2.6.6　滑坡治理措施建议

基于该滑坡坡顶上部北侧约 28m 处附近砂岩见大量老裂缝,裂缝宽为 0.05~0.1m,长为 1~5m,裂缝倾向约为 165°,向老采石场倾斜,推测老采石场采空后,上部岩石曾经发生过整体滑动,并且局部发生过垮塌,在应力释放后,逐渐达到平衡状态,滑坡顶部不能再往北面退让放坡,以免触发北面山体滑动;加之该滑坡地下水较为丰富,地表雨水汇集此处补充地下水,地下水在层间渗透对滑坡滑动面力学性质影响大,建议该滑坡不宜再进行放坡处理。对滑坡场地工程地质条件、滑坡成因机理及滑坡稳定性计算结果进行综合分析,对滑坡提出如下治理措施建议。

(1)滑坡体整理及排水措施:滑坡体地段现状地形复杂,裂缝发育,不利于滑体稳定及地表水顺利排泄,建议对滑体进行整理并采取排水措施。在现有滑坡体清理后,对滑坡裂缝进行封填处理,以免地表雨水渗漏进入滑带,并利用滑坡体上已有平台设置排水沟,在坡面设置泄水孔。在滑坡顶部设置截排水沟，滑坡坡底设置排水沟，建议与门站场地边坡截排水沟设置综合考虑。

(2)对滑坡坡脚采用反压和预应力锚索+格构梁相结合的治理方法：保持现有场地坡脚地形，对坡脚进行反压支挡。反压范围：以原设计围墙北面为北侧边界，往南外扩 20m；以原设计围墙西面线为起点，往东外扩 35m。反压高度 16m，填堤坡度高采用 1∶1，反压填堤方量约为 15 000m^3。滑坡体采用预应力锚索+格构梁支护，按 6 排锚索、水平间距按 2m 布置设计，预计需要锚索 3600m。采用 2—2′剖面对设计模型进行稳定性验算，在不考虑地震作用的条件下，其稳定性系数为 1.418；在考虑地震作用的条件下(地震烈度 7 度)，其稳定性系数为 1.279，满足《建筑边坡工程技术规范》(GB 50330—2013)5.3.2 条的要求。

本支护方案须对滑坡体表部进行清除，清除采用人工+风镐方法，以免滑坡体表部清除引发滑坡体外围边坡失稳。填堤反压料可以充分利用现有场地碎石土。反压时应该分层压实，增加密实程度和抗滑能力；底部应该采用碎块石渗水材料或做成盲沟以利于地下水排出。

2.7 滑坡勘查成果报告

滑坡勘查报告根据滑坡勘查阶段不同，其成果报告内容有所不同，但都包括文字报告、附图及附件 3 个部分。

2.7.1 文字报告

勘查报告是勘查阶段主要成果的表现，是在充分收集灾害体区域水文工程、地质条件、滑坡资料的基础上，查明滑坡区地形地貌特征、地质环境条件、滑坡特征的情况下，对滑坡体进行综合研究，分析滑坡的变形迹象和形成滑坡的原因，确定滑坡类别和可能的破坏形式，对滑坡进行定性定量的稳定性评价，提出对滑坡的整治措施和监测方案，形成内容丰富、层次分明、重点突出、论据充分且分析评价正确、结论明确合理的文字报告。报告主要反映内容如下。

(1)区域地质环境条件。包括滑坡区地形地貌、气象水文、地层岩性、地质构造、新构造运动、地震、水文工程地质条件和滑坡现状及危害。

(2)滑坡体特征。在阐明滑坡体总体规模的基础上，详细研究滑坡体外部形态特征、内部结构特征、地下水情况等。

(3)滑坡体的稳定性评价及发展趋势预测。应对各滑坡体进行定性定量评价，并提供相关计算成果。通过分析各种影响滑坡体稳定性的因素，预测各种工况条件下滑坡体的发展趋势。

(4)滑坡的危害等级。准确圈定滑坡体危险区范围，确定滑坡体的危害对象，对潜在财产损失进行估计，定量评价危害等级。

(5)滑坡治理的必要性。根据滑坡的危害等级，论证滑坡治理的必要性。

(6)滑坡体治理方案及防治措施建议。针对滑坡体特征及危害程度,提出治理方案及滑坡的监测建议,并对治理的可行性做出结论。

2.7.2 附图

(1)滑坡勘查工程布置平面图。

(2)滑坡勘查工程布置剖面图。

(3)工程勘查探井、探槽素描图。

(4)钻孔柱状图。

(5)滑坡纵剖面图。

(6)滑坡横剖面图。

(7)计算剖面条块划分示意图。

2.7.3 附件

(1)滑坡稳定性计算书。

(2)室内试验及现场试验成果表。

3 崩塌(危岩体)勘查

3.1 崩塌概述

3.1.1 崩塌的定义

崩塌是指危岩的崩落过程或产物。崩塌的过程表现为岩块(或土体)顺坡猛烈地翻滚、跳跃,并相互撞击,最后堆积于坡脚,形成倒石堆。崩塌的主要特征为下落速度快,发生突然;崩塌体脱离母岩而运动;下落过程中崩塌体自身的整体性遭到破坏;崩塌物的垂直位移大于水平位移。具有崩塌前兆的不稳定岩土体称为危岩体。危岩是指位于陡崖或陡坡上被岩体结构面切割且在重力、地震、裂隙水压力等诱发因素作用下稳定性较差的岩石块体,其形成、失稳与运动属于边坡地貌动力过程演化的主要形式之一。

危岩、崩塌这些术语都具有一定的相似性,强调了同一问题的不同侧面,其内涵有一定的差异。本书所指的崩塌包括了危岩体和崩塌堆积体,本书的崩塌涵盖了危岩体形成、破坏、失稳和运动全过程的力学行为。

3.1.2 崩塌的分类

考虑的依据不同,崩塌的分类方案不同。常见依据崩塌的起始运动形式、动力成因类型、体积规模、物质组成等对其进行分类,本书主要依据崩塌的起始运动形式、体积规模进行分类。

1. 起始运动形式的分类

根据崩塌体的起始运动形式,把崩塌分为倾倒式崩塌、滑移式崩塌、鼓胀式崩塌、拉裂式崩塌、错断式崩塌。崩塌的分类及特征详见表 3-1。

2. 体积规模分类

根据崩塌体或潜在崩塌体的体积大小,将崩塌分为以下 4 种类型。

表 3-1 崩塌分类及特征

类型	岩性	结构面	地形	受力状态	起始运动形式
倾倒式崩塌	黄土、直立或陡倾坡内的岩层	多为垂直节理、陡倾坡内存在直立层面	峡谷、直立岸坡、悬崖	主要受倾覆力矩作用	倾倒
滑移式崩塌	多为软硬相间的岩层	有倾向临空面的结构面	陡坡通常大于55°	滑移面主要受剪切力作用	滑移、坠落
鼓胀式崩塌	黄土、黏土、坚硬岩层下伏软弱岩层	上部垂直节理，下部为近水平的结构面	陡坡	下部软岩受垂直挤压作用	滑移、倾倒
拉裂式崩塌	多见于软硬相间的岩层	多为风化裂隙和重力拉张裂隙	上部突出的悬崖	受拉张作用	坠落
错断式崩塌	坚硬岩层、黄土	垂直裂隙发育，通常无倾向临空面的结构面	大于45°的陡坡	受自重引起的剪切力作用	下错、坠落

(1)巨型：$\geqslant 100\times10^4 m^3$。

(2)大型：$100\times10^4 m^3 <\sim 25\times10^4 m^3$。

(3)中型：$25\times10^4 m^3 <\sim 1\times10^4 m^3$。

(4)小型：$<1\times10^4 m^3$。

3.1.3 崩塌的形成条件

崩塌是在特定自然条件下形成的。地形地貌、地层岩性和地质构造是崩塌的物质基础；降雨、地下水作用、振动力、风化作用以及人类活动对崩塌的形成和发展起着重要的作用。

1)地形地貌

地形地貌主要表现在斜坡坡度上。从区域地貌条件看，崩塌形成于山地、高原地区；从局部地形看，斜坡高陡是形成崩塌的必要条件。规模较大的崩塌，一般产生在高度大于30m，坡度大于45°的陡峻斜坡上；一般在上陡下缓的凸坡和凹凸不平的陡坡上易发生崩塌。

2)地层岩性

坚硬岩石具有较大的抗剪强度和抗风化能力，一般能形成陡峻的斜坡，当岩层节理裂隙发育，岩石破碎时易产生崩塌。相反，软弱岩石易遭受风化剥蚀，形成的斜坡坡度较缓，发生崩塌的概率小得多。

当岩层为沉积岩且岩层上硬下软时，下部软岩风化剥蚀后，上部坚硬岩体常发生大规模的倾倒式崩塌；含有软弱结构面的厚层坚硬岩石组成的斜坡，若软弱结构面的倾向与坡向相同，极易发生大规模的崩塌。页岩或泥岩组成的边坡极少发生崩塌。岩浆岩一般较为坚硬，很少发生大规模的崩塌，但当垂直节理(如柱状节理)发育并存在顺坡向的节理或构造破裂面时，易产生大型崩塌。变质岩中结构面较为发育，常把岩体切割成大小不等的岩块，所以经常发生规模不等的崩塌落石。片岩、板岩和千枚岩等变质岩组成的边坡常发育褶曲构造，当岩层倾向与坡向相同时，多沿弧形结构面发生滑移式崩塌。

3)地质构造

岩层的各种结构面,包括节理裂隙面、岩层面、断层面等软弱结构面,抗剪性较低,对边坡稳定不利。当这些不利结构面倾向临空面时,被各种结构面切割的不稳定岩块易沿结构面发生崩塌。

4)气候条件

崩塌作用与强烈的物理风化作用相关,气候条件对物理作用影响明显。干旱、半干旱气候区,由于物理风化强烈,致使岩石机械破碎而发生崩塌。季节性冻结区,斜坡岩石中裂隙水的冻胀作用,亦可致使崩塌发生。

5)崩塌的诱发因素

(1)强烈的融冰化雪、打雷、暴雨或长时间降雨都是崩塌的诱发因素,而暴雨或长时间降雨是崩塌最常见的诱发因素。受暴雨或长时间降雨作用,雨水深入岩体结构面,软化岩体软弱结构面,并且雨后日晒,使岩体剧烈收缩,破坏岩体完整性,从而使上覆岩层失去支撑,诱发崩塌发生。

(2)地震作用破坏山体平衡,诱发崩塌发生,并且可以使一些不具备崩塌条件的山体发生崩塌,可见地震是崩塌最强烈的诱发因素。

(3)边坡开挖或不合理的采矿等人类工程活动也是崩塌的诱发因素,如采矿形成采空区、边坡开发形成临空面破坏山体应力平衡等都容易诱发崩塌的发生。

3.2　崩塌勘查阶段及技术要求

3.2.1　崩塌勘查阶段

在山区选择场址和考虑总平面布置图时,应该判定山体的稳定性,查明是否存在崩塌。实践证明,如果不在选择场址或可行性研究阶段及早发现和解决崩塌问题,会给工程造成巨大的损失。所以,崩塌勘查宜在可行性研究或初步勘查阶段进行,应查明产生崩塌的条件及其规模、类型、范围,并对工程建设适宜性进行评价,提出防治方案的建议。可行性研究阶段的勘查可与设计阶段勘查合并,可行性论证阶段的勘查成果应能满足设计阶段的要求,并在施工阶段补充必要的勘查工作。

3.2.2　崩塌危害等级及地质条件复杂程度划分

根据崩塌危害范围确定危害对象。危害对象包括县城、村镇、主要居民点以及矿山、交通干线、水库等重要公共基础设施。

崩塌勘查的地质条件复杂程度可分为简单和复杂两类,其主要依据地形地貌、地层岩性、地质构造、岩(土)体工程地质、水文地质等特征划分。

3.2.3 崩塌勘查技术要求

崩塌调查包括危岩体调查和已有崩塌堆积体调查。崩塌测绘内容应包括危岩体和崩塌类型、规模、范围，崩塌体的大小和崩落方向；岩体基本质量等级、岩性特征和风化程度；地质构造，岩体结构类型，裂缝和结构面的产状、组合与交切关系、闭合程度、力学属性、延展及贯穿情况；崩塌前的迹象和崩塌原因(表3-2)。

表3-2 崩塌工程地质调查的主要内容

调查对象	调查要点
危岩体	①危岩体的位置、形态、分布高程、规模。②危岩体及周边的地质构造、地层岩性、地形地貌、岩(土)体结构类型、斜坡组构类型。岩(土)体结构应初步查明软弱(夹)层、断层、褶曲、裂隙、裂缝、临空面、侧边界、底界(崩滑带)以及它们对危岩体的控制和影响。③危岩体及周边的水文地质条件和地下水赋存特征。④危岩体周边及底界以下地质体的工程地质特征。⑤危岩体变形发育史。历史上危岩体形成的时间，危岩体发生崩塌的次数、发生时间，崩塌前兆特征、方向、运动距离、堆积场所、规模、诱发因素，变形发育史、崩塌发育史、灾情等。⑥危岩体成因的诱发因素。包括降雨、河流冲刷、地面及地下开挖、采掘等因素的强度、周期以及它们对危岩体变形破坏的作用和影响。在高陡临空地形条件下，由崖下硐掘型采矿引起山体开裂形成的危岩体，应详细调查采空区的面积、采高、分布范围、顶底板岩性结构，开采时间、开采工艺、矿柱和保留条带的分布，地压现象(底鼓、冒顶、片帮、鼓帮、开裂、压碎、支架位移破坏等)、地压显示与变形时间，地压监测数据和地压控制与管理办法，研究采矿对危岩体形成与发展的作用和影响。⑦分析危岩体崩塌的可能性，初步划定危岩体崩塌可能造成的灾害范围，进行灾情的分析与预测。⑧危岩体崩塌后可能的运动方式和轨迹，在不同崩塌体积条件下崩塌运动的最大距离。在峡谷区，要重视气垫浮托效应和折射回弹效应的可能性及由此造成的特殊运动特征与危害。⑨危岩体崩塌可能到达并堆积的场地的形态、坡度、分布、高程、地层岩性与产状及该场地的最大堆积容量。在不同体积条件下，崩塌块石越过该堆积场地向下运移的可能性及最终堆积场地。⑩可能引起的其他次生灾害类型(如涌浪、堰塞湖等)和规模，确定其成灾范围，进行灾情的分析与预测
崩塌堆积体	①崩塌源的位置、高程、规模、地层岩性、岩(土)体结构特征及崩塌产生的时间。②崩塌体运移斜坡的形态、地形坡度、粗糙度、岩性、起伏差，崩塌方式、崩塌块体的运动路线和运动距离。③崩塌堆积体的分布范围、高程、形态、规模、物质组成、分选情况、植被生长情况，特别是组成物质的块度(必要时需进行块度统计和分区)、结构、架空情况和密实度。④崩塌堆积体内地下水的分布和运移条件。⑤评价崩塌堆积体自身的稳定性和在上方崩塌体冲击荷载作用下的稳定性，分析在暴雨等条件下向泥石流、滑坡转化的可能性

崩塌测绘的内容应包括崩塌区地形测绘和地质测绘两个方面,测绘平面图比例尺宜在1∶500～1∶2000之间,测绘剖面图比例尺宜在1∶100～1∶1000之间,对主要裂缝应专门进行更大比例尺测绘和绘制素描图。地质测绘应调查崩塌造成的灾害损失,预测崩塌可能造成灾害的影响范围,圈定危险区,确定受威胁对象,预测损失程度。

崩塌勘探方法应以物探、剥土、探槽、探井等山地工程为主,可辅以适量的钻探验证。

3.3 崩塌勘探方法及技术要求

勘探被覆盖或被填充的裂隙特征、充填物性质及充水情况可采用钻探、槽探、井探、跨孔声波测试、孔中彩色电视及地表雷达测试等手段。勘探控制性结构面的钻孔应采用水平或倾斜钻进,钻孔应穿过控制性结构面,深度不应小于可能的卸荷带最大宽度和结构面最大间距;水平或倾斜钻孔宜按从崖脚起算危岩(陡崖)高度的1/3～1/2布置。崖顶卸荷带、软弱基座分布范围勘探宜采用槽探和井探。

探槽和探井的总数占勘探点总数的比例不宜小于1/3。对危岩带勘查时勘探线应尽量通过危岩体重心,勘探线间距宜为80～100m;对单个危岩进行勘探时,勘探线应通过危岩体重心。勘探点应能控制危岩体的主要结构面,揭露同一结构面的勘探点不宜少于3个。危岩崩塌勘查试验样品应在母岩及治理工程可能涉及的范围内采集。当结构面中充填土时,应采集土样。岩样采集位置应布置在滑坡可能的支挡部位,每种岩性的岩样不应少于3组,抗剪强度试验的岩样不应少于6组;每组岩样不应少于3件。

3.4 崩塌稳定性分析

3.4.1 崩塌稳定性评价标准

合理评价危岩体在不同荷载组合条件下的稳定性,是考虑是否需要工程治理以及采取合理治理技术的重要依据,因此必须进行危岩的稳定性计算与分析。危岩的稳定性评价与边坡、滑坡的稳定性评价有本质的区别,所以崩塌稳定性评价标准不能套用边坡、滑坡稳定性评价标准,为了将稳定性分析结果直接用于指导工程防治,必须量化崩塌在不同荷载组合下的稳定性系数。

根据危岩稳定系数将危岩分为不稳定、基本稳定、稳定3种状态(表3-3);重庆市地方标准《地质灾害防治工程勘查规范》(DB 50/T 143—2018)对危岩的稳定性系数进行了规定(表3-4);《三峡库区三期地质灾害防治工程地质勘查技术要求》提出了崩塌稳定状态判别标准(表3-5),并提出了崩塌防治安全系数(表3-6)。

表 3-3　危岩稳定性评价标准

危岩破坏模式	不稳定	基本稳定	稳定
滑塌式危岩	<1.0	1.0～1.3	>1.3
倾倒式危岩	<1.0	1.0～1.5	>1.5
坠落式危岩	<1.0	1.0～1.5	>1.5

表 3-4　危岩稳定安全系数

危岩破坏模式	一级	二级	三级
滑塌式危岩	1.40	1.30	1.20
倾倒式危岩	1.50	1.40	1.30
坠落式危岩	1.60	1.50	1.40

注：表中数据为危岩治理后的安全等级，安全等级简述如下。

一级：危及县和县以上城市、大型工矿企业、交通枢纽及重要公共设施，破坏后果特别严重。

二级：危及一般城镇、居民集中区、重要交通干线、一般工矿企业等，破坏后果严重。

三级：除一级、二级以外的地区。

崩塌稳定性评价方法主要有赤平极限投影定性评价方法和定量评价方法。

表 3-5　危岩稳定状态判别标准

危岩破坏模式	危岩稳定状态			
	不稳定	欠稳定	基本稳定	稳定
滑塌式危岩	$F_s<1.0$	$1.0\leqslant F_s<1.15$	$1.15\leqslant F_s<F_t$	$F_s\leqslant F_t$
倾倒式危岩	$F_s<1.0$	$1.0\leqslant F_s<1.25$	$1.25\leqslant F_s<F_t$	$F_s<F_t$
坠落式危岩	$F_s<1.0$	$1.0\leqslant F_s<1.35$	$1.35\leqslant F_s<F_t$	$F_s<F_t$

注：F_s 为危岩稳定系数；F_t 为危岩安全系数，由表 3-6 提供。

表 3-6　危岩防治安全系数 F_t

危岩破坏模式	危岩防治工程等级					
	一级		二级		三级	
	非校核工况	校核工况	非校核工况	校核工况	非校核工况	校核工况
滑塌式危岩	1.40	1.15	1.30	1.10	1.20	1.05
倾倒式危岩	1.50	1.20	1.40	1.15	1.30	1.10
坠落式危岩	1.60	1.25	1.50	1.20	1.40	1.15

注："非校核工况"为"设计工况"或"设计荷载组合"，"校核工况"指"校核荷载组合"。

3.4.2 崩塌稳定性计算

崩塌稳定性评价应给出崩塌在设计工况下的稳定系数和稳定状态。崩塌稳定性计算所采用的荷载可分为崩塌自重、裂隙水压力和地震力。崩塌稳定性计算所采用的工况可分为现状工况(工况 1)、枯季工况(工况 2)、暴雨工况(工况 3)和地震工况(校核工况)。上述各工况组成因素中,"现状"应是勘查期间的状态,"暴雨"应是强度重现期为二十年的暴雨。崩塌稳定性计算中各工况考虑的荷载组合应符合下列规定:对工况 1、工况 2 和工况 3,应考虑自重,同时对滑移式崩塌和倾倒式崩塌应分别考虑现状裂隙水压力、枯季裂隙水压力和暴雨时裂隙水压力;对校核工况,应考虑自重和地震力,同时对滑移式崩塌和倾倒式崩塌应考虑暴雨时裂隙水压力。

裂隙水压力应按式(3-1)计算,裂隙充水高度与现状裂隙水压力的关系应根据调查资料确定,暴雨时裂隙水压力应根据汇水面积、裂隙蓄水能力和降雨情况确定。当汇水面积和蓄水能力较大时,裂隙充水高度可取裂隙深度的 1/3～1/2。

$$V=\frac{1}{2}\gamma_w h_w^2 \tag{3-1}$$

式中:γ_w 为水的重度;h_w 为水头高度;V 为裂隙水压力。

在考虑降雨对危岩稳定性的影响时,除应计算暴雨时裂隙水压力外,还应分析降雨引起的土体物质的迁移及上覆土层重度的增加。在进行崩塌稳定性计算之前,应根据崩塌范围、规模、地质条件、危岩破坏模式及已经出现的变形破坏迹象,采用地质类比法对崩塌的稳定性做出定性判断。崩塌计算剖面应通过危岩块体重心。

1. 滑移式危岩稳定性计算(图 3-1)

1)滑移式危岩

$$F=\frac{(W\cos\alpha-Q\sin\alpha-V)\cdot\tan\varphi+cL}{W\sin\alpha+Q\cos\alpha} \tag{3-2}$$

式中:V 为裂隙水压力(kN/m);Q 为地震力(kN/m),地震水平作用系数取 0.05;F 为危岩稳定性系数;c 为后缘裂隙黏聚力标准值(kPB),当裂隙未贯通时,取贯通段和未贯通段黏聚力标准值按长度加权的加权平均值,未贯通段黏聚力标准值取岩石黏聚力标准值的 0.4 倍;φ 为后缘裂隙内摩擦角标准值(°),当裂隙未贯通时,取贯通段和未贯通段内摩擦角标准值按长度加权的加权平均值,未贯通段内摩擦角标准值取岩石内摩擦角标准值的 0.95 倍;α 为滑面倾角(°);W 为危岩体自重(kN/m);L 为后缘裂隙长度(m)。

2)后缘有陡倾裂隙、滑面缓倾时,按式(3-3)计算:

$$F=\frac{(W\cos\alpha-Q\sin\alpha-V\sin\alpha-U)\cdot\tan\varphi+cL}{W\sin\alpha+Q\cos\alpha+V\cos\alpha} \tag{3-3}$$

式中:U 为滑面水压力;其他符号意义同前。

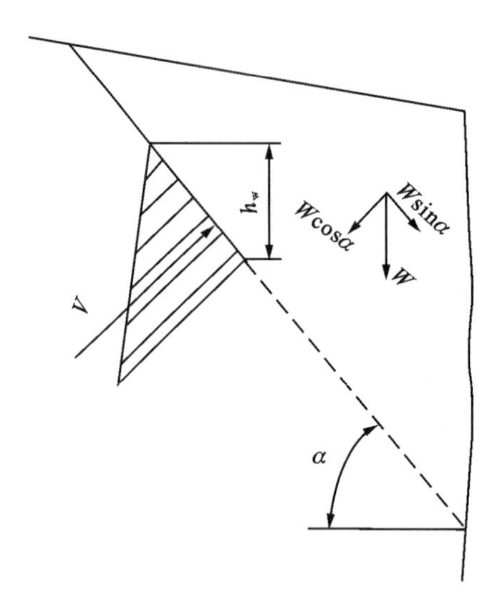

图 3-1　滑移式危岩稳定性计算剖面示意图

2. 倾倒式危岩稳定性计算

稳定性由后缘岩体抗拉强度控制时(图 3-2),当危岩体重心在倾覆点之外时,按式(3-4)计算;当危岩体重心在倾覆点之内时,按式(3-5)计算。

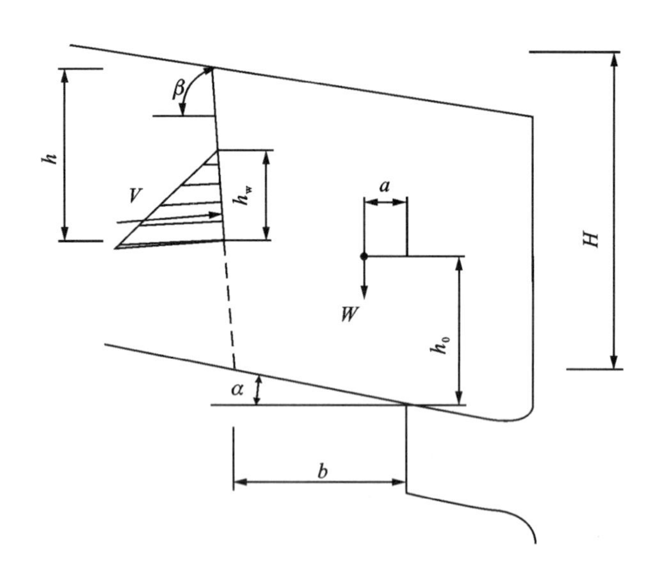

图 3-2　倾倒式危岩稳定性计算剖面示意图(由后缘岩体抗拉强度控制)

$$F=\frac{\frac{1}{2}f_{\mathrm{lk}}\frac{H-h}{\sin\beta}\left[\frac{2}{3}\frac{H-h}{\sin\beta}+\frac{b}{\cos\alpha}\cos(\beta-\alpha)\right]}{W\cdot a+Q\cdot h_0+V\left[\frac{H-h}{\sin\beta}+\frac{h_w}{3\sin\beta}+\frac{b}{\cos\alpha}\cos(\beta-\alpha)\right]} \tag{3-4}$$

$$F=\frac{\frac{1}{2}f_{\mathrm{lk}}\frac{H-h}{\sin\beta}\left[\frac{2}{3}\frac{H-h}{\sin\beta}+\frac{b}{\cos\alpha}\cos(\beta-\alpha)\right]+W\cdot a}{Q\cdot h_0+V\left[\frac{H-h}{\sin\beta}+\frac{h_{\mathrm{w}}}{3\sin\beta}+\frac{b}{\cos\alpha}\cos(\beta-\alpha)\right]} \tag{3-5}$$

式中:h 为后缘裂隙深度(m);h_{w} 为后缘裂隙充水高度(m);H 为后缘裂隙上端到未贯通段下端的垂直距离(m);a 为危岩体重心到倾覆点的水平距离(m);b 为后缘裂隙未贯通段下端到倾覆点之间的水平距离(m);h_0 为危岩体重心到倾覆点的垂直距离(m);f_{lk}为危岩体抗拉强度标准值(kPB),根据岩石抗拉强度标准值乘以 0.4 的折减系数确定;α 为危岩体与基座接触面倾角(°),外倾时取正值,内倾时取负值;β 为后缘裂隙倾角(°);其他符号意义同前。

由底部岩体抗拉强度控制时(图 3-3),按式(3-6)计算:

$$F=\frac{\frac{1}{3}f_{lk}\cdot b^2+W\cdot a}{Q\cdot h_0+V\left(\frac{1}{3}\frac{h_{\mathrm{w}}}{\sin\beta}+b\cos\beta\right)} \tag{3-6}$$

式中各符号含义同前。

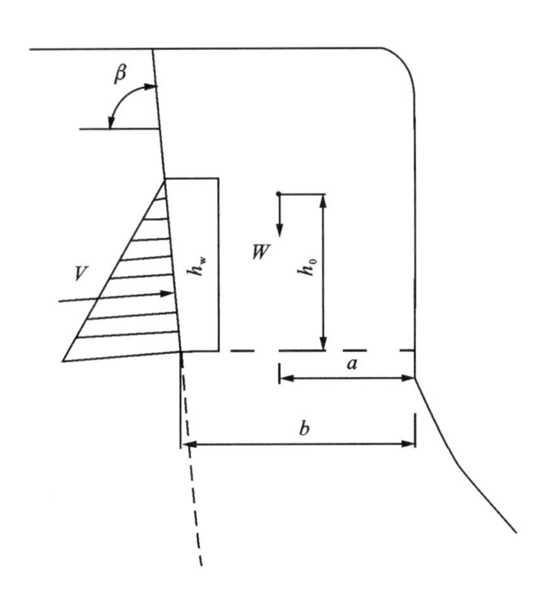

图 3-3 倾倒式危岩稳定性计算剖面示意图(由底部岩体抗拉强度控制)

3. 坠落式危岩稳定性计算

对后缘有陡倾裂隙的悬挑式危岩分别按式(3-7)、式(3-8)计算,稳定性系数取两种计算结果中的较小值(图 3-4)。

$$F=\frac{c(H-h)-Q\tan\alpha}{W} \tag{3-7}$$

$$F=\frac{\xi\cdot f_{\mathrm{lk}}(H-h)^2}{Wa_0+Qb_0} \tag{3-8}$$

式中各符号含义同前。

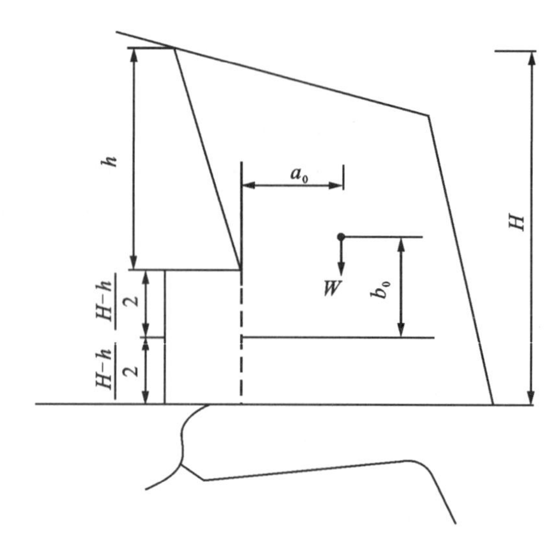

图 3-4　坠落式危岩稳定性计算剖面示意图(后缘有陡倾裂隙)

3.4.3　赤平极限投影方法对崩塌岩体结构稳定性分析

利用赤平极限投影可以比较简便地表示出结构体在平面上点、线、面的角距关系,直观地反映了岩体中各种边界面的组合关系,据此即可对岩体稳定性进行结构分析。从崩塌岩体的结构特点,初步判断崩塌岩体结构的稳定性,推断稳定倾角,同时为进一步进行定量分析提供边界条件及部分参数,诸如确定滑动面、切割面、临空面的方位及其组合关系和不稳定结构体(滑动体)的形态、大小及滑动的方向等。

1. 一组结构面的分析

(1)当岩层(结构面)的走向与边坡的走向一致时,边坡岩体的稳定性可直接应用赤平极射投影图来判断。

在赤平极射投影图上,当结构面投影弧形与边坡投影弧形的方向相反时,边坡属稳定边坡;两者的方向相同且结构面投影弧形位于坡面投影弧形之内时,边坡属基本稳定边坡;当两者的方向相同,而结构面的投影弧形位于坡面投影弧形之外时,边坡属不稳定边坡。

如图 3-5a 中边坡的投影为 AMB。J_1、J_2、J_3 为 3 个与边坡走向一致的结构面。其中,J_1 与坡面 AB 倾向相反(图 3-5b),边坡属稳定边坡。J_2 与坡面 AB 倾向相同,但其倾角大于边坡倾角(图 3-5c),边坡属基本稳定边坡。J_3 与坡面 AB 倾向相同,但倾角小于边坡倾角,边坡属不稳定边坡(图 3-5d)。

至于稳定坡角:对于反向边坡,如图 3-5b 所示,结构面对边坡的稳定性没有直接影响,从岩体结构的观点来看,即使坡角达到 90°也还是比较稳定的;对于顺向边坡,如图 3-5c、d 所示,结构面的倾角即可作为稳定坡角。

(2)当岩层(单一结构面)的走向与边坡的走向斜交时,若边坡的稳定性发生破坏,从岩体结构的观点来看,必须同时具备两个条件。第一,边坡稳定性的破坏一定是沿着结构面发生的;第二,必须有一个直立的并垂直于结构面的最小抗切面($\tau=c$)DEK,如图 3-6 所示。图 3-6 中最小抗切面是推断的,边坡破坏之前是不存在的。但是,如果发生破坏,则首先沿着最小抗切面发生。这样,结构面与最小抗切面就组合成不稳定体 $ADEK$。为了求得稳定的边坡,将此不稳定消除,即可得到稳定坡角 θ_v。这个稳定坡角大于结构面倾角,且不受边坡高度的控制。

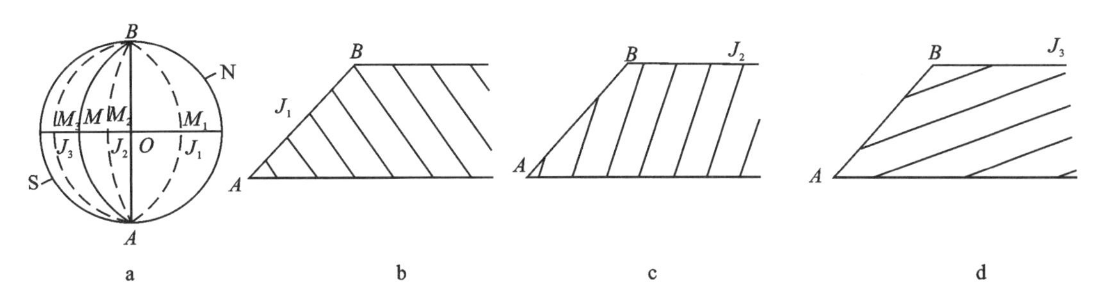

图 3-5 结构面与坡面关系图 1

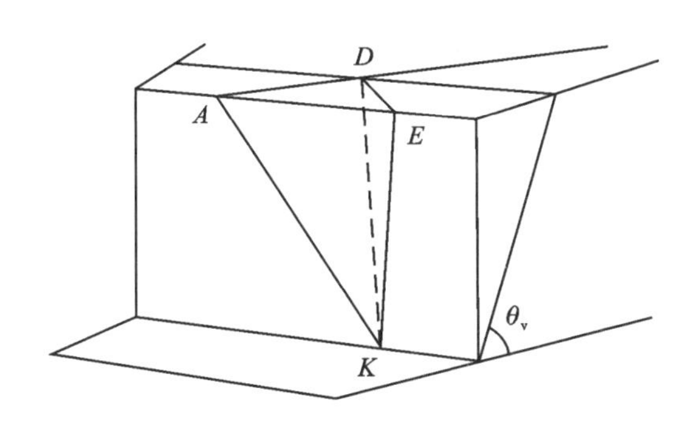

图 3-6 结构面与坡面关系图 2

如果已知结构面走向为 280°,倾向 SW,倾角为 50°,与边坡斜交。边坡走向为 310°,倾向 SW。求稳定坡角。

A. 根据结构面的产状,绘制结构面的赤平投影 $A—A$。

B. 因最小抗切面垂直于结构面,并直立,因此,最小抗切面的走向为 10°,倾角为 90°。按此产状绘制其赤平投影 $B—B$,与结构面 $A—A$ 交于 M。MO 即为两者的组合交线。

C. 根据边坡的走向和倾角通过 M 点,利用投影网求得边坡投影线 DMD。

D. 根据边坡投影线 DMD,利用投影网可求得坡面倾角为 54°(图 3-7)。此角即为推断的稳定坡角。

当结构面走向与边坡走向成直交时(图 3-8),稳定坡角最大,可达 90°;当结构面走向与边坡走向平行时(图 3-9),稳定坡角最小,即等于结构面的倾角。由此可知,结构面走向与边坡走向的夹角由 0°变到 90°,则稳定坡角 θ_v可由结构面倾角 α 变到 90°。

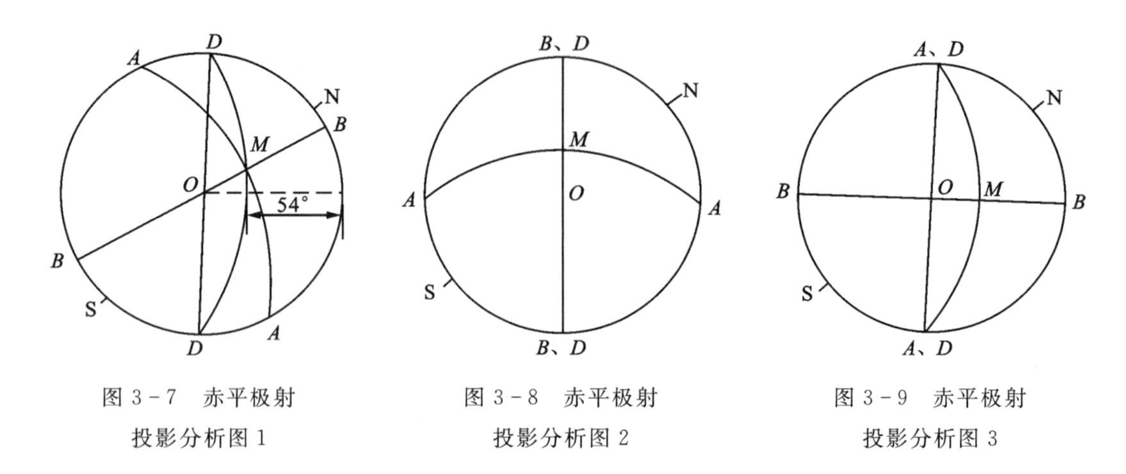

图 3-7 赤平极射投影分析图 1

图 3-8 赤平极射投影分析图 2

图 3-9 赤平极射投影分析图 3

2. 两组结构面的分析

对这类边坡，主要分析结构面组合交线与边坡的关系，一般有 5 种情况，如图 3-10 所示。

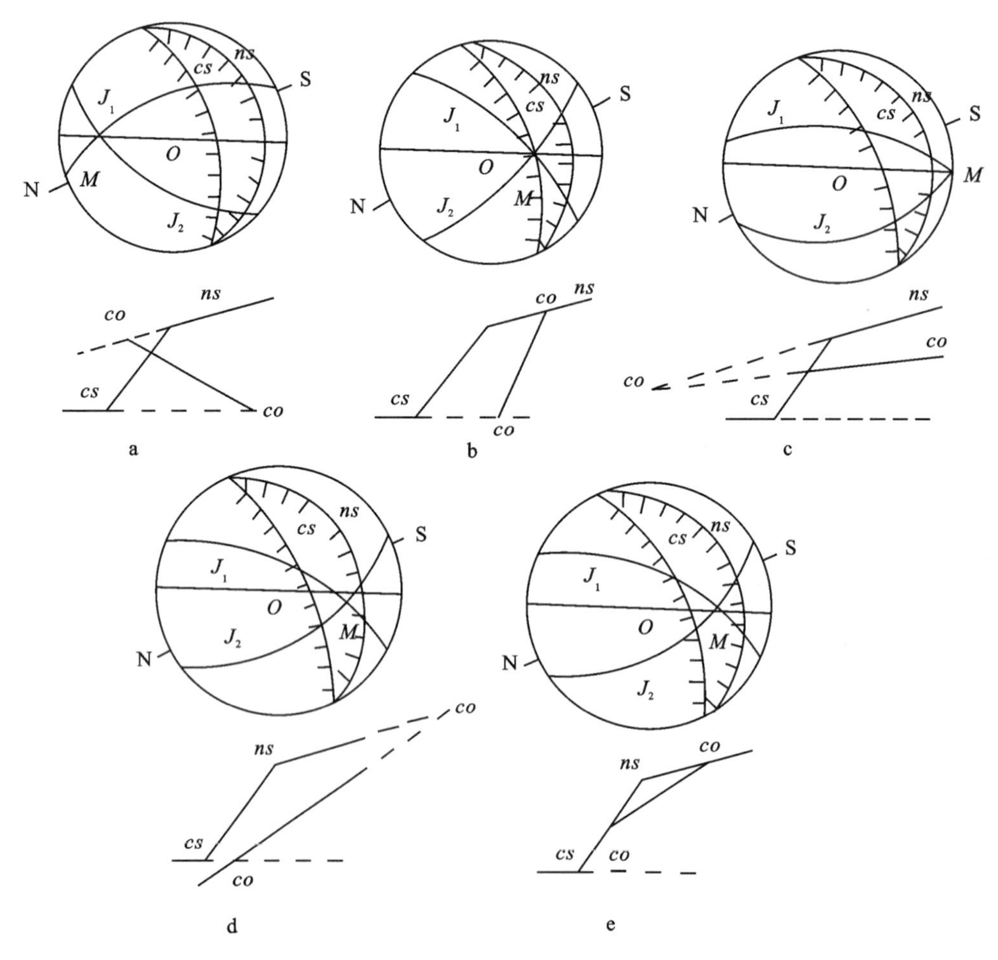

图 3-10 三组结构面赤平投影分析图

(1)在图 3－10a 中,两组结构面 J_1、J_2 的交点 M,在赤平极射投影图上位于边坡面投影弧(cs 及 ns)的对侧,说明组合交线 MO 的倾向与边坡的倾向相反(即倾向坡内),所以没有发生顺层滑动的可能性,属最稳定结构。

(2)在图 3－10b 中,结构面的交点 M 虽与坡面处于同侧,但位于开挖坡面投影弧 cs 的内部,说明结构面交线倾向与坡面倾向一致,但倾角大于坡角,故仍属稳定结构。

(3)在图 3－10c 中,结构面交点 M 与坡面处于同侧,但是位于天然边坡投影弧 ns 的外部,说明结构面交线倾向与坡面倾向一致,且倾角虽小于坡角,但在坡顶尚未出露,因此也比较稳定,属较稳定结构。

(4)在图 3－10d 中,结构面交点 M 与坡面处于同侧,但是位于边坡投影弧 cs 与 ns 之间,说明结构面交线倾向与边坡倾向一致,倾角小于开挖坡角而大于天然坡角,而且在坡顶上出露点 c_0,这种情况一般是不稳定的。但在特定情况下,例如,在坡顶的出露点 c_0 距开挖坡面较远,而交线在开挖边坡上不致出露且插于坡脚以下,因而对不稳定的结构体尚有一定的支撑,有利于稳定,所以,在这种情况下的边坡属于较不稳定边坡。

(5)图 3－10e 是图 3－10d 的一般情况。结构面组合交线在两部分边坡面都有出露,这种情况属于不稳定结构。

推断两组结构面组成的边坡的稳定坡角,其原理、方法和在单一结构面与边坡走向斜交的情况下求稳定坡角的原理、方法基本相同。

3. 三组结构面的分析

由三组或多组结构面组成的边坡,其分析的基本原理、方法与两组结构面一样,所不同的是组合交线的交点增多了。如三组结构面有 3 个交点,四组结构面最多有 6 个交点等。无论交点有多少,经过分析均可看出其中哪些是不影响边坡稳定性的(如位于边坡投影对侧的点)交点、哪些是影响不大的和有明显影响的(如位于边坡投影同侧,倾角又小于坡角的点)交点,我们只要选择其中最不利的交点来进行分析。如在判断边坡是否稳定时,要选择交线倾角最大但又小于坡角的点来分析;推断稳定坡角时,要选择倾角最小的点来分析等。必须说明,这一分析是基于各组结构面的物质组成、延展性、张开程度、充填胶结情况、平整光滑程度基本相同的情况,如果它们各不相同,则应根据各组结构面的不同特征进行综合分析,先判断出对边坡稳定性有直接影响的两组结构面,然后以这两组结构面为依据来判断边坡稳定性,推断或计算此边坡的极限稳定坡角。

4. 结构体滑移方向的分析

当边坡受两组结构面 J_1 和 J_2 切割时,其稳定性受结构面控制,为分析不稳定结构体的滑动方向,可以先按结构面产状做出赤平极射投影图(图 3－11),并找出它们的倾向线(AO 和 BO)及结构面组合交线(CO),则滑动方向必为三者之一。

若结构面的交线 CO 在两倾向线之间(图 3－11),则组合交线 CO 为滑动方向。这时两组结构面都是滑动面。

若结构面的交线 CO 在两倾向线之外，则其中一条倾向线为滑动方向。如图 3－11b 中 AO 是滑动线，即沿结构面 J_1 的倾向线滑动，这时，结构面 J_2 仅起切割面的作用。

若结构面的交线和一根倾向线重合，如 3－11c 中 CO 与 AO 重合，则倾向线 AO 就是滑动时的滑动方向。这时，结构面 J_1 是主要滑动面，而结构面 J_2 为不稳定结构体滑动时摩阻力较小的依附面。

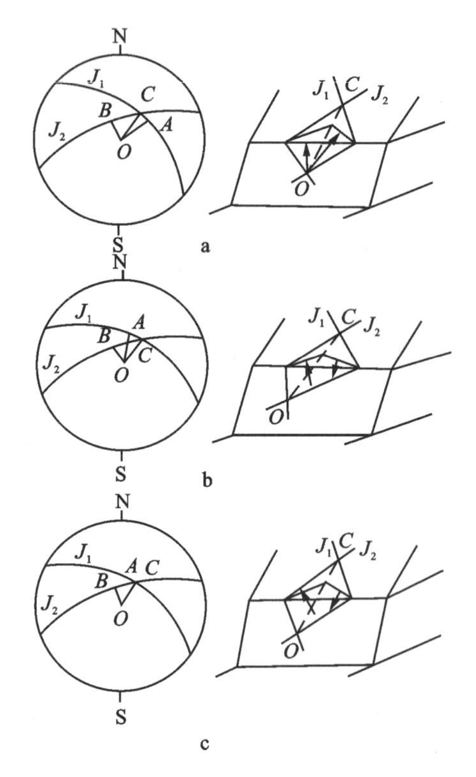

图 3－11　结构体赤平极射投影分析图

3.5　崩塌防治措施建议

对于崩塌而言，在整治过程中，必须遵循标本兼治、分清主次综合治理、生物措施与工程措施相结合、治理危岩与保护自然生态环境相结合的原则。通过治理，最大限度地降低危岩失稳的诱发因素，达到治标又治本的目的。

崩塌落石本身仅涉及少数不稳定的岩块，它们通常并不改变斜坡的整体稳定性，亦不会导致有关建筑物的毁灭性破坏。因此，防止落石造成道路中断、建筑物破坏和人身伤亡是整治崩塌危岩的最终目的。这就是说，防治的目的并不是一定要阻止崩塌落石的发生，而是要防止其带来的危害。因此，崩塌落石防治措施可分为防止崩塌发生的主动防护和避免造成危害的被动防护两种类型。主动防护主要包括削坡、清除危岩、加固或支护及地表排水等；

被动防护主要包括拦截、引导、避让等。具体方法的选择取决于历史上崩塌落石灾害的影响情况、潜在崩塌落石特征及其风险水平、地形地貌及场地条件、防治工程投资和维护费用等。现对崩塌防治措施分述如下。

1. 修筑拦挡建筑物

对中、小型崩塌可修筑拦截建筑物或遮挡建筑物。拦截建筑物有落石平台、落石槽、拦石堤或拦石墙等,遮挡建筑物形式有明洞、棚洞等(图 3-12)。在危岩带下的斜坡上,大致沿等高线修建拦石堤兼挡土墙,即可拦截上方危岩掉落石块,又可保护堆积层斜坡的相对稳定状态,对危岩下部也可起到反压保护作用。

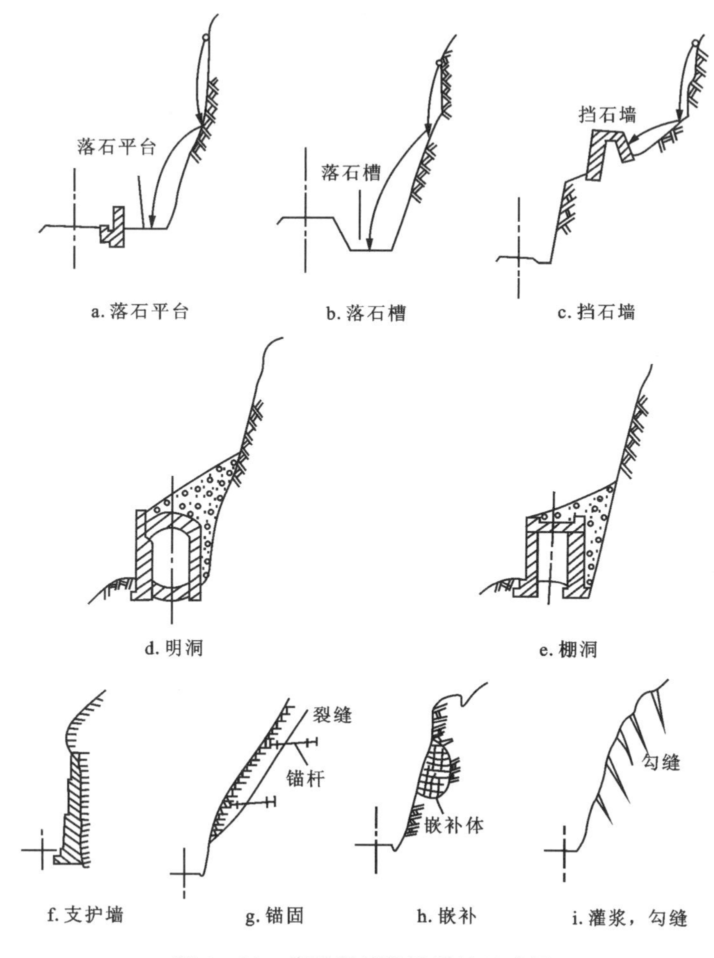

图 3-12 崩塌拦挡防治措施示意图

2. 支撑与坡面防护

支撑是指对悬于上方、以拉断坠落的悬臂状或拱桥状等危岩采用墩、柱、墙或其组合形式支撑加固，以达到治理危岩的目的。对危险块体连片分布，并存在软弱夹层或软弱结构面的危岩区，首先清除部分松动块体，最后修建条石护壁支撑墙保护斜坡坡面。

3. 锚固

板状、柱状和倒锥状危岩体极易发生崩塌错落，利用预应力锚杆或锚索可对其进行加固处理，预防崩塌的发生。锚固措施可使临空面附近的岩体裂缝宽度减小，提高岩体的完整性。因此，锚杆或锚索是一种重要的危岩加固措施。该方法适用于危岩体上部的加固。

4. 灌浆加固

固结灌浆可增强岩石完整性和岩体强度。经验表明，水泥灌浆加固可使岩体抗拉强度提高 0.1MPa，相当于安全系数提高 50%以上。在施工顺序上，一般先进行锚固，再逐段灌浆加固。

5. 疏干岸坡与排水防渗

通过修建地表排水系统，将降雨产生的径流拦截汇集，再利用排水沟排出坡外。对于危岩体中的地下水，可利用排水孔将地下水排出，从而减小孔隙水压力、减小地下水对岩土体的软化作用。

6. 削坡与清除

削坡减载是指对危岩体上部削坡，减轻上部荷载，增加危岩体的稳定性。对规模小、危险程度高的危岩体可采用爆破或手工方法进行清除，彻底消除崩塌隐患，以防造成危害。削坡减载的费用比锚固和灌浆的费用要少得多。但削坡减载有时会对斜坡下方的建筑物造成一定损害，同时也破坏了自然景观。

7. 软基加固

保护和加固软基是崩塌防治工作中十分重要的一环。对于陡崖、悬崖和危岩下裸露的泥岩基座，在一定范围内喷浆护壁可防止泥岩基座的进一步风化，同时增加软基的强度。若软基已形成风化槽，应根据其深浅采用嵌补或支撑方式进行加固。

8. 线路绕避

对可能发生大规模崩塌的地段，即使是坚固的建筑物，也经受不了大型崩塌的破坏，故铁路、公路或村镇必须设法绕避。根据当地的具体情况，或绕到河谷对岸远离崩塌体，或移至稳定山体内以隧道通过。

9. SNS(soft netting system，柔性网系统)技术

近年来，一种全新的 SNS 技术在我国水电站、矿山、道路等各种工程现场的崩塌落石防护中得到了广泛的应用。SNS是利用钢绳网作为主要构成部分来防护崩塌落石危害的柔性安全网防护系统，与传统刚性结构防治方法的主要差别在于该系统本身具有的柔性和高强度，更能适应抗击集中荷载和(或)高冲击荷载。当崩塌落石能量高且坡度较陡时，SNS不失为一种十分理想的防护方法。该系统包括主动系统和被动系统两大类型。前者通过锚杆和支撑绳固定方式将钢绳网覆盖在有潜在崩塌落石危害的坡面上，通过阻止崩塌落石发生或限制崩落岩石的滚动范围来实现防止崩塌危害的目的。后者为一种栅栏式拦石网，采用钢绳网覆盖在潜在崩岩的边坡面上，使崩岩沿坡面滚下或滑下而不致剧烈弹跳到坡脚之外，它对崩塌落石发生频率高、地域集中的高陡边坡的防治既有效又经济。

3.6　崩塌勘查实例

3.6.1　工程概况及勘查工作量布置

1. 工程概况

广西壮族自治区崇左市江州区那隆镇群黎村群黎屯受地质构造影响，山体灰岩节理裂隙发育，加上长期遭受风化、溶蚀作用，岩体破碎、完整性差，裂隙不断扩展，最终在山体上形成不少危岩体，山上常有块石崩落发生，2010年后有进一步加剧的趋势。2013年底，群黎屯居民发现后山上部分岩块与母岩分离较严重，底部有脱落现象，岩块高耸，在陡崖上十分显眼，有崩塌的趋势，严重威胁下方村屯。

2. 勘查工作方法及工作量

本次对崇左市江州区那隆镇群黎村群黎屯危岩采用了工程地质测绘和地形剖面测绘等综合勘查方法。工程地质测绘采用1∶500地形图进行实地勾绘，并填制了卡片，对重点部位用GPS进行了实测标注；对裂隙进行追踪调查，细化出危岩单体，并进行实测，野外绘制危岩体的素描图、立面图等。本次勘查在那隆镇群黎村群黎屯东南面后山中下部陡崖上发现了6个危岩体及部分浮石，各危岩体方量24～470m^3，总计1 182.3m^3。勘查所完成的实物工作量详见表3-7。

表3-7　完成的实物工作量

序号	工作内容	单位	数量
1	工程地质水文地质测绘(1∶500)	km^2	0.8
2	危岩立面测绘(1∶200)	m^2	800
3	地形剖面测绘(1∶200)	km	1.2

2.6.2 场地工程地质条件

1. 地形地貌

崇左市江州区那隆镇群黎村群黎屯属岩溶地貌(图3-13)。群黎屯地处峰林与溶蚀平原交会处,局部高岗出露基岩形成顶帽和孤峰,地面标高为120～220m。冲沟发育,切割深度小于10m。危岩所处山体地形整体呈中部陡,上、下缓的特点,中部大多为陡崖,山体上部坡度为35°～42°,下部坡度为18°～28°,陡崖近竖直,高为10～70m(图3-14)。勘查区植被较发育,危岩所在山坡植被以低矮灌木和杂草为主,山体下部相对较缓处种植有毛竹。山坡上基岩大部分裸露,植被覆盖率为42%～60%。

图3-13 危岩体附近地形地貌

图3-14 危岩所在处地形地貌

2. 场地岩土类型及物理力学指标

那隆镇群黎村群黎屯危岩区低洼处覆盖层主要是第四系(Q)红黏土,可塑—硬塑状态,以黄红色为主,埋深较浅,0～1m,一般分布于低凹或山脚洼地处;场地山体基岩裸露,岩石直接出露地面,出露基岩是上泥盆统榴江组(D_3l)灰岩,以灰色、灰白色为主,隐晶质结构,中厚层—厚层状,以块状为主,岩体受构造及节理裂隙切割成柱状、块状及层状,层位稳定,质硬性脆,利于裂隙发育,调查区局部岩体较破碎,岩体表面存在受切割和溶蚀而脱离母岩的孤立岩块。

1)第四系红黏土①

第四系红黏土①为溶余堆积层(Q^{el}),主要为含碎石黏土,黄褐色—黄红色,可塑—硬塑状,干强度高,碎石含量约为10%,土中含少量植物根系,厚度薄,部分基岩裸露,土层厚度为0～0.8m,分布于山脚下,局部分布于岩石低洼处。

2)碳酸盐岩岩组②

岩组为上泥盆统榴江组(D_3l))灰岩,岩石坚硬致密,性脆,单轴饱和抗压强度为80～110MPa,为坚硬岩。岩体呈中等—微风化状,裂隙发育,岩体基本质量等级为Ⅳ类。

群黎屯各危岩点后缘裂隙贯通,张开度较大,裂隙中大都充填少量小石及黏土,危岩体大部分已脱离母岩,仅依靠自重及与母岩接触面的接触摩阻力维持平衡,危岩体的各项力学参数参考《滑坡防治工程设计与施工技术规范》(DZ/T 0219—2006)及《建筑边坡工程技术规范》(GB 50330—2013)取值,残余拉应力视危岩后缘裂隙贯通情况而定,一般按单轴抗拉强度乘以0.4折减系数,半贯通时采用加权平均进行计算,并结合危岩体主控面及充填物情况综合分析确定,岩体的残余强度物理力学参数取值如表3-8所示。

表3-8 危岩体稳定性计算参数一览表

危岩体野外编号	工况	重度/($kN \cdot m^{-3}$)	单轴抗拉强度/MPa	结构面黏聚力/kPa	结构面内摩擦角/(°)	地基承载力设计值/kPa
WY1	天然	24.8	0.46	160	35	3600
	饱和	25.1	0.40	148	32	3600
WY2	天然	24.8	0.46	160	35	3600
	饱和	25.1	0.40	148	32	3600
WY3	天然	24.8	0.46	95	30	3600
	饱和	25.1	0.40	82	28	3600
WY4	天然	24.8	0.46	160	35	3600
	饱和	25.1	0.40	148	32	3600

续表 3-8

危岩体野外编号	工况	重度/(kN·m^{-3})	单轴抗拉强度/MPa	结构面黏聚力/kPa	结构面内摩擦角/(°)	地基承载力设计值/kPa
WY5	天然	24.8	0.46	160	35	3600
	饱和	25.1	0.40	148	32	3600
WY6	天然	24.8	0.46	160	35	3600
	饱和	25.1	0.40	148	32	3600

3. 场地水文地质条件

勘查区地貌为峰林平原，基岩裸露，山高崖陡，地下水类型主要为岩溶裂隙水，埋藏较深，一般埋深为10～50m，只有在暴雨的时候，村屯低洼处会因排水不畅导致水淹，危岩处于山体较高处，所在地势高、坡面陡，节理裂隙发育，自然排泄条件好，地下水对危岩无影响。主要接受大气降雨补给，雨水通过岩石裂隙渗入地下，以垂直补给和径流为主，水流途径短，属包气带，透水但不含地下水。据相关水文地质资料，该区地下水由东北向西南流，由182号地下河出口流出，最终汇入左江水系，182号地下河出口枯期多年监测流量为100L/s。

3.6.3 危岩特征及影响因素

1. 危岩特征

1)危岩的分布特征

本次调查的危岩分布于崇左市江州区那隆镇群黎村群黎屯东南面后山中下部陡崖上。经走访询问当地居民平时巡视状况，并根据本次野外现场调查结果，群黎屯东南面后山陡崖山体上发现有6个危岩体，野外编号为WY1～WY6(图3-15)，主崩方向为290°～315°，3个浮石，野外编号为F_1～F_3。各危岩体主要受岩层产状及节理裂隙切割控制，其在空间形态上主要表现为柱状、块状等，体积为24～470m^3，失稳模式为倾倒式、滑移式和坠落式，各危岩单体及浮石规模与形态详见表3-9。

2)危岩地质灾害基本特征

根据本次调查结果，勘查区危岩为上泥盆统榴江组(D_3l)灰岩，以块状为主，中厚—厚层状，灰岩即为危岩基座，岩体呈微风化—中风化，较完整危岩局部表面低洼处及山脚缓坡处有少量第四系松散层。危岩处于陡崖上，主要受产状、节理裂隙、结构面等控制，其基本特征如下。

群黎屯危岩区内岩层产状为215°∠8°，发育有J1(36°∠48°)、J2(250°∠50°)、J3(352°∠78°)等多组优势节理，据现场勘查发现存在6个危岩体，各危岩体基本特征如下。

图 3-15 群黎屯危岩分布(镜头方向 85°)

表 3-9 危岩单体及浮石规模与形态特征表

危岩及浮石野外编号	空间近似形态及大小(长×宽×高)/m^3	规模/m^3		岩性	主崩方向/(°)	破坏模式	高差/m	危岩类型
WY1	块状(5×4×6)	120	小型	灰岩	301	倾倒	40	中位
WY2	块状(6×5×6.5)	195	小型	灰岩	315	倾倒	32	中位
WY3	块状(6×1×4)	24	小型	灰岩	310	滑移	35	中位
WY4	块状(6×3×4)	72	小型	灰岩	306	倾倒	13	低位
WY5	块状(10×2×8.5)	170	小型	灰岩	298	坠落	4	低位
WY6	柱状(6×5×8) 柱状(4×2.5×7) 柱状(5×4×8)	470	小型	灰岩	290	倾倒	6	低位
F1	块状(5×4×2.8)	56	小型	灰岩	290	滑移	6	低位
F2	片状(10×8×0.8)	64	小型	灰岩	286	滑移	5	低位
F3	块状(2.6×2.4×1.8)	11.3	小型	灰岩	275	滑移	10	低位
合计/m^3		1 182.3		—	—	—	—	—

(1)WY1 位于群黎屯东面后山中下部陡崖上,危岩相对村屯地面高差约为 40m,距最近居民房水平距离约为 20m,所处山坡坡向为 315°,坡度为 72°~83°,临边处为陡崖,近垂直(图 3-16),分布高程为 162.6~168.6m,呈不规则块状高悬于陡崖山脊顶侧边(临空面为陡

崖，背侧为深冲沟)，长为5m，宽为4m，高为6m，方量为$120m^3$，主崩方向为301°。该危岩体四面临空，后缘与母岩完全脱离，底部裂隙发育，底部裂隙产状为292°∠10°，裂隙生长有树枝，树根侵入危岩体底部挤撑岩体，仅依靠底部母岩的接触支撑维持平衡，四周无支挡或支垫，底部裂隙局部充填少量的黏土及碎石，整块危岩体在峭壁上显得十分突出，重心较高，稍外倾。目前危岩体处于基本稳定状态，发展趋势不稳定，在自重、暴雨、震动等作用下处于不稳定状态，极易发生倾倒式失稳崩塌，威胁山脚下方3户15人生命财产安全。

图3-16　WY1危岩体(镜头方向78°)

(2)WY2位于村屯东面后山下部陡崖上，处于WY1西南面约70m处。危岩相对村屯地面高差约为32m，与最近居民房屋水平距离约为25m，所处山坡坡向为310°，坡度为75°～87°，危岩处于陡崖上，分布高程为152～158.5m，呈不规则块状耸立，长为6m，宽为5m，高为6.5m，方量为$195m^3$，主崩方向为315°。该危岩体后缘、侧面及底部裂隙发育，底部裂隙产状为310°∠25°，后缘与侧面裂隙贯通底顶，裂隙宽为10～20cm，充填有少量块石及黏土，裂隙中可见树根生长，根劈作用明显(图3-17)。该危岩体两面临空，仅依靠底部与母岩的接触支撑摩阻力维持平衡。危岩体在峭壁上方较为突出，重心较高，稍外倾。目前危岩体处于基本稳定状态，发展趋势不稳定，在自重、暴雨、底部冲刷、震动等作用下处于不稳定状态，极易发生倾倒式失稳崩塌，威胁山脚下方2户10人生命财产安全。

图 3-17 WY2 危岩体(镜头方向 120°)

(3)WY3 位于村屯东面后山下部陡崖上，处于 WY2 南面约 10m 处。危岩相对村屯地面高差约为 35m，与最近居民房屋水平距离约为 33m，所处山坡坡向为 315°，坡度为 75°～87°，危岩处陡崖上，分布高程为 155～159m，呈不规则薄块状，长为 6m，宽为 1m，高为 4m，方量为 $24m^3$，主崩方向为 310°(图 3-18)。该危岩体后缘及底部裂隙发育，底部裂隙产状为 301°∠42°，裂隙贯通危岩体底顶，裂隙宽为 5～10cm，充填有少量块石及黏土，危岩体北面临空，仅依靠与母岩的接触支撑摩阻力维持平衡。目前危岩体处于基本稳定状态，发展趋势不稳定，在自重、暴雨、底部冲刷、震动等作用下处于不稳定状态，极易发生滑移式失稳崩塌，威胁山脚下方 1 户 5 人生命财产安全。

(4)WY4 位于村屯东面后山下部陡崖上，处于 WY3 西南面约 50m 处。危岩相对村屯地面高差约为 13m，与最近居民房屋水平距离约为 20m，所处山坡坡向为 308°，坡度为 73°～85°，危岩处于陡崖上，分布高程为 133～137m，呈不规则块状紧贴崖壁，长为 6m，宽为 3m，高为 4m，方量为 $72m^3$，主崩方向为 306°。该危岩体底部及两侧裂隙发育，后缘裂隙较深，与母岩有局部联结，裂隙宽为 2～8cm，充填有少量黏土，底部裂隙产状为 305°∠20°，裂隙中有树根生长(图 3-19)。该危岩体北面临空，仅依靠底部与母岩的接触支撑及后部残余拉应力维持平衡。危岩体重心较高，稍外倾。目前危岩体处于基本稳定状态，发展趋势不稳定，在自重、暴雨、底部冲刷、震动等作用下处于不稳定状态，极易发生倾倒式失稳崩塌，威胁山脚下方 3 户 15 人生命财产安全。

图 3-18　WY3 危岩体(镜头方向 120°)

图 3-19　WY4 危岩体(镜头方向 95°)

(5)WY5 位于村屯东面后山下部陡崖上，处于 WY4 北面约 4m 处。危岩相对村屯地面高差约为 4m，与最近居民房屋水平距离约为 10m，所处山坡坡向为 308°，坡度为 70°～88°，危岩处于陡崖上(图 3-20)，分布高程为 124～132.5m，呈破碎不规则块状紧贴崖壁，总长为 10m，平均宽约为 2m，高为 8.5m，方量为 170m³，主崩方向为 298°。该危岩体底部部分悬空，裂隙发育，岩块较破碎，与母岩基本完全脱离，底部裂隙产状为 300°∠68°，仅依靠侧面岩体的支撑及背部残余拉应力维持平衡。该危岩体北面临空，重心较高。目前危岩体处于基本稳定状态，发展趋势不稳定，在自重、暴雨、底部冲刷、震动等作用下处于不稳定状态，极易发生坠落式失稳崩塌，威胁山脚下方 3 户 15 人生命财产安全。

图 3-20　WY5 危岩体(镜头方向 95°)

(6)WY6 位于村屯东面后山下部陡崖底，处于 WY4、WY5 南面约 10m 处。危岩相对村屯地面高差约为 6m，与最近居民房屋水平距离约为 10m，所处山坡坡向为 285°，坡度为 70°～86°，危岩处于陡崖下部，分布高程为 126～141m，呈 3 个不规则条块状耸立，分别为长 6m、宽 5m、高 8m，长 4m、宽 2.5m、高 7m，长 5m、宽 4m、高 8m，合计 470m³，主崩方向为 290°。危岩体与母岩完全脱离，块体较完整，后缘距基岩宽达 50cm 以上，裂隙发育(图 3-21)，底部裂隙产状为 280°∠18°，充填黏土及碎石。危岩体重心较高，稍外倾，仅依靠危岩体自重及底部的接触支撑维持平衡。目前危岩体处于基本稳定状态，发展趋势不稳定，在自重、暴雨、底部冲刷、震动等作用下处于不稳定状态，极易发生倾倒式失稳崩塌，威胁山脚下方 4 户 13 人生命财产安全。

图 3-21　WY6 危岩体(镜头方向 10°)

WY6 南侧陡坡面上分布着大小不一的浮石。其中,浮石 F1 为单独一个较大的块体(图 3-22),置于浮石堆上,长为 5m,宽为 4m,高为 2.8m,方量为 $56m^3$;浮石 F2 斜卧于陡坡面上,总长为 10m,总宽为 8m,平均高为 0.8m,方量为 $64m^3$;浮石 F3 置于陡坎边沿上,长为 2.6m,宽为 2.4m,高为 1.8m,方量为 $11.3m^3$。浮石总计约为 $131.3m^3$。这些浮石层层堆叠,与母岩无联结,稳定性极差,受外力作用极易崩落山脚。

此外,受断层构造的影响,WY6 东南约 30m 处可见 NE 走向、宽约 15m 的破碎带,岩体裂隙发育,张开度较大,裂隙局部宽达 0.8m,向山体延伸可见纵深达 10m 以上,裂隙中充填有少量块石及黏土,块石粒径一般 10cm 以下,形成多处破碎危岩块体,方量 $2\sim100m^3$(图 3-23),部分高耸于陡崖上,当地村民形象地称之为“狮子牙”,这些“狮子牙”岩体破碎,裂隙发育,与周边破碎岩体距离大都在 0.6m 以上。目前这些岩体处于基本稳定状态,在长期风化、雨水等作用下发展趋势不稳定,极易发生崩塌地质灾害。

群黎屯危岩,野外编号 WY1～WY6、浮石 F1～F3,总方量为 $1\ 182.3m^3$,位于陡崖上,在不利工况下极易发生失稳崩塌,严重威胁山脚下方群黎屯 19 户 85 人的生命安全和约 200 万元的财产安全。经过调查,并根据《滑坡防治工程勘查规范》(DZ/T 32864—2016),该危岩地质灾害危害对象等级为三级,该地质灾害防治工程等级为Ⅲ级。

图 3-22 F1浮石

图 3-23 破碎带危岩照片

2. 危岩破坏方式

据调查区内各危岩体的现状空间几何特征、结构面组合特征分析，崇左市江州区那隆镇群黎村群黎屯的危岩单体崩塌失稳方式为坠落式、倾倒式和滑移式3种破坏模式。

1）坠落式破坏模式（WY5）

危岩体下部临空，同时受后缘陡倾结构面的影响，在风化、降雨、人类工程活动及自重力等的影响下，沿陡倾结构面脱离，从而导致坠落式崩塌。

2）倾倒式破坏模式（WY1、WY2、WY4、WY6）

陡坡上高而长的岩体在垂直节理或裂缝等作用下，以坡脚某一点为转折，发生转动性倾倒的失稳模式，这种崩塌的产生有多种原因：重力的作用下长期冲刷掏蚀直立的坡脚，由于偏压产生倾倒变形；特殊水平压力（地震、静水压力，动水压力，冻胀力等）；直立的岩体在长期的重力作用下产生弯折也能导致倾倒式崩塌。

3）滑移式破坏模式（WY3）

危岩体前沿临空，同时受后缘陡倾结构面的影响，在风化、降雨、人类工程活动及自重力等的影响下，沿外倾结构面滑移，从而导致滑移式崩塌。

3. 危岩稳定性影响因素

据测区所处的地质环境分析，危岩的形成包括内部条件和外部条件两类。内部条件包括地层岩性、坡体结构、高陡临空面；外部条件包括降雨、风化、地震、打雷、植被根劈等。

1）地层岩性及节理裂隙发育情况

勘查区地处碳酸盐岩溶区，地层岩性为灰岩，产状215°∠8°。受区域构造活动和溶蚀作用的影响，岩体较破碎，节理裂隙发育，经调查，勘查区危岩后缘裂隙极其发育，危岩体与母岩大都脱离，仅WY4、WY5危岩体后部与母岩有局部残余连接。裂隙面较粗糙，延伸较长，贯通性好，大部分贯通陡崖顶底，其相互切割与层面组合形成危岩块体，卸荷裂隙多无充填或充填少量的碎石及黏土，含量约为2%。

2）高陡临空面

危岩处于陡崖上，陡崖高差为10～80m，山体下部坡度为18°～28°，陡崖近垂直，上部坡度为35°～42°，部分岩体外突、悬空，基座受多组结构面交叉切割，在各种因素影响导致的累进性破坏作用下，结构面及基座岩体的抗剪强度降低，是崩塌形成的内部条件之一。

3）风化

风化作用加速了危岩体裂隙的扩展，裂隙面抗剪强度降低，促进了危岩体的失稳。

4）水的作用

勘查区降雨量大。水可促进风化作用，产生静水压力，同时水对裂隙内充填物质有软化作用，在流动时还能带走细粒物质，降低缝内充填物的凝聚力。

5）地震

勘查区位于十万大山断陷盆地的北端，区域构造线方向以NE－SW向为主，为小地震易发区,在地震水平作用力的影响下,有助于崩塌的形成。

6)根劈作用

树木的根劈作用,将使岩层节理裂隙进一步扩张,破坏岩体整体性。

在上述各种内外力结合作用下,岩体原来的平衡状态逐渐被破坏,产生微小的位移,日积月累使后缘的裂隙加宽、加深,最终导致危岩失稳。

3.6.4　危岩稳定性评价

1.危岩稳定性定性评价

现场对危岩的详细调查发现,危岩体裂隙发育,这是危岩体形成和破坏的决定性因素;危岩体所处陡崖的坡度近于直立,高度为10～80m,危岩体部分外突悬空,重心较高,同时受风化、震动、根劈、水的作用以及人类工程活动等多种因素的影响,危岩体稳定性将越来越差,给群黎屯居民的生命财产安全带来了严重威胁。崇左市江州区地质灾害多发,近年来,陡崖上常有小方量岩块崩落砸毁房屋等情况发生。本次勘查的群黎屯危岩点处于山坡下部陡崖上,临空面前方无任何支挡,仅依靠自身重力及底部小面积的接触支撑或后部残余拉应力维持平衡,危岩稳定性较差。

群黎屯危岩受岩层(产状215°∠8°)及优势节理J1(产状36°∠48°)、J2(产状250°∠50°)、J3(产状352°∠78°)等的控制。根据危岩区的地形地貌、地层岩性、构造、岩体工程地质特征及危岩体形态规模、结构面发育,采用赤平投影分析法对危岩体的稳定性进行分析。根据赤平投影分析得出,WY1～WY6危岩体在优势节理面切割下切割体处于基本稳定或不稳定状态,稳定性较差。

2.危岩稳定性定量评价

依据《滑坡防治工程勘查规范》(DZ/T 32864—2016)中危岩体稳定程度等级及重庆市地方标准《地质灾害防治工程勘查规范》(DB50T 143—2018)所提供的理论方法,对WY1～WY6进行稳定性计算,其中,WY5破坏模式为坠落式崩塌,WY1、WY2、WY4、WY6破坏模式为倾倒式崩塌,WY3破坏模式为滑移式崩塌。

1)计算工况

计算考虑现状天然工况(工况1)和暴雨工况(工况2)。岩体稳定性计算中各种工况考虑的荷载组合符合下列规定:对工况1、工况2,考虑自重,同时对坠落式、倾倒式和滑移式危岩考虑暴雨时裂隙水压力。裂隙充水高度及暴雨时裂隙水压力根据汇水面积、裂隙蓄水能力和降雨情况确定。当汇水面积和蓄水能力相当时,裂隙充水高度取裂隙深度的1/3～1/2。

2)计算参数

危岩稳定性计算参数见表3-8。

3)危岩稳定性计算结果及评价

危岩稳定性计算结果见表3-10。从稳定性计算结果看,危岩体稳定性均较差,发生崩塌失稳的可能性大。长期的风化、降雨、震动、溶蚀、根劈作用，将破坏岩体原来的平衡状态，使危岩体产生微小的位移，日积月累使危岩体的后缘加宽、加深，危岩体稳定性将越来越差，对山脚下方群黎屯村民的生命财产构成极大威胁。

表 3-10 危岩稳定性计算结果表

破坏模式	危岩野外编号	稳定性					
		工况 1			工况 2		
		稳定系数	安全系数	稳定性评价	稳定系数	安全系数	稳定性评价
坠落式	WY5	1.39	1.80	欠稳定	1.19	1.80	欠稳定
倾倒式	WY1	1.09	1.50	欠稳定	1.05	1.50	欠稳定
	WY2	1.30	1.50	基本稳定	1.16	1.50	欠稳定
	WY4	1.28	1.50	欠稳定	1.09	1.50	欠稳定
	WY6	1.03	1.50	欠稳定	1.01	1.50	欠稳定
滑移式	WY3	1.04	1.30	欠稳定	0.91	1.30	不稳定

3.6.5 危岩治理措施分析

根据崇左市江州区那隆镇群黎村群黎屯危岩分布位置、特征、规模、施工难度等因素综合考虑，对清除方案、控制爆破、锚固＋注浆 3 种方案进行比较和选择。

1)方案一：清除方案

清除方案选择静态爆破的方法，同时做好被动防护的临时措施。静态爆破采用机械打孔，然后在孔内灌入具有高膨胀性能的高效无声破碎剂破碎岩体，用于危岩、浮石的爆破工程，周边的小块浮石采用人工清除方法。

2)方案二：控制爆破

采用普通炸药爆破，设计采用浅钻孔小药量的办法，严格控制爆破力度，尽量避免爆破对周边环境产生影响，特别控制石块的滚落范围和振动引发的次生地质灾害。爆破施工自上而下进行。

为防止施工活动对未爆破的岩块产生影响，爆破施工前应做好临时加固措施。临时加固可根据现场具体情况采用垫托、支撑、捆绑等措施。

为防止爆破石块滚落到山下，爆破前先在危岩周边的适当位置设置一道被动拦石网。

3)方案三：锚固＋注浆

对主危岩采用锚杆锚固＋注浆进行治理，并对其余各危岩体进行清除。

3 种治理方案优缺点见表 3-11，推荐采用方案一。

表 3-11 3 种治理方案对比表

方案一	方案二	方案三	危岩体情况	推荐方案
优点:在破碎过程中无震动、飞石、噪声,无毒,无粉尘污染;对周边岩体不造成破坏,对山体边坡、周围的环境无影响;施工操作简单;对施工人员技术水平要求较低;费用较低,工期较短。缺点:辅助工程量较大;对遗漏或新发育的危岩不能有效防护	优点:施工费用相对低,工期较短。缺点:爆破产生飞石、振动,对未爆破的危岩、山体及周边环境影响很大,可能引发次生地质灾害,对下方的居民房屋等建筑物造成严重危害。且炸药的申请、储存、运输和保管手续繁多,一定程度上也影响工期	优点:施工费用相对低,工期较短,可以对较大型的危岩体进行改造加固。缺点:对施工技术要求较高,不适用于已严重风化、破碎、节理发育的危岩	WY1～WY6 危岩体方量较小,与母岩联结较差,大多与母岩完全脱离,节理发育,宽张裂隙较大,边界浅,岩体较破碎,高耸紧贴陡崖壁上,发育清楚,易排除	方案一

3.6.6 崩塌勘查成果报告

崩塌勘查报告根据崩塌勘查阶段不同,其成果报告内容有所不同,但都包括文字报告、图件及附件 3 个部分。

1. 文字报告

勘查报告是勘查阶段主要成果的体现,是在充分收集灾害体区域水文工程、地质条件,崩塌资料的基础上,查明崩塌区地形地貌特征、地质环境条件、崩塌特征的情况下,对崩塌体进行综合研究,分析崩塌的变形迹象和形成崩塌的原因,确定崩塌类别和可能的破坏形式,对崩塌进行定性、定量的稳定性评价,提出对崩塌的整治措施和监测方案,形成内容丰富、层次分明、重点突出、论据充分且分析评价正确、结论明确合理的文字报告。报告主要内容如下。

(1)区域地质环境条件。包括崩塌区地形地貌、气象水文、地层岩性、地质构造、新构造运动、地震、水文工程地质条件和崩塌现状及危害。

(2)崩塌体特征。在阐明崩塌体总体规模的基础上,详细研究崩塌体外部形态特征、内部结构特征、地下水情况等。

(3)崩塌体的稳定性评价及发展趋势预测。应对各崩塌体进行定性、定量评价,并提供相关计算成果。通过对各种影响崩塌体稳定性因素的分析,预测各种工况条件下崩塌体的发展趋势。

(4)崩塌的危害等级。准确圈定崩塌体危险区范围,确定崩塌体的危害对象,对潜在财产损失进行估计,定量评价危害等级。

(5)崩塌治理的必要性。根据崩塌的危害等级,论证崩塌治理的必要性。

(6)崩塌体治理方案及防治措施建议。针对崩塌体特征及危害程度,提出治理方案及崩塌的监测建议,并给出治理的可行性结论。

2. 图件

(1)崩塌勘查工程布置平面图。

(2)崩塌勘查工程布置剖面图。

(3)工程勘查探井、探槽素描图。

(4)钻孔柱状图。

(5)崩塌纵剖面图。

(6)崩塌横剖面图。

(7)计算剖面条块划分示意图。

3. 附件

(1)崩塌稳定性计算书。

(2)室内试验及现场试验成果表。

4 泥石流勘查

4.1 泥石流概述

4.1.1 泥石流的概念

泥石流是沿自然坡面或压力坡流动的松散土体与水、气的混合体，常发生在山区小流域，是一种包含大量泥沙石块和巨砾的固液气三相流体，呈黏性层流或稀性紊流等运动状态，其汇水、汇砂过程十分复杂。泥石流是山区特有的一种突发性自然灾害现象。随着人类对环境作用强度的增加，泥石流种类中又新增加了人为泥石流和人与自然相互作用的混合泥石流。

4.1.2 泥石流的特点

泥石流具有以下6个特点。

(1)泥石流是内动力地质作用(地震、构造活动等)与外动力地质作用(降水侵蚀、风化等)结合最紧密的山地灾害类型之一。

(2)泥石流是一种地域分布广、暴发频繁、毁灭性强、成灾率高的山区环境—生态灾害。

(3)泥石流侵蚀堆积是一种快速的地表过程，也是一种活跃的坡地过程。

(4)泥石流是一种高浓度、宽级配(粒径范围从黏粒到巨砾)的三相非均质流体，也是具有塑性蠕动、滑溜到流动等多种流态和运动形式的复杂流体。

(5)泥石流与崩塌、滑坡、堰塞湖、山洪构成一个较完整的山地灾害链，是山地灾害链的一个重要环节。

(6)泥石流具有突发性、夜发性、群发性特点。

4.1.3 泥石流的分布

我国的泥石流类型众多、暴发频繁、危害严重。我国现有记录的灾害性泥石流沟约11 100条，是世界上泥石流分布最集中、危害规模最大的国家之一。

我国泥石流分布最集中的区域为青藏高原东南缘山地区域，包括陇东及陕南区域、龙门山区域、云贵高原、甘肃地区等。

不同类型泥石流有不同的分布规律：冰川泥石流主要分布于中国西部山地，并大部分集中于西藏高原；暴雨泥石流主要分布于西南山区，在西北、华北和东北也有带状或零星分布；台风暴雨泥石流分布于我国东南沿海。泥石流分布遍及西南、西北和东北山区，水石流分布于华北地区，泥流则分布于松散的黄土地区。

4.1.4 泥石流灾害及灾害性泥石流

泥石流灾害是指泥石流在活动过程中，对环境、生态和社会（包括各种基础设施、人民生命财产）造成的直接破坏和影响。破坏和影响的对象包括流域（形成区、流通区、堆积区）内的生态、环境、城镇、居民点、工矿业、农业、交通、水利水电设施、通信、旅游景点和人民生命财产等。此外，大量的泥沙进入可能会堵塞江河，给上下游地区造成巨大危害。

例如，2010 年 8 月 7 日 22 时许，甘南藏族自治州舟曲县突发强降雨，县城北面的罗家峪、三眼峪泥石流下泄，由北向南冲向县城，冲毁沿河房屋，泥石流阻断白龙江、形成堰塞湖（图 4－1）。

图 4－1　舟曲“8・7”特大泥石流

4.1.5　泥石流的分区特征

根据泥石流流域的地貌特征，典型泥石流能明显地区分出形成区、流通区及堆积区(图 4－2)。

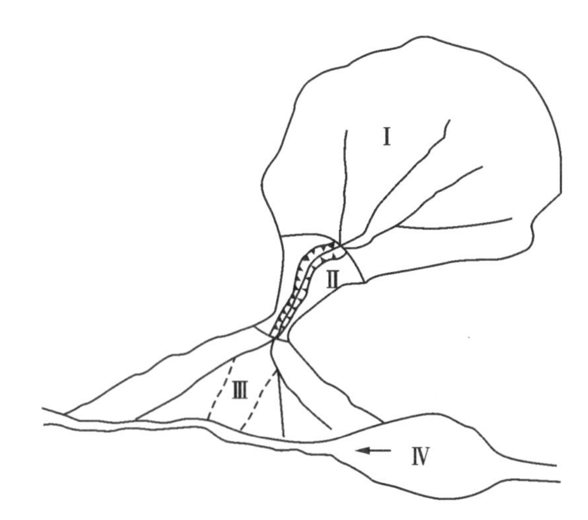

Ⅰ.形成区；Ⅱ.流通区；Ⅲ.堆积区；Ⅳ.堰塞湖。

图 4－2　典型泥石流分区示意图

1. 泥石流形成区

泥石流形成区位于泥石流沟头至上游地段，是固体物质供给地，也是汇水区。区内沟谷陡峭，沟槽顺直，横剖面呈深而宽的槽形，平面呈环形或圈椅状。沟谷侵蚀速度快。

形成区的主要危害是坡面冲刷和沟床下切或侧蚀。破坏斜坡上的植被、农田，引起水土流失；冲刷沟岸，引发坍岸、滑坡灾害。造成危害程度一般较轻。

2. 泥石流流通区

泥石流流通区呈峡谷状态，为形成区的咽喉。单沟泥石流平面上与形成区呈瓶颈状。若岩性均一，则沟床顺直，沟壁陡而光滑，常常保留泥石流磨蚀撞击的划痕。若岩性不均一，则沟谷可宽可窄，多岩坎，窄口处留有少量泥石流堆积物。

流通区的主要危害是冲刷沟道，冲击、磨蚀沟岸，流体爬高、飞溅，诱发坍岸、滑坡，剪断沟中建(构)筑物，磨蚀排导工程，淤埋、毁坏近岸建(构)筑物和农田，常造成人员伤亡，危害较严重。

3. 泥石流堆积区

泥石流堆积区位于下游山麓平原和大河谷底，形成各种泥石流堆积地貌。由于泥石流类型不同，形成的地貌也不同。

堆积区的主要危害是沟道和沟口淤积，淤埋沿岸耕地和建(构)筑物，淤埋沟口道路、农田和建(构)筑物，沟床频繁改道，土地难以利用，并常造成人员伤亡，危害程度严重。

4.1.6 泥石流的形成条件

泥石流形成的自然条件概括起来主要有3个方面：①大量的松散固体物质来源(物源条件)；②充足的水源条件；③特定的地貌条件。

泥石流形成的物源条件指物源区土石体的分布、类型、结构、性状、储备方量和补给的方式、距离、速度等。而土石体的来源又取决于地层岩性、风化作用和气候条件等因素。

泥石流形成的水源条件：水是泥石流的组成部分，也是松散固体物质的搬运介质。形成泥石流的水源主要有长时间强降水、暴雨、冰雪融水、水库、塘、池溃决水等。我国泥石流的水源主要由暴雨形成，由于降雨过程及降雨量的差异，形成明显的区域性或地带性差异。如北方雨量小，泥石流暴发数量也少；南方雨量大，泥石流较为发育。

泥石流形成的地形地貌条件：地形地貌对泥石流的发生、发展主要起两方面的作用，一是通过沟床地势条件为泥石流提供势能，赋予泥石流一定的侵蚀、搬运和堆积的能量；二是在坡地或沟槽的一定演变阶段内，提供足够数量的水体和土石体，其中沟谷的流域面积、沟床平均比降、流域内山坡平均坡度以及植被覆盖情况等都对泥石流的形成和发展起着重要的作用。

4.2 泥石流类型划分及危害分级

4.2.1 泥石流类型划分

按水源成因及物源成因，泥石流可分为暴雨(降雨)泥石流、冰川(冰雪融水)泥石流、溃决泥石流(含冰湖溃决泥石流)；坡面侵蚀型泥石流、崩滑型泥石流、冰碛型泥石流、火山泥石流、弃渣泥石流等混合型泥石流(表4-1)。

按集水区地貌特征，泥石流可分为坡面型泥石流和沟谷型泥石流(表4-2)。

按暴发频率，泥石流可分为高频泥石流(一年多次—5年1次)、中频泥石流(5年1次—20年1次)、低频泥石流(20年1次—50年1次)和极低频泥石流(>50年1次)。

按泥石流物质组成，泥石流可分为泥流型、水石(沙)型和泥石型泥石流(表4-3)。

按流体性质，泥石流可分为稀性泥石流(重度1.30～1.60t/m^3)和黏性泥石流(重度1.60～2.30t/m^3)(表4-4)。

按一次性暴发规模，泥石流可分为特大型、大型、中型和小型四级(表4-5)。

表 4－1 泥石流按水源成因和物源成因分类表

<table>
<tr><th colspan="2">水体供给</th><th colspan="3">土体供给</th></tr>
<tr><th>泥石流类型</th><th>特征</th><th colspan="2">泥石流类型</th><th>特征</th></tr>
<tr><td>暴雨泥石流</td><td>泥石流一般在充分的前期降雨和当场暴雨激发作用下形成，激发雨量和雨强因不同沟谷而异</td><td rowspan="5">混合型泥石流</td><td>坡面侵蚀型泥石流</td><td>坡面侵蚀、冲沟侵蚀和浅层坍滑提供泥石流形成的主要土体。固体物质多集中于沟道干，在一定水分条件下形成泥石流</td></tr>
<tr><td rowspan="3">冰川泥石流</td><td rowspan="3">冰雪融水冲蚀沟床，侵蚀岸坡而引发泥石流。有时也有降雨的共同作用</td><td>崩滑型泥石流</td><td>固体物质主要由滑坡、崩塌等重力侵蚀提供，也有滑坡直接转化为泥石流的</td></tr>
<tr><td>冰碛型泥石流</td><td>形成泥石流的固体物质主要是冰碛物</td></tr>
<tr><td>火山泥石流</td><td>形成泥石流的固体物质主要是火山碎屑堆积物</td></tr>
<tr><td>溃决泥石流</td><td>由水流冲刷、地震、堤坝自身不稳定性引起的各种拦水堤坝溃决和形成堰塞湖的滑坡坝、终碛堤溃决，造成突发性高强度洪水冲蚀而引发泥石流</td><td>弃渣泥石流</td><td>形成泥石流的松散固体物质主要由开渠、筑路、矿山开挖的弃渣提供，是一种典型的人为泥石流</td></tr>
</table>

表 4－2 泥石流按集水区地貌特征分类表

分类	特征
坡面型泥石流	①无恒定地域与明显沟槽，只有活动周界。轮廓呈保龄球形。 ②限于 30°以上斜面。下伏基岩或不透水层浅，物源以地表覆盖层为主，活动规模小，破坏机制更接近于坍滑。 ③发生时空不易识别，成灾规模及损失范围小。 ④坡面土体失稳，主要由有压地下水作用和后续强暴雨诱发。暴雨过程中的狂风可能造成林、灌木拔起和倾倒，使坡面局部破坏。 ⑤总量小，重现期长，无后续性，无重复性。 ⑥在同一斜坡面上可以多处发生，呈梳状排列，顶缘距山脊线有一定范围。 ⑦可知性低、防范难
沟谷型泥石流	①以流域为周界，受一定的沟谷制约。泥石流的形成、堆积和流通区较明显。轮廓呈哑铃形。 ②以沟槽为中心，物源区松散堆积体分布在沟槽两岸及河床上，崩塌滑坡、沟蚀作用强烈，活动规模大，由洪水、泥沙两种汇流形成，更接近于洪水。 ③发生时空有一定规律性，可识别，成灾规模及损失范围大。 ④主要是暴雨对松散物源的冲蚀作用和汇流水体的冲蚀作用。 ⑤总量大，重现期短，有后续性，能重复发生。 ⑥构造作用明显，同一地区多呈带状或片状分布，列入流域防灾整治范围。 ⑦有一定的可知性，可防范

表 4-3　泥流型、水石(沙)型和泥石型泥石流识别条件

分类指标	泥流型	水石(沙)型	泥石型
重度	≥1.60t/m³	≥1.30t/m³	≥1.30t/m³
物质组成	粉沙、黏粒为主,粒度均匀,98%的颗粒粒径<2.0mm	粉沙、黏粒含量极少,粒度多>2.0mm,粒度很不均匀(水沙流较均匀)	可含黏、粉、沙、砾、卵、漂各级粒度,很不均匀
流体属性	多为非牛顿体,有黏性,黏度>0.3～0.15Pa·s	为牛顿体,无黏性	多为非牛顿体,少部分也可以是牛顿体。有有黏性的,也有无黏性的
残留表观	有浓泥浆残留	表面较干净,无泥浆残留	表面不干净,有泥浆残留
沟槽坡度	较缓	较陡(>10%)	较陡(>10%,=5.71°)
分布地域	多集中分布在黄土及火山灰地区	多见于火成岩及碳酸盐岩地区	广泛见于各类地质体及堆积体中

表 4-4　泥石流按流体性质分类表

性质	稀性泥石流	黏性泥石流
流体的组成及特性	浆体由不含或少含黏性物质组成,黏度值<0.3Pa·s,不形成网格结构,不会产生屈服应力,为牛顿体	浆体是由富含黏性物质(黏土粒径<0.01 mm的粉砂)组成,黏度值>0.3Pa·s,形成网格结构,产生屈服应力,为非牛顿体
非浆体部分的组成	非浆体部分的粗颗粒物质由大小石块、砾石、粗砂及少量粉砂、黏土组成	非浆体部分的粗颗粒物质由粒径>0.01mm的粉砂、砾石、块石等固体物质组成
流动状态	紊动强烈,固液两相做不等速运动,有垂直交换,有股流和散流现象,泥石流体中固体物质易出、易纳,表现为冲、淤变化大。无泥浆残留现象	呈伪一相层状流。有时呈整体运动,无垂直交换,浆体浓稠,浮托力大,流体具有明显的辅床减阻作用和阵性运动,流体直进性强,弯道爬高明显,浆体与石块掺混好,石块无易出、易纳特性,沿程冲、淤变化小,由于黏附性能好,沿流程有残留物
堆积特征	堆积物有一定分选性,平面上呈龙头状堆积和侧堤式条带状堆积,沉积物以粗粒物质为主,在弯道处可见典型的泥石流凹岸淤、凸岸冲的现象,泥石流过后即可通行	呈无分选泥砾混杂堆积,平面上呈舌状,仍能保留流动时的结构特征,沉积物内部无明显层理,但剖面上可明显分辨不同场次泥石流的沉积层面,沉积物内部有气泡,某些河段可见泥球,沉积物渗水性弱,泥石流过后易干涸
重度	1.30～1.60t/m³	1.60～2.30t/m³

表 4-5 泥石流一次性暴发规模分类表

分类指标	特大型	大型	中型	小型
泥石流一次堆积总量/($10^4 m^3$)	＞100	10＜～100	1＜～10	≤1
泥石流洪峰县/($m^3 \cdot s^{-1}$)	＞200	100＜～200	50＜～100	≤50

4.2.2 泥石流危害分级

单沟泥石流活动性定性分级：根据泥石流活动特点、灾情预测，其活动性可划分为低、中、高和极高四级（表 4-6）。

表 4-6 单沟泥石流活动性分级表

泥石流活动特点	灾情预测	活动性分级
能够发生小规模和低频率泥石流或山洪	致灾轻微，不会造成重大灾害和严重危害	低
能够间歇性发生中等规模的泥石流，较易由工程治理所控制	致灾轻微，较少造成重大灾害和严重危害	中
能够发生大规模的高、中、低频率的泥石流	致灾较重，可造成大、中型灾害和严重危害	高
能够发生巨大规模的特高、高、中、低频率的泥石流	致灾严重，来势凶猛，冲击破坏力大，可造成特大灾难和严重危害	极高

根据泥石流灾害一次造成的死亡人数或直接经济损失，其危害性可分为特大型、大型、中型和小型 4 个危害性灾度等级（表 4-7）。

表 4-7 泥石流危害性灾度等级划分表

危害性灾度等级	特大型	大型	中型	小型
死亡人数/人	≥30	30＜～10	10＜～3	＜3
直接经济损失/万元	≥1000	1000＜～500	500＜～100	＜100

对于潜在可能发生的泥石流，根据受威胁人数或可能造成的直接经济损失，可分为特大型、大型、中型和小型 4 个潜在危险性等级（表 4-8）。

区域泥石流活动性和危险区的划分，应充分利用 GIS 技术，调查影响区域泥石流活动性的相关因子，对其进行集成综合分析，作为区域泥石流活动性和危险区划分的依据，并评价其危害性。

表 4-8　泥石流潜在危险性分级表

潜在危险性等级	特大型	大型	中型	小型
直接威胁人数/人	≥1000	500～＜1000	100～＜500	＜100
直接经济损失/万元	≥10 000	10 000＜～5000	5000＜～1000	＜1000

4.3　泥石流勘查阶段划分

4.3.1　泥石流勘查的定义

泥石流勘查的定义：在收集已有资料的基础上，对泥石流活动区域进行的有关泥石流形成、活动、堆积特征、发展趋势与危害等方面的各种实地调查、综合分析与评判，结合泥石流调查确定的防治工程方案，采用测绘、勘探（钻探、物探等）、试（实）验等手段，查明对应的可行性论证阶段、设计阶段和施工阶段防治工程所需要的工程地质条件的工作过程。

4.3.2　泥石流勘查的目的及阶段划分

泥石流勘查的目的是查明泥石流发育的自然环境、形成条件，泥石流的基本特征和危害，为泥石流防治方案的选择和防治工程的设计提供资料（工程地质条件和参数）。

泥石流勘查工作划分为泥石流调查、可行性论证阶段泥石流勘查、设计阶段泥石流勘查、施工阶段泥石流勘查。在突发或遇灾前兆过程中可采取应急治理泥石流勘查。

1. 泥石流调查

对暴发泥石流可能危及人民生命财产安全的流域沟谷，针对泥石流的形成要素和特征，通过调查与判别，区分泥石流沟（含潜在泥石流沟）和非泥石流沟，确定易发程度、危害等级并对泥石流沟、潜在泥石流沟的防治方案提出建议。

2. 可行性论证阶段泥石流勘查

在泥石流调查的基础上，对其发育的自然地理、地质环境和泥石流的形成条件进行（基本）定量勘查，并查明泥石流的特征和危害，进一步论证泥石流工程治理方案的可行性，提出工程治理的建议方案、地域范围。

3. 设计阶段泥石流勘查

初步设计阶段，结合泥石流可行性论证阶段优化的工程治理方案，围绕可能采用的工程措施、工程设计所需的泥石流参数、工程地质条件进行进一步勘查、论证和工程治理方案比选，提出工程措施建议。

施工图设计阶段，对前阶段勘查遗留的问题和设计中需增补的参数进行补充勘查，重点是工程建设地段的工程地质详勘。

4. 施工阶段泥石流勘查

在工程实施过程中，对施工揭示的地质信息加以综合，补充、修正和完善勘查资料；为变更设计进行补充勘查。

5. 应急治理泥石流勘查

在发现泥石流临兆之前或泥石流发生过程中及泥石流发生后，为了消除或减轻泥石流危害和尽快恢复生产、生活秩序而实施的应急治理工程所需开展的针对性很强的勘查工作为应急治理泥石流勘查。

4.4 泥石流调查

4.4.1 泥石流调查工作内容

1. 资料收集

在现场调查之前，应收集调查区的气象水文、地形地貌、地层岩性、地质构造、地震活动、泥石流发生的历史记录、前人调查研究成果、已有勘查资料和泥石流防治工程文件、与泥石流有关的人类工程活动等资料，并以此作为调查工作的基础。

2. 自然地理调查

地形：量测流域形状、流域面积、主沟长度、沟床比降、流域高差、谷坡坡度、沟谷纵横断面形状、水系结构和沟谷密度等。

气象：多年平均降水量、降水年际变率、年内降水量分配、年降水日数、降水地区变异系数和最大降水强度，尤其是暴雨日数及其出现频率、典型时段（10min、60min、24h）的最大降水量及多年平均小时降雨量。

水文：收集或推算各种流量、径流特性、主河及高一级大河水文特性等数据。

植被与土壤：调查流域植被类型与覆盖程度，植被破坏情况，土地利用类型和侵蚀程度等。

3. 地质调查

地层岩性：查阅区域地质图或现场调查流域内分布的地层及其岩性，尤其是易形成松散固体物质的第四纪地层和软质岩层的分布与性质。

地质构造：查阅区域构造图或现场调查流域内断层的展布与性质、断层破碎带的性质与宽度、褶曲的分布及岩层产状，统计各种结构面的方位与频度。

新构造运动与地震：根据区域地质构造及流域地貌分析新构造运动特性，根据1∶400万《中国地震烈度区划图》查知地震基本烈度。

不良地质体与松散固体物质：流域内不良地质体松散固体物源的位置、储量和补给形式。

水文地质：调查地下水，尤其是第四系潜水及其出露情况，岩溶负地形及消水能力。

4. 人为活动调查

泥石流活动范围内人类生产、生活设施状况，特别是沟口、泥石流扇上居民点及工农业相关基础设施、泥石流沟槽挤占情况。

水土流失：主要调查植被破坏、毁林开荒、陡坡垦殖、过度放牧等造成的水土流失状况。

弃土弃渣：主要调查筑路弃土和工厂、矿业弃渣及其挡渣措施。

水利工程：对可能溃决形成泥石流的病险水库、输水线路的安全性、发生原因、条件、危害性和溃决条件应进行详细调查。

5. 冰川泥石流调查内容

冰雪融水泥石流：调查冰川"U"形谷的地貌特征，沿沟分布的冰碛物、冰水沉积物的堆积规模、特征及稳定性，冬春季雪崩、冰崩的规模和频度，春季冰雪融水的径流量及其时间分布，冰川和积雪的面积，雪线变化等。

冰湖溃决泥石流：调查冰川舌的进退及可能发生的冰滑坡，冰碛湖的面积、水量与水深，终碛堤的空间形态和物质特征，冰湖下游的沟谷形态和支沟径流，沿沟的冰碛物和冰水沉积物等。

6. 泥石流活动性、险情、灾情调查

泥石流特征：调查暴发泥石流的时间、次数、持续过程、有无阵性、堵溃、断流、龙头高度、流体组成、石块大小、泥痕位置、响声大小等特征（查阅资料和现场访问）。

引发因素：发生泥石流前的降雨时间、雨量大小、冰雪崩滑、地震、崩塌滑坡、水渠渗水、冰湖和水库溃决等。

堆积扇：调查泥石流堆积扇的分布、形态、规模、扇面坡度、物质组成、植被、新老扇的组合及与主河（主沟）的关系，堆积扇体的变化，扇上沟道排泄能力及沟道变迁，主河堵溃后上、下游的水毁灾害。

既有防治工程：调查既有泥石流防治工程的类型、规模、结构、使用效果、损毁情况及损毁原因。

危害性：①危害作用方式。调查泥石流侵蚀的部位、方式、范围和强度，泥石流淤埋的部位、规模、范围和速率，泥石流淤堵主沟的原因、部位、断流和溃决情况，泥石流完全堵塞或部分堵塞主河的原因、现状、历史情况及溃决洪水对下游的水毁灾害。②危险区的划定。确定泥石流危险区范围，可参考表4－9。③灾害损失。调查每次泥石流危害的对象，造成的人员伤亡、财产损失，估算间接经济损失，评估对当地社会、经济的影响；预测今后可能造成的危害。估计受潜在泥石流威胁的对象、范围和程度；按预测的危险区评估其危害性。

表4－9　泥石流活动危险区域划分表

危险分区	判别特征
极危险区	①泥石流、洪水能直接到达的地区：历史最高泥位或水位线及泛滥线以下地区。 ②河沟两岸已知的及预测可能发生崩坍、滑坡的地区：有变形迹象的崩坍、滑坡区域内和滑坡前缘可能到达的区域内。 ③堆积扇挤压大河或大河被堵塞后诱发的大河上、下游的可能受灾地区
危险区	①最高泥位或水位线以上加堵塞后的壅高水位以下的淹没区，溃坝后泥石流可能到达的地区。 ②河沟两岸崩坍、滑坡后缘裂隙以上50～100m范围内，或按实地地形确定。 ③大河因泥石流堵江后在极危险区以外的周边地区仍可能发生灾害的区域
影响区	高于危险区与危险区相邻的地区，它不会直接遭受泥石流，但却有可能间接受到泥石流危害的牵连而发生某些级别的灾害
安全区	极危险区、危险区、影响区以外的地区为安全区

7.调查报告

调查报告主要应包括以下内容。

(1)泥石流判别结果(表4－10)。

(2)泥石流特征。

(3)泥石流危险区。

(4)危险性分级。

(5)场地适宜性评价。

(6)防治方案建议。

(7)附图及相关资料。

4.4.2　泥石流活动性、危险性调查评判

在一般调查的基础上，为对泥石流活动性、危险性进行评判决策，开展进一步调查。根据服务对象，可分为区域性泥石流活动性评判、单沟泥石流活动性调查判别、泥石流活动危险性评估和泥石流防治评估决策四类调查、评判。以下对后3种进行简要介绍。

表 4-10 泥石流沟易发程度量化表

序号	影响因素	权重	量级划分							
			严重(A)	得分	中等(A)	得分	轻微(C)	得分	一般(D)	得分
1	崩塌、滑坡及水土流失(自然和人为的)的严重程度	0.159	崩塌、滑坡等重力侵蚀严重,多深层滑坡和大型崩塌,表土疏松,冲沟十分发育	21	崩塌、滑坡发育,多浅层滑坡和中小型崩塌,有零星植被覆盖,冲沟发育	16	有零星崩塌、滑坡和冲沟存在	12	无崩塌、滑坡、冲沟或发育轻微	1
2	泥沙沿程补给长度比/%	0.118	>60	16	60~30	12	30~10	8	<10	1
3	沟口泥石流堆积活动	0.108	河形弯曲或堵塞,大河主流受挤压偏移	14	河形无较大变化,仅大河主流受迫偏移	11	河形无变化,大河主流在高水偏,低水不偏	7	无河形变化,主流不偏	1
4	河沟纵坡坡度/(°)(‰)	0.090	>12° (213)	12	12°~6° (213~105)	9	6°~3° 105~52	6	<3° (52)	1
5	区域构造影响程度	0.075	强抬升区,六级以上地震区	9	抬升区,4~6 级地震区,有中小支断层或无断层	7	相对稳定区,4 级以下地震区,有效断层	5	沉降区,构造影响小或无影响	1
6	流域植被覆盖率/%	0.067	<10	9	10~30	7	30~60	5	>60	1
7	河沟近期一次变幅/m	0.062	2	8	2~1	6	1~0.2	4	0.2	1
8	岩性影响	0.054	软岩、黄土	6	软硬相间	5	风化和节理发育的硬岩	4	硬岩	1

续表 4-10

序号	影响因素	权重	量级划分							
			严重(A)	得分	中等(A)	得分	轻微(C)	得分	一般(D)	得分
9	沿沟松散物储量/($10^4 m^3 \cdot km^{-2}$)	0.054	>10	6	10～5	5	5～1	4	<1	1
10	沟岸山坡坡度/(°)(‰)	0.045	>32°(625)	6	32°～25°(625～466)	5	(25～15)(466～286)	4	<15°(268)	1
11	产沙区沟槽横断面	0.036	"V"形谷、谷中谷、"U"形谷	5	拓宽"U"形谷	4	复式断面	3	平坦型	1
12	产沙区松散物平均厚度/m	0.036	>10	5	10～5	4	5～1	3	<1	1
13	流域面积/km	0.036	0.2～5	5	5～10	4	10～100	3	>100	1
14	流域相对高差/m	0.030	>500	4	500～300	3	300～100	3	<100	1
15	河沟堵塞程度	0.030	严	4	中	3	轻	2	无	1

1. 单沟泥石流活动性调查判别

(1)调查范围。以泥石流小流域周界为调查单元,主河可能堵塞时,应扩大到可能淹没的范围和主河下游可能受溃坝水流波及的地区。

(2)调查的主要内容。在一般调查内容中突出以下重点,参见《泥石流调查表》(表4-11)中的项目进行调查。

表 4-11 泥石流调查表

沟名			野外编号		统一编号				
沟口位置	经度: ° ″ ′		行政位置:						
	纬度: ° ″ ′		水系名称						
泥石流沟与主河关系	主河名称		泥石流沟位于主河道			沟口至主河道距离/m			
			□左岸 □右岸						
泥石流沟主要参数、现状及灾害史调查									
水动力类型	□暴雨 □冰川 □溃决 □地下水			沟口巨石大小/m		φ_a	φ_b	φ_c	
泥沙补给途径	□面蚀 □沟岸崩滑 □沟底再搬运			补给区位置		□上游□中游□下游			
降雨特征值	$H_{年max}$	$H_{年cp}$	$H_{日max}$	$H_{日cp}$	$H_{时max}$	$H_{时cp}$	$H_{10minmax}$	$H_{10mincp}$	
沟口扇地形特征	扇形地完整性/%		扇面冲淤变幅	±	发展趋势	□下切□淤高			
	扇长/m		扇宽/m		扩散角/(°)				
	挤压主河	□河形弯曲主流偏移 □主流偏移 □主流只在高水位时偏移 □主流不偏							
地质构造	□顺沟断层 □过沟断层 □抬升区 □沉降区 □褶皱 □单斜					地震烈度(度)			
不良地质体情况	滑坡	活动程度	□严重 □中等 □轻微		规模	□大 □中 □小			
	人工弃体	活动程度	□严重 □中等 □轻微		规模	□大 □中 □小			
	自然堆积	活动程度	□严重 □中等 □轻微		规模	□大 □中 □小			
土地利用/%	森林	灌丛	草地	缓坡耕地	荒地	陡坡耕地	建筑用地	其他	
防治措施现状	□有 □无	类型	□稳拦 □排导 □避绕 □生物工程						
监测措施	□有 □无	类型	□雨情 □泥位 □专人值守						
威胁危害对象	□城镇 □村寨 □铁路 □公路 □航运 □引灌渠道 □水库 □电站 □工厂 □矿山 □农田 □森林 □输电线路 □通信设施 □国防设施								
	威胁人口/人			威胁资产/万元					
灾害史	发生时间(年/月/日)	死亡/人	大牲畜损失/头	房屋/间		农田/亩		公共设施		直接经济损失/万元
				全毁	半毁	全毁	半毁	道路/km	桥梁/座	
泥石流特征	重度/(t·m^{-3})		流量/(m^3·s^{-1})		泥位/m				

续表 4-11

沟名		调查编号		调查单位		
地理位置	东经	行政区位	省	市(县)	县级邮编	
	北纬		区	乡(镇)	电话	
选用地形图号		比例尺	选用地质图号		比例尺	
水系名		泥石流沟汇入河道名		岸别	左 右	出山口至水边距离/m

泥石流综合评判表

项目	等级	评分	
不良地质现象发育程度	AB CD	评分	
补给段长度比/%	AB CD	评分	
沟口扇形地状况	AB CD	评分	
主沟纵坡/%	AB CD	评分	
构造影响	AB CD	评分	
植被覆盖率/%	AB CD	评分	
冲淤变幅/m	AB CD	评分	
岩性	AB CD	评分	
松散物储量/($10^4 m^3 \cdot km^{-2}$)	AB CD	评分	
山坡坡度/(°)	AB CD	评分	
河沟横坡面	AB CD	评分	
松散物平均厚/m	AB CD	评分	
流域面积/km^2	AB CD	评分	
相对高差/m	AB CD	评分	
堵塞程度	AB CD	评分	
		总分	
易发程度			
泥石流类型			
重度/($t \cdot m^{-3}$)			
发生频次/发展期			

泥石流沟主要参数、现状及灾害史调查

项目								
水动力类型	暴雨	冰川	溃决	地下水	出口巨石粒径/mm			
泥沙补给性质	面蚀	沟岸崩滑	沟底再搬运		补给区位置	上游	中游	下游
降雨特征值	$H_{年max}$	H_{24max}	H_{1max}	$H_{1/6max}$	$H_{年cp}$	H_{24cp}	H_{1cp}	$H_{1/6cp}$
山口扇形地特征值	扇形地完整性/%		扇面上冲淤变幅/m			发展趋势		下切淤高
	扇长/m		扇缘宽/m		扇面角/(°)		挤压大河	AB CD
区域构造特征	地震烈度		顺沟断层	过沟断层	褶曲	强抬升、抬升区	相对稳定沉降区	单斜
不良地质体类型及发育程度、规模	崩塌	严中轻 大中小	滑坡	严中轻 大中小	人工弃体	严中轻 大中小	自然堆积	严中轻大中小
土地利用状况占地面积/%	森林	灌丛	草地	农耕地	荒地	伐林程度	坡耕地	
防治措施现状	有无		类型	栏	排	绕	生物工程	
监测现状	有无		类型	雨情	泥位	专人值守		
可能受威胁或受危害的对象	城镇	场村	铁路	公路	航运	水利设施	电站	工厂
	矿山	输电线路	通信设施	国防	农田	森林		
	人口数/人		估计经济损失/万元					
灾害史	灾害发生年代							
	受灾对象							
	人员/人	死	伤	失踪	牲畜/头	死	伤	失踪
	房屋/间	全毁	半毁		农(田)/亩	全毁	半毁	
	公共施舍	道路	(处)	(m^3)	桥梁	(处)	(m)	
		水库	(座)	(m)	渠道	(处)	(m)	
	估计经济损失/万元					冲淤变化/m		冲淤
泥石流特性	重度/($t \cdot m^{-3}$)			石块大小/mm				
	泥位/m			流量/($m^3 \cdot s^{-1}$)				

(a)确认诱发泥石流的外动力:暴雨、地震、冰雪融化、堤坝溃决。

(b)沟槽输移特性:实测或量取河沟纵坡、产沙区和流通区沟槽横断面、泥沙沿程补给长度比、各区段运动的巨石最大粒径和巨石平均粒径,现场调查沟谷堵塞程度、两岸残留泥痕。

(c)地质环境:按《泥石流沟易发程度数量化综合评判等级标准表》(表 4-12)中的要求实地调查核实、并按流域环境动态因数综合分级确定构造影响程度。现场调查流域内的岩性,按软岩、黄土、硬岩、软硬岩互层、风化节理发育的硬岩五类划分。

表 4-12　泥石流沟易发程度数量化综合评判等级标准表

是与非的判别界限值		划分易发程度等级的界限值	
等级	数量化得分 N 的范围	等级	按数量化得分 N 的范围自判
是	44～130	极易发	116～130
		易发	87～115
		轻度易发	44～86
非	15～43	不发生	15～43

注:数量化得分 N 参照表 4-13。

表 4-13　数量化评分(N)与重度、($1+\varphi$)关系对照表

评分	重度 $\gamma_c/(t\cdot m^{-3})$	$1+\varphi$ ($\gamma_h=2.65$)	评分	重度 $\gamma_c/(t\cdot m^{-3})$	$1+\varphi$ ($\gamma_h=2.65$)	评分	重度 $\gamma_c/(t\cdot m^{-3})$	$1+\varphi$ ($\gamma_h=2.65$)
44	1.300	1.223	73	1.502	1.459	102	1.703	1.765
45	1.307	1.231	74	1.509	1.467	103	1.710	1.778
46	1.314	1.239	75	1.516	1.475	104	1.717	1.791
47	1.321	1.247	76	1.523	1.483	105	1.724	1.804
48	1.328	1.256	77	1.530	1.492	106	1.731	1.817
49	1.335	1.254	78	1.537	1.500	107	1.738	1.830
50	1.342	1.272	79	1.544	1.508	108	1.745	1.842
51	1.349	1.280	80	1.551	1.516	109	1.752	1.855
52	1.356	1.288	81	1.558	1.524	110	1.759	1.868
53	1.363	1.296	82	1.565	1.532	111	1.766	1.881
54	1.370	1.304	83	1.572	1.540	112	1.772	1.894
55	1.377	1.313	84	1.579	1.549	113	1.779	1.907
56	1.384	1.321	85	1.586	1.557	114	1.786	1.919
57	1.391	1.329	86	1.593	1.565	115	1.793	1.932
58	1.398	1.337	87	1.600	1.577	116	1.800	1.945

续表 4-13

评分	重度 $\gamma_c/(t\cdot m^{-3})$	$1+\varphi$ ($\gamma_h=2.65$)	评分	重度 $\gamma_c/(t\cdot m^{-3})$	$1+\varphi$ ($\gamma_h=2.65$)	评分	重度 $\gamma_c/(t\cdot m^{-3})$	$1+\varphi$ ($\gamma_h=2.65$)
59	1.405	1.345	88	1.607	1.586	117	1.843	2.208
60	1.412	1.353	89	1.614	1.599	118	1.886	2.471
61	1.419	1.361	90	1.621	1.611	119	1.929	2.735
62	1.426	1.370	91	1.628	1.624	120	1.971	2.998
63	1.433	1.378	92	1.634	1.637	121	2.014	3.216
64	1.440	1.386	93	1.641	1.650	122	2.057	3.524
65	1.447	1.394	94	1.648	1.663	123	2.100	3.788
66	1.453	1.402	95	1.655	1.676	124	2.143	4.051
67	1.460	1.410	96	1.662	1.688	125	2.186	4.314
68	1.467	1.418	97	1.669	1.701	126	2.229	4.577
69	1.474	1.426	98	1.676	1.714	127	2.271	4.840
70	1.481	1.435	99	1.683	1.727	128	2.314	5.104
71	1.488	1.443	100	1.690	1.740	129	2.357	5.367
72	1.495	1.451	101	1.697	1.753	130	2.400	5.630

(d)松散物源：调查崩塌、滑坡、水土流失(自然的、人为的)等的发育程度，不稳定松散堆积体的个数、体积、所在位置、产状、静储量、动储量、平均厚度，弃渣类型及堆放形式等。

(e)泥石流活动史：调查发生年代、受灾对象、灾害形式、灾害损失、相应雨情、沟口堆积扇活动程度及挤压大河程度，并分析当前所处的泥石流发育阶段(表 4-14)。

(f)防治措施现状：调查防治建筑物的类型、建设年代、工程效果及损毁情况。

表 4-14 泥石流沟发展阶段识别表

识别标记	形成期(青年期)	发展期(壮年期)	衰退期(老年期)	停歇或终止期
主支流关系	主沟侵蚀速度≤支沟侵蚀速度	主沟侵蚀速度>支沟侵蚀速度	主沟侵蚀速度<支沟侵蚀速度	主支沟侵蚀速度均等
沟口地段	沟口出现扇形堆积地形或扇形地处于发展中	沟口扇形堆积地形发育，扇缘及扇高在明显增长中	沟口扇形堆积在萎缩中	沟口扇形地貌稳定
主河河形	堆积扇发育逐步挤压主河，河形间或发生变形，无较大变形	主河河形受堆积扇发展控制，河形受迫弯曲变形，或被暂时性堵塞	主河河形基本稳定	主河河形稳定

续表 4 - 14

识别标记		形成期(青年期)	发展期(壮年期)	衰退期(老年期)	停歇或终止期
主河主流		仅主流受迫偏移，对对岸尚未构成威胁	主流明显被挤偏移，冲刷对岸河堤、河滩	主流稳定或向恢复变形前的方向发展	主流稳定
新老扇形地关系		新老扇叠置不明显或为外延式叠置，呈叠瓦状	新老扇叠置覆盖外延，新扇规模逐步增大	新老扇呈后退式覆盖，新扇规模逐步变小	无新堆积扇发生
扇面变幅		+0.2～+0.5m	>+0.5m	−0.2～+0.2m	无或呈负值
松散物贮量		5 万～10 万 m^3/km^2	>10 万 m^3/km^2	1 万～5 万 m^3/km^2	<1 万 m^3/km^2
松散物存在状态	高度	H=10～30m 高边坡堆积	H>30m 高边坡堆积	H<30m 边坡堆积	H<5m
	坡度	φ=25°～32°	φ>32°	φ=15°～25°	φ<15°
泥沙补给		不良地质现象在扩展中	不良地质现象发育	不良地质现象在缩小控制中	不良地质现象逐步稳定
沟槽变形	(纵)	中强切蚀，溯源冲刷，沟槽不稳	强切蚀、溯源冲刷发育，沟槽不稳	中弱切蚀、溯源冲刷不发育，沟槽趋稳	平衡稳定
	(横)	纵向切蚀为主	纵向切蚀为主，横向切蚀发育	横向切蚀为主	无变化
沟坡		变陡	陡峻	变缓	缓
沟形		裁弯取直/变窄	顺直束窄	弯曲展宽	河槽固定
植被		覆盖率在下降，为10%～30%	以荒坡为主，覆盖率<10%	覆盖率在增长，为30%～60%	覆盖率较高，>60%
触发雨量		逐步变小	较小	较大并逐步增大	

(3)泥石流活动强度。泥石流活动强度按表 4 - 15 判别。

表 4 - 15　泥石流活动强度判别表

活动强度	堆积扇规模	主河河形变化	主流偏移程度	泥沙补给长度比/%	松散物贮量/($10^4 m^3 \cdot km^{-2}$)	松散体变形量	暴雨强度指标 R
很强	很大	被逼弯	弯曲	≥60	≥10	很大	≥10
强	较大	微弯	偏移	30～<60	5～<10	较大	4.2～<10
较强	较小	无变化	大水偏	10～<30	1～<5	较小	3.1～<4.2
弱	小或无	无变化	不偏	<10	<1	小或无	<3.1

2. 泥石流活动危险性评估

在泥石流活动性调查的基础上进行泥石流活动危险性评估。

(1)泥石流活动危险性评估的核心是通过调查分析确定泥石流活动的危险程度或灾害发生概率。

暴雨泥石流活动危险程度或灾害发生概率的判别式:危险程度或灾害发生概率(D)=泥石流的致灾能力(F)÷受灾体的承(抗)灾能力(E)。其中,$D<1$,受灾体处于安全工作状态,成灾可能性小;$D>1$,受灾体处于危险工作状态,成灾可能性大;$D\approx1$,受灾体处于灾变的临界工作状态,成灾与否的概率各占50%,要警惕可能成灾的那部分。

(2)泥石流的综合致灾能力F按表4-16中四因素分级量化总分值判别。

表4-16 致灾体的综合致灾能力分级量化表

评价因素	量化评分							
活动强度a	很强	4	强	3	较强	2	弱	1
活动规模b	特大型	4	大型	3	中型	2	小型	1
发生频率c	极低频	4	低频	3	中频	2	高频	1
堵塞程度d	严重	4	中等	3	轻微	2	无堵塞	1

F=13~16,综合致灾能力很强;F=10~12,综合致灾能力强;F=7~9,综合致灾能力较强;F=4~6,综合致灾能力较弱。

(3)受灾体(建筑物)的综合承(抗)灾能力E按表4-17中四因素分级量化总分值判别。

表4-17 受灾体(建筑物)的综合承(抗)灾能力分级量化表

评价因素	量化评分							
设计标准	<5年一遇	1	5~10年一遇	2	20~50年一遇	3	>50一遇	4
工程质量	较差,有严重隐患	1	合格,但有隐患	2	合格	3	良好	4
区位条件	极危险区	1	危险区	2	影响区	3	安全区	4
防治工程和辅助工程的工程效果	较差或工程失效	1	存在较大问题	2	存在部分问题	3	较好	4

E=4~6,综合承(抗)灾能力很差;E=7~9,综合承(抗)灾能力差;E=10~12,综合承(抗)灾能力较好;E=13~16,综合承(抗)灾能力好。

3. 泥石流防治评估决策

(1)根据综合致灾能力强弱和受灾体综合承灾能力进行治理紧迫性分析(表4-18)。治理紧迫性判别结果可作为泥石流治理可行性综合评判的依据之一。

表 4-18 泥石流治理紧迫性分析一览表

致灾能力(F)	承灾能力(E)			
	很差(4～6)	差(7～9)	较好(10～12)	好(13～16)
很强(13～16)	Ⅰ	Ⅰ	Ⅰ	Ⅱ
强(10～12)	Ⅰ	Ⅰ	Ⅱ	Ⅲ
较强(7～9)	Ⅰ	Ⅱ	Ⅱ	Ⅲ
弱(4～6)	Ⅱ	Ⅲ	Ⅲ	Ⅲ

注：Ⅰ治理紧迫；Ⅱ治理较紧迫；Ⅲ以预防为主。

(2)根据综合危险性评价和治理紧迫性评价，对需进行治理的泥石流提出勘查方案。

(3)根据泥石流调查结果，按危害性、治理紧迫性、发生频数、防治经济合理性、治理难易程度等要素进行模糊综合评判，确定防治工作方向和阶段。评价因素集、权重和评价集可参考表 4-19。

表 4-19 模糊综合评判评价因素集合评价集参考表

评价因素集	权重值	评价集(治理必要性划分)B		
		必要	符合条件时必要	不必要(搬迁、避让、群测群防)
危害性	0.25	特大型(85～100)B_{11}	大、中型(60～85)B_{12}	小型(<60)B_{13}
治理紧迫性	0.25	紧迫(85～100)B_{21}	较紧迫(60～85)B_{22}	预防为主(<60)B_{23}
发生频数	0.20	高频数(85～100)B_{31}	中频数(60～85)B_{32}	低频数(<60)B_{33}
防治经济合理性	0.15	合理(85～100)B_{41}	较合理(60～85)B_{42}	不合理(<60)B_{43}
治理难易程度	0.15	易治理(85～100)B_{31}	较易治理(60～85)B_{52}	难治理(<60)B_{53}

结合泥石流调查结果，对照表 4-19 中因素对应的评价集，进行赋值；对 B_{11}，…，B_{13}，…，B_{51}，…，B_{53}，每一行赋值总分值不大于 100；单项值未赋值时为 0；权重值按专家推荐参数值，可形成模糊综合评判矩阵：

$$\boldsymbol{K}=[0.25 \quad 0.25 \quad 0.20 \quad 0.15 \quad 0.15]\cdot\begin{bmatrix} B_{11} & B_{12} & B_{13} \\ B_{21} & B_{22} & B_{23} \\ B_{31} & B_{32} & B_{33} \\ B_{41} & B_{42} & B_{43} \\ B_{51} & B_{52} & B_{53} \end{bmatrix}$$

利用“取小”法则对上述结果进行复合运算：

$$K=[K_1 \quad K_2 \quad K_3]$$

归一化后，取 K_1、K_2、K_3 中的最大值作为 K 值，并按以下规则评判。

隶属度值(K)>0.85，勘查治理；K=0.7<～0.85，满足高频数、易治理条件时，勘查治理；否则进一步调查论证；K=0.6<～0.7，满足高频数、易治理、经济合理时，勘查治理；否则搬迁、避让、群测群防；K≤0.6，搬迁、避让、群测群防。

4.5 泥石流治理工程勘查

4.5.1 基本规定

1. 工程地质测绘

(1)遥感解释。从卫星图像和航空相片解译泥石流的区域性宏观分布、地貌和地质条件；有条件时可用不同时相的影像图解译，对比泥石流发展过程、演化趋势；编制遥感解释图，航片比例尺宜为1∶8000～1∶34 000。

(2)填图要求。所划分的单元在图上标注的尺寸最小为2mm。对小于2mm的重要单元，可采用扩大比例尺或符号的方法表示。在1∶500～1∶2000的地形图上可能修建拦挡工程和排导工程的地段，其地质界线的地质点误差不应超过3mm，其他地段不应超过5mm。

(3)地质地貌测绘。对全流域及沟口以下可能受泥石流影响的地段，调绘与泥石流形成活动有关的地质地貌要素，编制相应地貌图与地质图，填绘纵剖面图与横断面图。流域平面填图比例尺宜为1∶10 000～1∶50 000，分区平面填图比例尺宜为1∶500～1∶5000；纵剖面图比例尺横向宜为1∶500～1∶2000，竖向宜为1∶100～1∶500；横断面图比例尺横向宜为1∶200～1∶500。测绘方法以沿沟追索、实测和填图剖面为主。

小贴士：泥石流调查的主要方法

(1)不需要动用地勘手段，以地面调查为主，充分利用卫片、航片、地形图、水文气象资料和地方志等宏观资料。

(2)调查线路先从堆积扇的水边线开始，沿河沟步行调查至沟源，再上至分水岭俯览全流域进行宏观了解后返回。

(3)对堆积扇重点调查四个方面的内容：

(a)堆积扇形态和发育的完整性：堆积扇的发育状态反映了主沟和支沟输沙能力的相互组合关系，泥石流沟口一般都残存有堆积扇。沟口堆积扇也可能是冲洪积扇，冲洪积扇和泥石流堆积扇的区别参见表4-20。

(b)堆积扇挤压主河的程度：根据主河河形是否发生挤压变形和主流是否受挤偏向对岸来判别，并按弯曲和偏移程度来定级。

(c)堆积扇前沿及扇上的巨石粒径与平均粒径测量:用线格法或网格法量测50～100个巨石的三轴向尺寸,计算几何平均粒径,作为工程设计与评估该沟泥石流能级的参考。

(d)叠置形式:叠瓦式的逆向堆积表明泥石流活动在减弱,前进覆盖式堆积则表明泥石流活动在增强。

表4-20 冲、洪积扇与泥石流堆积扇的区别

<table>
<tr><th>冲积扇</th><th>洪积扇</th><th>泥石流堆积扇</th></tr>
<tr><td>由河流搬运作用而成,泥砂粒径上游粗、下游细,磨圆度高,层次清晰,砾石常呈叠瓦状排列</td><td>山区洪流作用形成,规模视洪流大小不同而异,分选性差,磨圆度差,层次不明显,孔腺度及透水性较大</td><td rowspan="2">呈整体停积、分散堆积两种;粗大颗粒在扇缘停积,无分选性,常见龙头堆积与侧堤堆积,沟槽绕龙头堆积两侧发展,有明显的受阻绕流特征,流路不稳;扇形地形态不完全符合统计规律,流路呈随机性,扇纵、横面不甚连续,常呈锯齿状</td></tr>
<tr><td colspan="2">沉积特征:冲积扇常具有二元结构特征。洪积扇的粗大颗粒堆积在扇面顶部及出山口附近,向边缘逐步变细,有分选性;常可划分为砾石相、亚黏土砂相、亚砂土黏土相等相变和多元结构;垂直等高线发展,流路较稳</td></tr>
</table>

(4)对形成区,主要调查不良地质体的发育状况、松散物源的规模、性质、分布、产状、稳定性、补给长度、植被覆盖率、河沟冲淤变幅、堵塞情况等。

(5)对流通区,调查重点是河沟的纵、横剖面形态的几何尺寸,沟床坡度、糙率,河沟两岸山坡坡度稳定性等。泥石流流通区和形成区的弯道变形形态与洪水河道的弯道变形形态相反,是凹岸淤积、凸岸冲刷。

(6)沟谷型泥石流按物质组成分为泥流型、泥石型、水石型三种。

2. 水文测绘

(1)暴雨洪水:泥石流小流域一般无实测洪水资料,可根据较长的实测暴雨资料推求某一频率的设计洪峰流量。对缺乏实测暴雨资料的流域,可采用理论公式和该地区的经验公式计算不同频率的洪峰流量。

(2)溃决洪水:包括水库、冰湖和堵河(沟)溃决洪水。溃决洪水流量据溃决前水头、溃口宽度、坝体长度、溃决类型(全堤溃决或局部溃决,一溃到底或不到底)采用理论公式计算或据经验公式估算,并结合实际调查进行校核。

(3)冰雪消融洪水:根据径流量与气温、冰雪面积的经验公式来计算。在高寒山区,一般流域缺乏气温等资料,常采用形态调查法来测定;下游有水文观测资料的流域,可用类比法或流量分割法来确定。

3. 泥石流体勘查

1)泥痕测绘

选择代表性沟道,量测沟谷弯曲处泥石流爬高泥痕、狭窄处最高泥痕、较稳定沟道处泥痕。据泥痕高度及沟道断面，计算过流断面面积，据上、下断面泥痕点计算泥位纵坡，作为计算泥石流流速、流量的基础数据。

2)泥石流流体试验

(a)浆体重度测定：可根据泥石流体样品采用称重法测定。泥石流体样品一般难以采到，可通过目击者回忆，根据泥痕和堆积物特征进行配制，采用体积比法测定。

(b)粒度分析：对样品中粒径＞2mm 的粗颗粒进行筛分，粒径＜2mm 的细颗粒用比重计法或吸管法测定颗粒成分。对固体物质的颗粒成分，从堆积体中取样测定。取样数量应结合粒径来确定。

(c)黏度和静切力测定(必要时进行)：用泥石流浆体或人工配制的泥浆样品模拟泥石流浆体，其黏度可采用标准漏斗 1006 型黏度计或同轴圆心旋转式黏度计测定；其静切力可采用 1007 型静切力计测量。

3)泥石流动力学参数计算

泥石流动力学参数主要包括泥石流流量、流速、冲击力、冲起高度与弯道超高等。

A. 泥石流流量。

泥石流流量包括泥石流峰值流量和一次泥石流输沙量，是泥石流防治的基本参数。

泥石流峰值流量计算方法主要有形态调查法和雨洪法。

(a)形态调查法。在泥石流沟道中选择 2～3 个测流断面。断面选在沟道顺直、断面变化不大、无阻塞、无回流、上下沟槽无冲淤变化、具有清晰泥痕的沟段。仔细查找泥石流过境后留下的痕迹，然后确定泥位。最后测量这些断面上的泥石流流面比降(若不能由痕迹确定，则用沟床比降代替)、泥位高度 H_c(或水力半径)和泥石流过流断面面积等参数。用相应的泥石流流速计算公式，求出断面平均流速 V_c 后，即可用式(4－1)求泥石流断面峰值流量 Q_c。

$$Q_c = W_c \cdot V_c \tag{4-1}$$

式中：W_c 为泥石流过流断面面积(m^2)；V_c 为泥石流断面平均流速(m/s)。

(b)雨洪法。在泥石流与暴雨同频率且同步发生、计算断面的暴雨洪水设计流量全部转变成泥石流流量的假设下建立的计算方法。其计算步骤是先按水文方法计算出断面不同频率下的小流域暴雨洪峰流量(计算方法查阅有关水文手册)，然后选用堵塞系数，按式(4－2)计算泥石流流量。

$$Q_c = (1+\varphi) Q_p \cdot D_c \tag{4-2}$$

式中：Q_c 为频率为 P 的泥石流洪峰值流量(m^3/s)；Q_p 为频率为 P 的暴雨洪水设计流量(m^3/s)；φ 为泥石流泥沙修正系数，$(1+\varphi)$可参照表 4－13 确定。

$$\varphi = (\gamma_c - \gamma_w) \div (\gamma_h - \gamma_c) \tag{4-3}$$

式中：γ_c 为泥石流重度(t/m^3)；γ_w 为清水的重度(t/m^3)；γ_h 为泥石流中固体物质比重(t/m^3)；D_c 为泥石流堵塞系数，可查经验表 4－21 获取；有实测资料时，也可按式(4－4)、式(4－5)估算。

$$D_c = 0.87 t^{0.24} \tag{4-4}$$

$$D_c = 58 / Qc^{0.21} \tag{4-5}$$

式中：t 为堵塞时间(s)。

表 4-21　泥石流堵塞系数 D_c 值

堵塞程度	特征	堵塞系数 D_c
严重	河槽弯曲，河段宽窄不均，卡口、陡坎多，大部分支沟交会角度大，形成区集中，物质组成黏性大，稠度高，沟槽堵塞严重，阵流间隔时间长	>2.5
中等	沟槽较顺直，沟段宽窄较均匀，陡坎、卡口不多，主支沟交角多小于 60°，形成区不太集中。河床堵塞情况一般，流体多呈稠浆—稀粥状	1.5～2.5
轻微	沟槽顺直均匀，主支沟交会角小，基本无卡口、陡坎，形成区分散。物质组成黏度小，阵流的间隔时间短	<1.5

(c)一次泥石流总量计算。一次泥石流总量 Q 可通过计算法和实测法确定。实测法精度高，但因往往不具备测量条件，只是一个粗略的概算。计算法根据泥石流历时 T(s)和最大流量 Q_c(m^3/s)，按泥石流暴涨暴落的特点，将其过程线概化成五角形，按式(4-6)计算 Q(m^3)。

$$Q=0.264TQ_c=KTQ_c \tag{4-6}$$

F 为流域面积，无流域面积时，$K=0.264$；$F<5km^2$，$K=0.202$；$F=5\sim<10km^2$，$K=0.113$；$F=10\sim<100km^2$，$K=0.0378$；$F\geqslant100km^2$，$K<0.0252$。

一次泥石流冲出的固体物质总量 Q_H(m^3)：

$$Q_H=Q(\gamma_c-\gamma_w)\div(\gamma_h-\gamma_w) \tag{4-7}$$

B. 泥石流流速。

泥石流流速是决定泥石流动力学性质的重要参数。目前泥石流流速计算公式为半经验或经验公式，概括起来一般分为稀性泥石流流速计算公式、黏性泥石流流速计算公式和泥石流中大石块运动速度计算公式三类。

A)稀性泥石流流速计算公式。

(a)西南地区(中铁二院工程集团有限公司，简称铁二院)公式为

$$V_c=\frac{1}{\sqrt{\gamma_h\varphi+1}}\frac{1}{n}R^{2/3}I^{1/2} \tag{4-8}$$

式中：V_c 为泥石流断面平均流速(m/s)；$\frac{1}{n}$ 为清水河床糙率系数；R 为水力半径(m)，一般可用平均水深 H(m)代替；I 为泥石流水力坡度(‰)，一般可用沟床纵坡度代替。

(b)北京市政设计院推荐的北京地区经验公式为

$$V_c=\frac{m_w}{a}R_m^{2/3}I^{1/10} \tag{4-9}$$

式中：m_w 为河床外阻力系数，可通过查表 4-22 获取；a 为阻力系数；R_m 为泥石流流体水力半径(m)，可近似取其泥位深度，$R_m=A/x$，其中 A 为过水断面面积(m^2)，x 为过水断面的宽或湿周(m)。

表 4-22 河床外阻力系数

分类	河床特征	m_w	
		$I>0.015$	$I\leqslant0.015$
1	河段顺直，河床平整，断面为矩形或抛物线形的漂石、砂卵石或黄土质河床，平均粒径为0.01～0.08m	7.5	40
2	河段较顺直，由漂石、碎石组成的单式河床，河床质较均匀，大石块直径0.4～0.8m，平均粒径为0.2～0.4m；或河段较弯曲不太平整的1类河床	6.0	32
3	河段较为顺直，由巨石、漂石、卵石组成的单式河床，大石块直径为0.1～1.4m，平均粒径为0.1～0.4m；或河段较为弯曲不太平整的2类河床	4.0	25
4	河段较为顺直，河槽不平整，由巨石、漂石组成的单式河床，大石块直径为1.2～2.0m，平均粒径0.2～0.6m；或较为弯曲的不平整的3类河床	3.8	20
5	河段严重弯曲，断面很不规则，有树木、植被、巨石严重阻塞河床	2.4	12.5

$$a=(ds\varphi+1)^{1/2} \tag{4-10}$$

式中：ds为固体颗粒相对密度。

(c)中国铁路设计集团有限公司(原铁道第三勘察设计院集团有限公司，简称铁三院)经验公式为

$$V_c=(15.5\div a)R_m^{2/3}I_c^{1/2} \tag{4-11}$$

式中：I_c为泥石流流面纵坡比降(小数形式)。

(d)中铁第一勘察设计院集团有限公司(简称铁一院)(西北地区)经验公式为

$$V_c=(15.3\div a)R_m^{2/3}I_c^{3/8} \tag{4-12}$$

B)黏性泥石流流速计算公式。

(a)东川泥石流改进公式为

$$V_c=KH_c^{2/3}I_c^{1/5} \tag{4-13}$$

式中：K为黏性泥石流流速系数，用内插法由表4-23查得。

表 4-23 黏性泥石流流速参数 K 值表

H_c/m	<2.5	3	4	5
K	10	9	7	5

(b)甘肃武都地区黏性泥石流流速计算公式为

$$V_c=M_cH_c^{2/3}I_c^{1/2} \tag{4-14}$$

式中：M_c为泥石流沟床糙率系数，用内插法由表4-24查得。

表 4-24　泥石流沟床糙率系数 M_c 值表

类别	沟床特征	M_c			
		H_c/m			
		0.5	1.0	2.0	4.0
1	黄土地区泥石流沟或大型黏性泥石流沟，沟床平坦开阔，流体中大石块很少，纵坡为 20‰～60‰，阻力特征属低阻型	—	29	22	16
2	中小型黏性泥石流沟，沟谷一般平顺，流体中含大石块较少，沟床纵坡为 30‰～80‰，阻力特征属中阻型或高阻型	26	21	16	14
3	中小型黏性泥石流沟，沟谷狭窄弯曲，有跌坎，或沟道虽顺直，但含大石块较多的大型稀性泥石流沟，沟床纵坡为 40‰～120‰，阻力特征属高阻型	20	15	11	8
4	中小型稀性泥石流沟，碎石质河床，多石块，不平整，沟床纵坡为 100‰～180‰	12	9	6.5	—
5	河道弯曲，沟内多顽石、跌坎，床面极不平顺的稀性泥石流，河床纵坡为 120‰～250‰	—	5.5	3.5	—

(c)综合西藏古乡沟、东川蒋家沟、武都火烧沟的通用公式为

$$V_c=\frac{1}{n_c}H_c^{2/3}I_c^{1/2} \tag{4-15}$$

式中：n_c 为黏性泥石流的河床糙率，用内插法由表 4-25 查得。

表 4-25　黏性泥石流的河床糙率 n_c

序号	泥石流体特征	沟床状况	糙率值	
			n_c	$1/n_c$
1	流体呈整体运动；石块粒径大小悬殊，一般为 30～50cm，2～5m 粒径的石块约占 20%；龙头由大石块组成，在弯道或河床展宽处易停积，后续流可超越而过，龙头流速小于龙身流速，堆积呈垄岗状	河床极粗糙，沟内有巨石和挟带的树木堆积，多弯道和大跌水，沟内不能通行，人迹罕见，河床流通段纵坡在 100‰～150‰之间，阻力特征属高阻型	平均值 0.270	3.57
			当 H_c<2m 时，取 0.445	2.25
2	流体呈整体运动；石块较大，一般石块粒径为 20～30cm，含少量粒径 2～3m的大石块；流体搅拌较为均匀；龙头紊动强烈，有黑色烟雾及火花；龙头和龙身流速基本一致；停积后呈垄岗状堆积	河床比较粗糙，凹凸不平，石块较多，有弯道和跌水，河床流通段纵坡 70‰～100‰，阻力特征属高阻型	当 H_c<1.5m 时	20～30
			平均值 0.040	25
			当 H_c≥1.5m 时，取 0.050～0.100	10～20
			平均值 0.067	15

续表 4-25

序号	泥石流体特征	沟床状况	糙率值	
			n_c	$1/n_c$
3	流体搅拌十分均匀；石块粒径一般在10cm左右，挟有个别2～3m的大石块；龙头和龙身物质组成差别不大；在运动过程中龙头紊动十分强烈，浪花飞溅；停积后浆体与石块不分离，向四周扩散呈叶片状	河床较稳定，河床物质较均匀，粒径在10cm左右；受洪水冲刷沟底不平而且粗糙，流水沟两侧较平顺，但干而粗糙；流通段沟底纵坡55‰～70‰，阻力特征属中阻型或高阻型	$0.1m \leqslant H_c < 0.5m$，取0.043	23
			$0.5m \leqslant H_c < 2.0m$，取0.077	13
			$2.0m \leqslant H_c < 4.0m$，取0.100	10
4		泥石流铺床后原河床黏附一层泥浆体，使干而粗糙河床变得光滑平顺，利于泥石流体运动，阻力特征属低阻型	$0.1m \leqslant H_c < 0.5m$，取0.022	46
			$0.5m \leqslant H_c < 2.0m$ 取0.033	26
			$2.0m \leqslant H_c < 4.0m$，取0.050	20

C)泥石流中大石块运动速度。

在缺乏大量实验数据和实测数据的情况下，通过泥石流堆积区最大粒径推求石块运动速度的经验公式

$$V_s = a\sqrt{d_{max}} \tag{4-16}$$

式中：V_s 为泥石流中大石块的运动速度(m/s)；d_{max} 为泥石流堆积物中最大石块的粒径(m)；a 为全面考虑的摩擦系数(泥石流重度、石块密度、石块形状系数、沟床比降等因素)，$3.5 \leqslant a \leqslant 4.5$(平均为4.0)。

C. 泥石流冲击力。

泥石流冲击力是泥石流防治工程设计的重要参数，分为流体整体冲压力和个别石块的冲击力两种。

A)泥石流整体冲压力计算公式。

(a)铁二院(成昆、东川两线)公式为

$$\delta = \lambda \frac{\gamma_c}{g} V_c^2 \sin\alpha \tag{4-17}$$

式中：δ 为泥石流体整体冲击压力(Pa)；g 为重力加速度(m/s^2)，取 $g=9.8m/s^2$；α 为建筑物受力面与泥石流冲压力方向的夹角(°)；λ 为建筑物形状系数，圆形建筑物 $\lambda=1.0$，矩形建筑物 $\lambda=1.33$，方形建筑物 $\lambda=1.47$。

(b)日本公式为

$$\delta = \gamma_c \cdot H_c \cdot V_c^2 \tag{4-18}$$

(c)沙砾泥石流冲压力公式为

$$\delta=4.72\times10^5 V_c^2 d \tag{4-19}$$

式中：d 为石块粒径(m)。

B)泥石流体中大石块的冲击力 F。

(a)对梁的冲击力为

$$F=\frac{\sqrt{3EJV^2}}{gL^3}\sin\alpha\text{（概化为悬臂梁的形式）} \tag{4-20}$$

$$F=\frac{\sqrt{48EJV^2W}}{gL^3}\sin\alpha\text{（概化为简支梁的形式）} \tag{4-21}$$

式中：E 为构件弹性模量(Pa)；J 为构件截面中心轴的惯性矩(m^4)；L 为构件长度(m)；V 为石块运动速度(m/s)；W 为石块质量(t)。

(b)对墩的冲击力为

$$F=rV_c\sin\alpha[W/(C_1+C_2)] \tag{4-22}$$

式中：r 为动能折减系数，对圆形端 $r=0.3$；C_1、C_2 分别为巨石、桥墩的弹性变形系数，$C_1+C_2=0.005$。

(c)公式三为

$$F=\gamma_h\cdot A\cdot V_c\cdot C \tag{4-23}$$

式中：A 为撞击接触面积(m^2)；C 为石块弹性波动传递系数。

D. 泥石流冲起高度。

(a)泥石流最大冲起高度 ΔH 为

$$\Delta H=\frac{V_c^2}{2g} \tag{4-24}$$

(b)泥石流在爬高过程中由于受到沟床阻力的影响，其爬高 ΔH 为

$$\Delta H=\frac{bV_c^2}{2g}\approx0.8\frac{V_c^2}{g} \tag{4-25}$$

式中：b 为迎面坡度的函数。

E. 泥石流弯道超高。

由于泥石流流速快，惯性大，故在弯道凹岸处有比水流更加显著的弯道超高现象。

(a)根据弯道泥面横比降动力平衡条件，推导出计算弯道超高的公式为

$$\Delta h=2.3\frac{V_c^2}{g}\lg\frac{R_2}{R_1} \tag{4-26}$$

式中：Δh 为弯道超高(m)；R_2 为凹岸曲率半径(m)；R_1 为凸岸曲率半径(m)；V_c 为泥石流断面平均流速(m/s)。

(b)日本(高桥保)公式为

$$\Delta h=2B_cV_c^2/(R_cg) \tag{4-27}$$

式中：B_c 为泥石流表面宽度(m)；R_c 为沟道中心曲线半径(m)。

4)堆积物试验

通过调查、实验,按《土工试验方法标准》(GB/T 50123—2019)确定泥石流堆积物的固体颗粒密度、土体重度、颗粒级配、天然含水量、界限含水量、天然孔隙比、压缩系数、渗透系数、抗剪强度和抗压强度等参数,供治理工程比选和设计使用。

5)泥石流的形成区、流通区和堆积区测绘

(1)工程治理区实测剖面至少应按一纵三横控制。

(2)重点区应有1～3个探槽或探坑(井)控制。

(3)各区测绘内容参见小贴士:泥石流调查的主要方法。

4. 勘探试验

1)勘探

勘探工程主要布置在泥石流堆积区和可能采取防治工程的地段。勘探工程以钻探为主,辅以物探和坑槽探等轻型山地工程。受交通、环境条件的限制,在泥石流形成区,一般不采用钻探工程;当由于存在可能成为固体物源的滑坡或潜在不稳定斜坡而必须采用时,勘探线及钻孔布置可参照滑坡勘查的有关规定执行。

2)钻探

泥石流防治工程场址主勘探线钻孔,宜在工程地质测绘和地球物理勘探成果的指导下布设,孔距应能控制沟槽起伏和基岩构造线,间距一般为30～50m。当松散堆积层深厚不必揭穿其厚度时,孔深应是设计建筑物最大高度的50%～150%;基岩浅埋时,孔深应进入基岩弱风化层5～10m。

3)物探

物探工作除作为钻探工程的补充或验证外,在施工条件较差、难以布置或不必布置钻探工程的泥石流形成区,可布置1～2条物探剖面,对松散堆积层的岩性、厚度、分层、基岩面深度及起伏进行推断。

4)坑槽探

结合钻探和物探工程,在重点地段布置一定探坑或探槽,揭露泥石流在形成区、流通区和堆积区不同部位的物质沉积规律和粒度级配变化;了解松散层岩性、结构、厚度和基岩岩性、结构、风化程度及节理裂隙发育状况;现场采集具有代表性的原状岩、土试样。

5)试验

对坝高超过10m以上的实体拦挡工程宜进行抽水或注水试验,获取其水文地质参数;在孔内或坑槽内采取岩样、土样和水样,进行分析测试,获取其物理力学性质参数;水样一般只做简单分析,拟建的防治工程应增加侵蚀性测定内容。

5. 对各类防治工程提供以下主要设计参数

(1)各类拦挡坝:覆盖层和基岩的重度、承载力标准值、抗剪强度,基面摩擦系数,泥石流的性质与类型,发生频次,泥石流体的重度和物质组成,泥石流体的流速、流量和设计暴雨洪水频率，泥石流回淤坡度和固体物质颗粒成分，沟床清水冲刷线。

(2)其他工程:桩体着重于桩锚固段基岩的深度、风化程度和力学性质；排导槽、渡槽着重于泥石流运动的最小坡度、冲击力、弯道超高和冲高；导流堤、护岸堤和防冲墩着重于基岩的埋藏深度和性质、泥石流冲击力和弯道超高、墙背摩擦角；停淤场着重于淤积总量、淤积总高度和分期淤积高度。

6. 施工条件调绘

(1)结合可能采取的泥石流防治工程技术，调绘施工场地、工地临时建筑和施工道路的地形地貌，并进行地质灾害危险性评估，测图范围和精度视现场情况而定。

(2)了解泥石流防治工程周围所需天然建筑材料的分布情况，对砂石料质量和储量进行评价。如天然骨料缺少或不符合工程质量要求，须对就近的料场或人工料源进行初查。

(3)了解泥石流防治工程周围的水源状况并采样分析，对防治工程及生活用水的水质水量进行评价，提出供水方案建议。

7. 监测

(1)勘查阶段，只要求进行简便的常规监测。

(2)降雨观测。必要时，根据流域大小，在流域内设置1～3个控制性自记式雨量观测点，定时巡视观测。观测点的设置要避免风力的影响和高大树木的遮掩。

(3)泥位、流速观测。有条件时，可进行泥位和流速观测。

(4)预警预报。出现泥石流临灾征兆时，应及时报告有关部门进行预警预报。

4.5.2 可行性论证阶段勘查

1. 一般规定

可行性论证阶段勘查是泥石流防治工程勘查的关键阶段。通过该阶段工作，进一步查明泥石流形成的地质环境条件，泥石流类型、规模、活动特征及危害程度，形成区、流通区和堆积区的一般特征，初步确定泥石流流速、流量、重度及动力学特征值参数，为泥石流防治方案比选提供依据。

2. 自然环境条件调查

本阶段的调查工作是在泥石流一般调查工作的基础上根据防治工程需求进行的有针对性的调查，是前期调查工作的深入。

3. 勘查工作

根据泥石流治理工程勘查基本规定和流域实际情况，选择必要的项目进行勘查，满足防治方案比选的要求，并进行简易监测。

4. 勘查报告

正文应包括：①序言；②泥石流形成的地质环境条件；③泥石流形成区、流通区、堆积区的工程地质和水文地质特征；④泥石流的成因、类型、规模、活动特征、危害程度及发展趋势；⑤泥石流特征值的确定方法和计算结果；⑥泥石流防治工程方案比选及建议。另外，提供相应的平面图、剖面图、钻孔柱状图、坑槽探展示图、岩土物理力学测试报告、地球物理勘探报告和泥石流监测成果等附图与附件。

4.5.3 设计阶段勘查

1. 一般规定

(1)设计阶段的勘查，是对选定的防治工程进行的工程地质勘查。

(2)设计阶段勘查应充分利用可行性论证阶段的勘查结果，结合防治工程方案，有针对性地进行定点勘查或补充勘查，提供工程设计所需的泥石流特征参数和岩土体物理力学参数。

(3)对高坝(格栅坝 10～15m，拦挡坝 15～30m)，勘查范围以坝轴线为中线，上下游各100m；低坝(格栅坝＜10m，拦挡坝＜15m)及丁坝，勘查至上游 50～100m，下游 20～50m。对堤、渠、槽等线性排导工程，勘查范围为轴线两侧最高洪水位以上 5～10m。

2. 工程地质测绘

(1)根据选定防治工程方案，开展工程部署区大比例尺测绘。

(2)拦挡工程及堤、渠、槽等线性排导工程测绘应沿轴线进行。拦挡工程测绘比例尺为1∶100～1∶200；排导工程的比例尺为 1∶500～1∶1000。为满足库容计算的需要，拦挡工程尚须测制淤积区 1∶1000 的地形图。

(3)测绘内容主要是防治工程区域及其外围的地形地貌、岩性结构、松散堆积层成因类型、厚度及斜坡稳定性等。同时结合钻探、物探和坑槽探成果，沿工程轴线实测并绘制大比例尺工程地质剖面。对于较长的排导工程，尚应提供不同地段的横剖面图。

(4)停淤场的测绘以面上控制为主，内容主要包括地形起伏、岩土体类型及分布状况、停淤场面积及最大可能停淤量、地表水发育及地下水出露等。此外，应结合勘探资料，实测纵横剖面。测绘比例尺以 1∶200～1∶500 为宜。

3. 勘探试验

(1)勘探线沿防治工程主轴线布置，孔距 20～30m，每条勘探线的钻孔、探坑数一般不低于 2 个。

(2)钻探。钻孔深度应按基本规定的勘探试验中钻探的要求控制。地质条件复杂时可加密钻孔或沿勘探线布置物探剖面对地质情况进行辅助判断。加强钻孔岩芯编录，查清工程布置区地层岩性、地质构造、岩土体结构类型、松散堆积层厚度及基岩埋深与起伏状况。

(3)试验。采取岩土试样,测定其物理、力学性质指标。施工钻孔应进行注(抽)水试验,提供相关水文地质参数,布设水位动态观测孔,并延续至工程竣工后。

4. 监测

(1)对高频泥石流,可在勘查期内的汛期时段提出和实施泥石流活动的监测方案。

(2)对可行性论证阶段布设的监测站点的监测内容,宜结合工程布设。

(3)宜结合治理工程提出工程防治效果的监测方案。

(4)当地下水影响泥石流形成和防治工程效果时,开展地下水的监测工作。

5. 勘查报告

报告正文包括:①序言;②泥石流流域工程地质和水文地质条件;③泥石流活动特征、危害程度及发展趋势;④泥石流治理工程区工程地质和水文地质条件;⑤治理工程基础及边坡的稳定性;⑥泥石流特征值的确定及确定方法等。另外,提供岩(土)体物理力学测试、原位测试、设计参数和各种监测的资料及附件。

结合泥石流治理工程,以纸质和电子文档形式提交供设计使用的工程地质图册,包括各治理单元的平面图、立面图、剖面图、钻孔柱状图及坑槽探展示图等。

4.5.4 施工阶段勘查

1. 一般规定

(1)施工阶段勘查包括治理工程实施期间,对开挖和钻孔揭露的地质露头的地质编录、重大地质问题变更的补充勘查和竣工后的地形地质状况测绘,并编制与原地质报告相应的对比变化图,检验、修正前期地质资料及评价结论。

(2)施工阶段勘查应采用信息反馈法,结合治理工程实施,及时分析编录地质资料,将重大地质变更及时通知业主,情况紧急时应及时通知设计单位和施工单位,采取必要的应对措施。

(3)勘查中应针对现场地质情况的变化,及时提出改进意见并采取相关措施,保证治理工程施工符合实际工程地质条件。

2. 开挖露头测绘与补充勘探

(1)对开挖露头的测绘主要是采用观察、素描、实测、照相、摄像等方法进行编录和记录,必要时对治理工程基础持力层岩土体物理力学进行复核性测试。

(2)开挖过程中的编录内容主要应包括松散堆积层的岩性、结构、物质组成、分层厚度、分层界线,基岩的岩性、结构、揭露厚度、风化程度、基岩面起伏和节理裂隙发育状况。同时,应测定地下水位。

(3)对施工开挖形成的最终地质露头,应在工程实施前采用以上方法进行编录测绘,制作平面图、剖面图、断面图或展示图。

(4)施工期间发现地质条件有重大差异时,应进行补充勘查,提交补充勘查报告。重大差异包括治理工程基础出现较厚的软弱夹层、沟谷侵蚀深槽或持力层的深度与原报告相差较大等。

(5)补充工程地质勘查应采用地面测绘、物探和山地工程等查明地质体的空间形态、物质组成、结构特征、成因类型、岩土体的物理力学性质;评估地质条件变化对治理工程实施的影响。

(6)补充勘查工作量应根据地质问题的复杂性、设计阶段勘查情况和场地条件等因素确定。应充分利用各种施工开挖工作面进行地质现象的观测和地质资料的收集。

(7)当地质条件的差异可能给防治工程造成较大影响时,应对设计方案和施工方案提出变更建议。

3. 监测

(1)继续开展已有监测站点和地下水的监测工作。

(2)选择有代表性的监测站点作为竣工后的长期监测点,并提出监测要求。

4. 补充工程地质勘查报告

应根据工程实际存在的问题有针对性地编制报告。报告正文包括序言、施工情况及暴露问题、地质条件变化情况及其治理工程的影响、岩土体物理力学性质、治理工程变更设计建议等;附图附件包括平面图、剖面图、钻孔柱状图、施工开挖和山地工程展示图、岩土体物理力学测试报告以及各监测站点的监测资料。

4.6 泥石流监测预报

4.6.1 泥石流监测内容

泥石流监测内容,分为形成条件(固体物质来源、气象水文条件等)监测、运动特征(流动动态要素、动力要素和输移冲淤等)监测、流体特征(物质组成及其物理化学性质等)监测。

泥石流固体物质来源是泥石流形成的物质基础,应在研究其地质环境和固体物质、性质、类型、规模的基础上,进行稳定状态监测。固体物质来源于滑坡、崩塌的,其监测内容应为滑坡和崩塌监测的内容;固体物质来源于松散物质(含松散体岩土层和人工弃石、弃渣等堆积物)的,应监测其在受暴雨、洪流冲蚀等作用下的稳定状态。

气象水文条件极为重要,应重点监测降雨量和降雨历时等。水源来自冰雪和冻土消融的,监测其消融水量和消融历时等。当上游有高山湖、水库、渠道时,应了解其有无渗漏等安全性。在固体物质集中分布地段,应进行降雨入渗和地下水动态监测。

泥石流动态要素监测内容,包括暴发时间、历时、过程、类型、流态和流速、泥位、流面宽度、爬高、阵流次数、沟床纵横坡度变化、输移冲淤变化和堆积情况等,并取样分析,测定输砂率、输砂量或泥石流流量、总径流量、固体总径流量等。Ⅰ、Ⅱ级监测站(点)应监测泥位。

泥石流动力要素监测内容,包括泥石流流体动压力、龙头冲击力、石块冲击力和泥石流地声频谱、振幅等。

泥石流流体特征监测内容,包括固体物质组成(岩性或矿物成分)、块度、颗粒组成和流体稠度、重度、可溶盐等物理化学特性,研究其结构、构造和物理化学特性的内在联系与流变模式等。

4.6.2 泥石流监测方法

(1)泥石流固体物质来源于滑坡、崩塌的,其变形破坏监测方法应按滑坡和崩塌的变形破坏监测规定进行。固体物质来源于松散物质的,宜在不同地质条件地段设立标准片蚀监测点,监测不同降雨条件下的冲刷侵蚀量,分析形成泥石流临界雨量的固体物质供给量。

(2)暴雨型泥石流应设立以监测降雨为主的气象站,监测气温、风向、风速、降雨量(时段降水量和连续变化降水量)等。

在有条件时,宜利用遥测雨量监测系统、测雨雷达超短时监测系统、气象卫星短时监测系统等自动化监测仪器,进行降雨量的监测。

对冰雪消融型泥石流,还应对冰雪消融量进行监测。

(3)泥石流动态要素、动力要素监测,应在选定的若干个断面上进行。

(a)小型泥石流沟或暴发频率低的泥石流沟,一般采用水文观测方法进行监测。

(b)较大的或暴发频率较高的泥石流沟,宜利用专门仪器进行监测,采用重复水准测量、动态立体摄影测量等方法。常用的仪器有雷达测速仪、各种传感器与冲击力仪、超声波泥位计(带报警器)、无线遥测地声仪(带报警器)、地震式泥石流报警器。

(4)泥石流流体特征监测应与泥石流运动特征监测结合进行。

(5)在有条件时,宜采用遥感技术对泥石流规模、发育阶段、活动规律等进行中长期动态监测,用地面多光谱陆地摄影、地面立体摄影测量技术,进行短周期动态监测。

4.6.3 泥石流监测频率

正常情况下每15d一次,比较稳定的可每月一次;在汛期、雨季、预报期、防治工程施工期等情况下应加密监测,宜每天一次或数小时一次直至连续跟踪监测。

4.6.4 泥石流监测点网布设

(1)在泥石流补给区、流动区和堆积区,都应布设一定数量的监测点网。

(2)泥石流固体物质来源于滑坡、崩塌的,其变形破坏监测点网的布设按滑坡、崩塌变形监测网规定布设。固体物质来源于松散物质的，其稳定性监测点网的布设，应在侵蚀程度分区的基础上进行，测点密度按表 4－26 确定。

表 4－26　松散物质稳定性测点布设数量表

侵蚀程度	测点密度/(个・km^{-2})
严重侵蚀区	20～30
中等侵蚀区	15～19
轻微侵蚀区	可少布或不布测点

测点重点布设在严重侵蚀区内，并根据侵蚀强度的发展趋势和变化情况动态调整测点数量。

(3)以监测降雨为主的泥石流气象站，应布设在泥石流沟或流域内有代表性的地段或试验场。按下列原则布设应监测点。

(a)泥石流形成区及其暴雨带内。

(b)泥石流沟或流域内滑坡、崩塌和松散物质储量最大的范围内及沟的上方。

(c)测点选在四周空旷、平坦且风力影响小的地段。一般情况下，四周障碍物与仪器的距离不得小于障碍物顶高与仪器口高差的 2 倍。

(d)测点布设数量视泥石流沟或流域面积和测点代表性好坏而定。测点宜以网格状方式布设，泥石流沟或流域面积小时也可采用三角形方式布设。

(4)泥石流运动情况和流体特征监测断面布设数量、距离，视沟道地形、地质条件而定，一般在流通区纵坡、横断面形态变化处和地质条件变化处以及弯道处等，都应布设。同时，必须充分考虑下游保护区(居民点、重要设施)撤离等防灾救灾所需提前警报的时间和泥石流运动速度，可按下式估算：

$$L \geqslant t \cdot V \tag{4-28}$$

式中：L 为断面距防护点的距离(m)；t 为需提前警报的时间(h)；V 为泥石流运动速度(m/h)，多按下游居民避难的最短时间考虑。

泥位监测点布设在防护点上游的基岩跌水或卡口处[距防护点的距离≥L(m)]部位，且在其区间河段内无其他径流补给或补给量可忽略不计。监测并确定警报泥位及雨量。

4.6.5　泥石流活动预报

1. 泥石流活动预报方法

泥石流活动预报方法很多，包括宏观前兆法、类比分析法、因果分析法、统计分析法、仪器微观监测法等，可结合不同地区泥石流活动特点和监测资料选择使用。

2. 泥石流活动预报等级

泥石流活动预报等级按时间分为预测级、预报级、警报级 3 个等级。各级内容见表 4－27。

表 4－27　泥石流活动预报等级表

预报等级	时间	空间	方法	指标	手段	预防措施
中、长期预报（预测级）	1 年以上	区域，单沟	调查评价	危险度	危险度区划和数据库	防治工程或搬迁
短期预报（预报级）	1 年至几小时	区域，单沟	调查评价和监测	临界值	①流域、沟谷自然气候、地貌、地质、社会因素分析；②暴雨监测	抢险应急工程或常规紧急避难
临灾预报（警报级）	几小时至几十分钟	单沟	监测	警戒值	降雨、泥位、地声、流速等监测仪器及其报警装置	紧急避难

3. 泥石流活动预测

泥石流活动预测，应对已取得的泥石流勘查、监测资料进行综合分析，确定泥石流形成和活动的主要因素，对泥石流的活动规律和可能产生的危害性进行危险度评判。

4. 泥石流活动预报

（1）泥石流活动预报应在预测的基础上进行。应详细分析研究地质、地貌资料和监测数据，掌握泥石流活动的激发因素及其动态变化，及时接收各种指标，并迅速传递到下游保护区。

泥石流预报的核心是确定泥石流活动的临界条件，包括固体物质贮量及其含水量、稳定性和沟谷纵坡等地质—地貌临界条件，降雨量、雨强、径流量等降雨—径流临界条件等。泥石流活动的地质—地貌临界条件，一般在实地调查和监测资料的基础上，通过统计分析、类比分析、稳定性计算等方法确定。降雨—径流临界条件，主要根据监测资料确定，而径流量往往取决于降雨量，故降雨量临界值是分析研究的重点。

（2）泥石流活动预报包括区域性（含局地性）预报和单沟预报。

5. 泥石流活动警报

在泥石流临近暴发时，原地监测站（或监测中心）应根据泥石流主要影响因素接近临界值的程度及振动、声音、泥位等特征，迅速向下游保护区发出警报信息并采取紧急措施，避免或减少损失。

4.7 泥石流防治工程措施

4.7.1 泥石流防治工程建设的基本程序

泥石流灾害工程防治是防治泥石流灾害最根本、最重要的手段，对那些危险程度高、危害严重的泥石流沟，往往须通过生物、工程防治才能得到根治。泥石流灾害防治工程也是一项基本建设工程，为保证工程的科学性、经济性和有效性，必须遵循防治工程方案的可行性论证、防治工程设计、防治工程施工等基本程序与步骤。每一步骤都有不同的任务和工作内容。

1. 拟订防治工程方案和可行性论证

为拟订合理可行的防治方案，一般须进行下列工作。

(1)开展泥石流区的专门性地质调查研究，查明泥石流沟固体物源、水源和地形等形成条件的特征和发展趋势，划分各泥石流沟的危险程度。调查各泥石沟，在暴发泥石流时可能危害的人口数量；住房等家庭财产的类型、数量、价值；耕地、林地、草地的数量和年产值；工业、交通设施、设备的类型、数量、价值及其受损至恢复时段产值等，结合泥石流沟的危险程度，评价其危害性。编制泥石流危害程度区划和防治区划，拟订相应防治方案。

(2)对危害性大的泥石流沟谷，应进行生物、工程防治。为此须开展下列 5 个方面的工作。

(a)收集或测绘泥石流形成区、堆积区内，比例尺为 1：1000～1：5000 的地形图，流通区内比例尺为 1：200～1：500 的地形图。测定各地段斜坡和沟谷坡度。

(b)对泥石流沟进行全流域工程地质勘查，主要查明流域内松散土层(包括已有崩塌、滑坡分布、体积，大块石直径)斜坡的稳定状况，可能产生滑坡、崩塌的地段和规模；沟内松散土层的分布、厚度，大漂砾直径，土层下伏岩层的埋藏深度、岩性和物理力学指标；流域内井水、泉水的分布及流量，流通区、堆积区地下水位，埋藏深度和水量。

(c)收集、观测流域内的降雨量和水文资料(包括沟谷水量、水位、泥砂含量和洪水发生时的树枝杂草含量等)。

(d)在上述资料基础上编写泥石流灾害防治工程地质勘查报告。

(e)拟订包括生物措施、工程措施在内的多种防治方案，进行技术、经济论证、对比推荐优选方案报请主管部门审批。

2. 泥石流防治工程设计

在防治工程方案可行性报告得到主管部门审查批准后，即可组织防治工程设计。

防治工程设计工作主要包括编制各类工程的整体工程设计图，纵、横剖面设计图和细部设计图以及设计报告说明书等。设计报告说明书除说明有关设计参数、设计结构和数据以及有关问题外，还须概算各种材料数量和经费，编制施工组织和计划安排以及监理工作等。

3. 泥石流防治工程施工

为保证施工按设计实施，提高施工质量，必须做到以下两点。

(a)公开招标，选择优秀的施工队伍。

(b)严格实行监理制度。

4.7.2 泥石流灾害防治的基本措施

泥石流有不同的特点，相应的治理措施也应有所不同。在以坡面侵蚀及沟谷侵蚀为主的泥石流地区，应以生物措施为主、辅以工程措施；在崩塌、滑坡强烈活动的泥石流发生(形成)区，应以工程措施为主，兼用生物措施；在坡面侵蚀和重力侵蚀兼有的泥石流地区，则以综合治理效果最佳。

1. 生物措施

泥石流防治的生物措施包括恢复植被和合理耕牧。一般采用乔木、灌木、草等植物科学地配置营造，充分发挥其滞留降水、保持水土、调节径流等功能，从而达到预防和制止泥石流发生或减小泥石流规模，减轻其危害程度的目的。生物措施一般需要在泥石流沟的全流域实施，对宜林荒坡更需采取此种措施，但应正确地解决好农、林、牧、薪之间的矛盾，如果管理不善，很难收到预期的效果。

与泥石流工程防治措施相比，生物防治措施具有应用范围广，投入少，风险小，能促进生态平稳，改善自然环境条件，具有生产效益，以及防治作用持续时间长的特点。生物措施初期效益一般不够显著，需三五年或更长一些时间才可发挥明显作用。在一些滑坡、崩塌等重力侵蚀现象严重地段，单独依靠生物措施不能解决问题，还需与工程措施相结合才能产生明显的防治效能，生物措施包括林业措施、农业措施和牧业措施等，通常在同一流域内随地形、坡度、土层厚度及其他条件的变化而因地制宜地进行具体布置。

2. 工程措施

泥石流防治的工程措施是在泥石流的形成、流通、堆积区内，相应采取蓄水、引水工程，拦挡、支护工程，排导、引渡工程，停淤工程及改土护坡工程等治理工程(表 4-28)，以控制泥石流的发生并减少其危害。泥石流防治的工程措施通常适用于泥石流规模大，暴发不太频繁，松散固体物质补给及水动力条件相对集中，保护对象重要，防治标准高、要求防治见效快，一次性解决问题等的情况。

1)跨越工程

跨越工程是指修建桥梁、涵洞从泥石流上方凌空跨越，让泥石流在其下方排泄。

表 4-28　泥石流防治工程类型表

序号	工程类别	功能	形式
1	拦挡	抑制泥沙发生、阻滞泥沙输移、减势	浆砌重力坝、干砌重力坝、土坝、混泥土坝、格栏坝(平面型、立体型)和浆砌块石格栏坝
2	排导	通畅流路、定向输移	渡槽、排导沟、导流堤
3	绕避	知险见让、避重就轻	平面绕避、立体绕避(渡槽、明洞渡槽、高桥、大跨)
4	改建过流设施	—	增涵、扩涵、涵改桥、改线迁移
5	其他	—	防护堤、防护桩、门坎、停淤场、生物工程

根据 1977 年的考察资料，成(都)昆(明)铁路沿线 249 条泥石流沟共修建桥梁 157 座，涵洞 48 座，占全部 221 项工程的 90.2%，可见桥涵跨越是通过泥石流地区的主要工程形式。

2)穿过工程

穿过工程是指修建的隧道、明洞从泥石流下方穿过，泥石流在其上方排泄。这是通过泥石流地区的又一种主要工程形式。据统计，成(都)昆(明)铁路线穿过泥石流共修建隧道、明洞和渡槽 16 座，占全部 221 项工程的 7.2%。对于隧道、明洞和渡槽设计的选择，总的原则是因地制宜。

3)防护工程

防护工程是指对泥石流地区的桥梁、隧道、路基，泥石流集中的山区变迁型河流的沿河线路或其他重要工程设施，作一定的防护建筑物，用以抵御或消除泥石流对主体建筑物的冲刷、冲击、侧蚀和淤埋等危害。防护工程主要有护坡、挡墙、顺坝和丁坝等。

4)排导工程

排导工程的作用是改善泥石流流势，增大桥梁等建筑物的泄洪能力，使泥石流按设计意图顺利排泄。

泥石流排导工程包括导流堤、急流槽和束流堤三种类型。导流堤的作用主要在于改善泥石流的流向，同时也改善流速。急流槽的作用主要是改善流速，也改善流向。束流堤的作用主要是改善流向，防止漫流。导流堤和急流槽组合成排导槽，以改善泥石流在堆积扇上的流势和流向，让泥石流循着指定的道路排泄，不淤积。导流堤和束流堤组合成束导堤，可以防止泥石流漫流改道危害。

对于导流堤的布置，堤尾方向与大河流向应力应成锐角相交。泥石流与大河汇流，洪水互相搏击，动能会有很大损失，交角越小，动能损失越小，越容易将泥石流带走，一般来说，交角宜小于 45°。

5)拦挡工程

拦挡工程是用以控制组成泥石流的固体物质和雨洪径流，削弱泥石流的流量、下泄总量和能量，减少泥石流对下游经济建设工程冲刷、撞击和淤积等危害的工程设施。拦挡工程包括拦渣坝、储淤场、支挡工程、截洪工程四类。前三类起拦渣、滞流、固坡的作用，控制泥石流的固体物质供给。截洪工程的作用在于控制雨洪径流。总的目的是降低泥石流暴发的可能性,减轻泥石流对下游的危害。

常须采取多种措施结合应用的方式防治泥石流。最常见的有拦渣坝与急流槽相结合的拦排工程,导流堤、拦渣坝和急流槽相结合的拦排工程,拦渣坝、急流槽和渡槽相结合的明洞(或渡槽)工程等。防护工程也常与其他工程配合应用。多种工程措施配合使用,比单纯采用某一种工程措施要更为有效,也更为经济合理。

3. 全流域综合治理

泥石流全流域综合治理的目的是按照泥石流的基本性质,采用多种工程措施和生物措施相结合,上、中、下游统一规划,山、水、林、田综合整治,以防止泥石流形成或减少泥石流危害。这是大规模、长时期、多方面协调一致的统一行动。综合治理措施主要包括以下 3 个方面。

(1)稳。主要是在泥石流形成区植树造林,在支、毛、冲沟中修建谷场,其目的在于增加地表植被,涵养水分,减少暴雨径流对坡面的冲刷,增强坡体稳定性,抑制冲沟发展。

(2)拦。主要是在沟谷中修建挡坝,用以拦截泥石流下泄的固体物质,防止沟床继续下切,抬高局部侵蚀基准面,加快淤积速度,以稳住山坡坡脚,减缓沟床纵坡降,抑制泥石流的进一步发展。

(3)排。主要是修建排导建筑物,防止泥石流对下游居民区、道路和农田造成危害。这是改造和利用堆积扇,发展农业生产的重要工程措施。

4.8 泥石流勘查实例剖析

4.8.1 云龙县狮尾河泥石流勘查

1. 概述

云龙县处于滇西横断山南缘澜沧江纵谷区,面积为 4 400.95km^2,县城石门镇,坐落在象山南麓。沘江沿县城西缘由北向南流过,狮尾河自东向西穿县城汇入沘江。

2. 泥石流灾害

县城位于狮尾河、锁里场箐两沟泥石流堆积扇上,长期遭受泥石流危害。1881—1993 年,狮尾河共发生灾害性泥石流 11 次。尤其是 1993 年 8 月 29 日,暴发的百年一遇特大泥石流淤填了狮尾河县城段大部河道,冲垮河堤 4300m,冲毁大桥两座,毁坏民房 392 间,导致 157 户居民无家可归和县城 32 个单位受灾,还冲毁水渠 28 条,共 13 000m,冲毁田地 209hm^2。造成直接经济损失 8629 万元。

3. 泥石流形成条件分析

1)水系、水文

狮尾河及其以北的锁里场箐,均为沘江支流,属澜沧江水系的二级支流。沘江在狮尾河口至下游青云桥河段,河床纵坡降仅9.8‰,以致狮尾河泥沙在汇入口处迅速堆积,使沘江洪水位抬高,对狮尾河产生顶托效应,成为县城泥石流灾害的重要原因之一。沘江五十年一遇洪峰流量为$1030m^3/s$,百年一遇洪峰流量为$1160m^3/s$。

狮尾河东起三棵枪西侧,大致呈东西走向,流经山井、天耳井、大井3个自然村,穿云龙县城,汇入沘江,全长11km,流域面积$42km^2$。

流域内支沟发育:右岸主要有庄上箐、青石岩箐、小箐、干沟场箐等,它们都发生过灾害性泥石流;左岸主要有黄松毛箐、冷水箐、三崇箐等。

2)气象

此地属于低纬度、高原季风气候类型。立体气候明显,海拔每增高100m,气温下降0.50~0.59℃,山顶与河尾温差6.9℃;区内自河谷至山顶,跨越了中亚热带、北亚热带、暖温带和中温带4个气候带。

干湿季节分明。据1981—1983年观测资料,多年年平均降雨量744.9mm。6—10月湿润多雨,降雨量599.5mm,占年降雨量的80%。尤其7月、8月、9月3个月有短时集中降雨,例如:1993年8月,全月降雨量363.8mm,而8月29日的降雨就达90.4mm,其中1小时降雨可达38.3mm,以致诱发了“8·29”特大泥石流灾害。

3)地形、地貌

狮尾河流域属高中山沟谷地貌,地势北、东、南高,西低,锁口指向沘江。最高点位于紫金山南西山头,海拔2952m,最低处为沘江交汇口,海拔1 625.5m,最大高差1 326.5m。

狮尾河南岸山体走向与主河道流向相近;而北岸山体走向则多与次级大冲沟相近(如青石岩箐、干沟场箐)。流域地形坡度一般较大,15°~30°者占总面积的71%,大于30°者占总面积的12%。

4)地层、岩性

出露的地层主要有第四系全新统冲洪积、泥石流堆积的砂土、碎石土、黏性土混碎石(Ⅱ类混合土),第四系更新统冲洪积及古泥石流堆积物;新近系上新统三营组,古近系始新统果郎组、古新统云龙组;上白垩统虎头寺组,下白垩统南新组、景新组;上侏罗统坝注路组。

狮尾河流域出露的岩体,除虎头寺组和景星组以块状石英砂岩为主外,均属泥质砂岩、泥岩等易风化破碎的半坚硬、软质岩石。它们同广泛分布的第四系松散土层一起,为泥石流的形成提供了丰富的松散固体物质来源。

5)地质构造

(1)构造形态。狮尾河流域出露的中、新生代地层,总体走向N50°~W80°,倾向SW,倾角34°~50°;断裂发育,局部地段存在层间褶皱,其构造形态为受断裂与层间褶皱切割、破坏零乱的单斜构造。

(2)构造形迹特征。区内褶皱不发育,断裂是主要的构造形迹。云龙县城及其附近地区,规模较大、比较发育的断层主要有近NS向、近EW向和NE向3组。其中近NS向以F_1(沘江断裂)为代表,规模最大;近EW向以F_2(狮尾河)为代表,规模次之。它们都以数量少、规模大为特征。断裂共轭NE向和NW向的共轭构造发育规划较小,但数量较多。

由于区内断层、节理、裂隙发育,加剧了岩体的失稳和破碎,成为泥石流松散固体物质来源较丰富的主要内因之一。

6)不良工程地质现象

流域内冲沟、崩塌、滑坡等不良工程地质现象都比较发育。

(1)冲沟。冲沟的发育密度为150~500m/条,其长度为10~1500m,宽5~30m,深3~10m。它们多属活动性冲沟,溯源侵蚀明显,岸坡稳定性差,水土流失严重;它们既是松散固体物质的流通渠道,也是固体物质的来源区,对泥石流支沟、主沟的发展和灾害的形成起着显著的作用。

(2)滑坡。流域内不同规模、性质的滑坡约有42个;规模较大、判据充分者有8个。流域内的滑坡多属第四系土层滑坡;除5号、6号属巨型外,其他均属中型、小型滑坡;它们的空间分布多位于冲沟、河床岸坡。大多数滑坡都属还在活动的、稳定性差的滑坡,是泥石流松散固体物质的重要来源。

(3)崩塌。崩塌主要分布于冲沟源头和狮尾河中游的岸坡,以松散土层的崩塌体居多,常常在降雨、洪水的冲刷、掏蚀作用下活动,同时也是泥石流重要的松散固体物质来源。

7)植被与人类活动

有史料记载,自明朝洪武年间(1382年)成立五井盐课提举司以来,狮尾河流域内的4大盐井,一直是滇西食盐的主要产地,以砍伐森林作为燃料。1949年后,为保护生态,该区域食盐停止生产。然而,破坏森林的形式转变为毁林开荒造地和违法采伐、发展木材加工业,以及烧制砖、瓦,砍树作生活燃料。这些行为致使森林覆盖率逐步下降,水土流失逐年加剧,为滑坡泥石流的形成创造了条件。

4. 泥石流特征

1)泥石流类型及其基本特征

根据现行规范的有关规定,结合狮尾河流域的具体情况,该泥石流为旺盛期、激发类、沟谷型、稀性、I_1类、高频泥石流沟谷(表4-29)。

2)泥石流分区及其工程地质条件

按照泥石流形成的具体条件和作用,笔者将流域划分为形成区、流通区和堆积区。

以上3个区域,按照山体稳定性、植被发育程度、松散固体物质可移动方量、灾害程度等因素,进一步划分为稳定、不稳定、极不稳定3个亚区。各区的工程地质条件列于表4-30中。

3)泥石流特征参数

采用形态法和雨洪法计算清水流量与泥石流流量,比较后,选用形态法计算的泥石流流量作为狮尾河泥石流防治工程设计的依据。

表 4－29 狮尾河泥石流基本特征及综合分类表

序号	基本特征		泥石流沟谷名称		
			狮尾河	青石岩箐	干沟场箐
1	泥石流发生的地貌条件	特征	泥石流的发生、运动和堆积过程在发育完整的河谷内进行，松散物质主要来自中游地段	泥石流的发生、运动和堆积过程主要在发育较完整的沟谷内进行	
			流域面积 $S=42.0\mathrm{km}^2$	流域面积 $S=3.20\mathrm{km}^2$	流域面积 $S=2.80\mathrm{km}^2$
		分类	沟谷型泥石流		
2	泥石流的物质组成	特征	土体大小颗粒分布范围宽，由黏土、粉土、砂、砾、卵石各种粒径的颗粒组成	同左	同左
		分类	泥石流		
3	泥石流流体性质	特征	黏粒和粉粒含量区 2.02%～5.10%，平均 3.56%；粒径大于 20mm 的颗粒占 60%以上，堆积物在堆积区呈扇状散流	粉粒、黏粒含量 2.76%～4.1%，平均 3.43%，其余同左	粉粒，黏粒含量 3.49%～5.6%，平均 4.59%，其余同左
		分类	稀性泥石流（局部偏黏性）		
4	固体物质提供方式		以沟床侵蚀（包括岸坡的崩塌、滑坡）为主，兼有坡面、冲沟侵蚀	坡面、冲沟侵蚀（包括岸坡的崩塌）和沟床侵蚀兼有	同左
5	促发因素		暴雨激发		
6	发育阶段	特征	高程曲线反映为壮年期地形；沟、坡很不稳定；泥石流发生频繁		
		分类	旺盛期		
7	暴发频率	特征	近 10 年内，2 年一次		
		分类	高频率		
8	灾害严重程度	特征	1993 年 8 月 29 日，损失 8629 万元，灾害严重	—	—
		分类	I_1	I_1	I_1
9	成因	特征	以自然条件为主，人类活动有一定影响		
		分类	自然泥石流		
10	综合分类		旺盛期、激发类、沟谷型、稀性、I_1 类、高频泥石流沟谷	发展期、激发类、稀性、I_1 类、高频泥石流沟谷	发展期、激发类、稀性、I_1 类、高频泥石流沟谷

表 4-30　狮尾河泥石流分区工程地质条件说明表

区号		A(形成区)		
范围、面积/km^2		三棵枪—油库、36.79		
亚区号		A1	A2	A3
亚区名称		稳定区	不稳定区	极不稳定区
亚区面积/km^2		22.41	9.63	4.75
主河床比降/‰		30.7～208		
		203	47～208	30.7～59.7
斜坡一般坡度①/(°)		22(11～45)	24(11～40)	25(14～41)
高程/m		2000～2950	1850～2400	1720～2200
地层、岩性		位于山顶、山脊及附近，第四系残坡积薄，多小于1m，下伏基岩以南新组和景星组为主，有少量虎头寺组、云龙组	位于山腰，残、坡积多在0.5～3m之间，沟中有少量淤积，下伏基岩以果郎组、景新组砂岩、泥岩为主，有少量云龙组及虎头寺组	分布于狮尾河大井到东华阁西南两岸及干沟场箐及青石岸箐两岸。狮尾河北岸斜坡积物较多，小于8m；南岸较厚，最深为50m。河床中有洪积与泥石流堆积，下伏基岩多为云龙组、果郎组，部分为景新组
河床质特征		河床呈曲形，长10.47km，宽一般20～40m，最宽约90m，坡降3.07%～20.8%，相对高差87m。三棵枪-东华阁泥石流堆积黏物较少，基本上是原河床中的砂、砾、卵石，少量修筑公路时的转石；东华阁—油库一带，河岸、沟床不稳定，两岸冲沟、崩塌、滑坡发育，沟床有明显冲淤变化，沟床宽处有较多泥石流堆积物，支沟沟口也有不同规模的堆积，其混杂有较多磨圆度尚好的冲洪积卵砾石，是固体物质的主要来源地段		
植被		好	较差（耕地及少量灌木）	差
松散固体物质储量/万 m^3	残坡积	1167	1559	2654
	崩塌、滑坡	2(仅偶见小崩塌及滑坡)	15	790
	河床堆积	可略去不计	可忽略不计	127
	人工堆积②	3	30	17
	总量	1172	1640	3588
	稳定量	934	1259	2254
	半稳定量	234	319	1166
	可直接参与量	4	28	168
	单位面积/(万 $m^3\cdot km^{-2}$)可直接参与量	0.18	2.70	35.36
受灾情况		植被完好，无人居住，崩塌、滑坡规模小且少，几乎无灾情	植被较差，多为耕地，仅有少数村庄在斜坡平台上居住，沿冲沟边少量土地被冲毁，见面流侵蚀现象	山井、天耳井位于狮尾河A3区上段右岸，有数家房屋被冲，小箐一桥被毁，大井右岸住家被冲，左岸被淤埋

续表 4-30

<table>
<tr><td colspan="2">区号</td><td colspan="3">B(流通区)</td></tr>
<tr><td colspan="2">范围、面积/km²</td><td colspan="3">油库—文长公庙、3.28</td></tr>
<tr><td colspan="2">亚区号</td><td>B1</td><td>B2</td><td>B3</td></tr>
<tr><td colspan="2">亚区名称</td><td>稳定区</td><td>不稳定区</td><td>极不稳定区</td></tr>
<tr><td colspan="2">亚区面积/km²</td><td>1.82</td><td>1.25</td><td>0.21</td></tr>
<tr><td colspan="2">主河床比降/‰</td><td colspan="3">35.0</td></tr>
<tr><td colspan="2">斜坡一般坡度①/(°)</td><td>22(15～34)</td><td>29(14～39)</td><td>32(17～40)</td></tr>
<tr><td colspan="2">高程/m</td><td>1700～2327</td><td>1700～2100</td><td>1680～1880</td></tr>
<tr><td colspan="2">地层、岩性</td><td>狮尾河南岸,基岩埋深小,平均约 0.5m 厚,偶见下伏果郎组泥岩夹砂岩</td><td>第四系残坡积较薄,山脊及冲沟中可见下伏果郎组泥岩</td><td>第四系残坡积较厚,部分地段可达 10 余米,河边可见少量云龙组泥岩夹砂岩</td></tr>
<tr><td colspan="2">河床质特征</td><td colspan="3">河床平直,略有弯曲,长 1.37km,宽 20～50m,纵坡降 3.5%,两岸及河床稳定,有零星小崩塌,有少量固体物质补给,河床宽缓地段有淤积,纵向堆积大于横向堆积</td></tr>
<tr><td colspan="2">植被</td><td>好</td><td>较差</td><td>差</td></tr>
<tr><td rowspan="9">松散固体物质储量/万 m³</td><td>残坡积</td><td>91</td><td>187</td><td>105</td></tr>
<tr><td>崩塌、滑坡</td><td>1</td><td>5</td><td>1</td></tr>
<tr><td>河床堆积</td><td>可忽略不计</td><td>可忽略不计</td><td>5</td></tr>
<tr><td>人工堆积②</td><td>可忽略不计</td><td>3</td><td>3</td></tr>
<tr><td>总量</td><td>92</td><td>195</td><td>114</td></tr>
<tr><td>稳定量</td><td>73.6</td><td>148.5</td><td>60.5</td></tr>
<tr><td>半稳定量</td><td>18</td><td>37.5</td><td>40</td></tr>
<tr><td>可直接参与量</td><td>0.4</td><td>6</td><td>4.5</td></tr>
<tr><td>单位面积/(万 m³·km⁻²)可直接参与量</td><td>0.22</td><td>4.80</td><td>21.43</td></tr>
<tr><td colspan="2">受灾情况</td><td>见小量面流侵蚀现象,灾情很轻</td><td>面流侵蚀,冲沟边失稳,部分耕地被冲</td><td>冲沟边、狮尾河北岸边被冲,稳定性差,部分河堤、肋坎被毁,灾情较重</td></tr>
</table>

续表 4－30

区号		C(堆积区)		
范围、面积/km^2		文长公庙—狮尾河河口、19.3		
亚区号		C1	C2	C3
亚区名称		稳定区	不稳定区	极不稳定区
亚区面积/km^2		0.06	0.31	0.06
主河床比降/‰		25.0～28.7		
斜坡一般坡度①/(°)		26(21～30)	23.5	1.2～3(泥石流堆积)
高程/m		1630～2190	1980～1050	1 625.5～1660
地层、岩性		随处可见虎头寺组砂岩出露,斜坡较缓处有少最坡残积	第四系残坡积多小于5m,冲洪积、泥石流堆积最厚可达20余米,下伏果郎组泥岩夹砂岩	仅狮尾河出口、蟠龙桥有几十平方米云龙组砂泥岩出露,据物探资料,泥石流及冲洪积厚22～24m
河床质特征		河床平直,两岸筑有防护堤,长1.24km、宽15～40m,固体物质沿河床堆积,河口呈扇形,由于下游桥涵堵塞,淤积、淤埋严重		
植被		较好	较差	无
松散固体物质储量/万 m^3	残坡积	20	85	无
	崩塌、滑坡	可忽略不计	20	无
	河床堆积	可忽略不计	703	20
	人工堆积②	可忽略不计	7	1
	总量	20	815	21
	稳定量	15	795	21
	半稳定量	5	19	可忽略不计
	可直接参与量	可忽略不计	1	可忽略不计
	单位面积/(万 m^3·km^{-2})可直接参与量	0	1.23	0
受灾情况		无明显灾情	象山脚沿江东桥箐历史上有受灾记录	河堤被冲,水、电、公路、通信中断,市卫生局、防疫站被冲毁淹没,多个单位、多户居民受灾。县城直接损失共达3602万元

注:①斜坡一般坡度,第一项括号内为平均坡度变化范围,特殊如局部陡坎、小片平地不在其内;②主要为修公路的弃渣。

5. 泥石流防治措施建议

(1)逐步控制、减轻泥石流灾害,保障县城居民生命财产及公共固定资产的安全,保护狮尾河流域内村庄、居民和沿岸耕地,保护流域内公路、通信以及电力系统的安全。

(2)近期以防灾、治害为主,重点是解决堆积区和县城排导防淤、防冲间距,确保县城安全;远期以减轻水土流失,减小泥石流发生频率,改善生态环境为主。

(3)对狮尾河泥石流采取工程措施和生物措施综合治理,工程措施以排导为主。在形成区植树造林、封山育林,并建拦砂坝和谷坊群;流通区植树造林,并于主沟上建防冲堤,沟底修固床坝;堆积区种草植树,重点是整修河道,修建V型槽。

(4)工程按二十年一遇流量设计,五十年一遇校核。

4.8.2 红河县城大井沟泥石流勘查与防治

1. 概述

红河县城位于红河哈尼族彝族自治州西部,坐落于红河中游的南岸迤萨梁子顶部,呈条带状东西向展布,南北两侧分别有勐龙河、红河发育,河谷深切,谷坡陡峻,由于特殊的地形、气候、地层岩性、地质构造及地表水冲刷切割斜坡等原因,迤萨梁子两侧发育多条泥石流沟,中幼期冲沟呈树枝状发育。特别是大井沟泥石流危害严重,需要勘查和治理。

大井沟泥石流勘查工作以工程地质测绘、断面测绘、山地工程(井探)为主,并收集已有部分勘查、设计成果及相关资料综合分析研究。工程地质测绘是在利用1∶5000地形底图的基础上,着重调绘地质灾害和不良地质作用的发育程度、规模类型特征、发展趋势以及流域环境地质条件等;山地工程主要是在地质调查的基础上,选择有代表性的地形地貌部位,在拟布置防治工程部位布设井探,其目的是揭露浅层地层岩土体特征及拟设计工程位置的岩性分布情况等。工程测量是利用GPS定位仪、皮尺等工具对拟布置防治工程部位进行断面测量及定位,并在此基础上进行工程地质断面测绘。具体完成工作量见表4-31。

2. 地质环境条件

1)气象、水文

红河县城区属亚热带山地季风气候,由于地势悬殊,气温垂直差异明显,干湿季分明,立体气候显著。城区多年平均降水量为788.87mm,多年平均蒸发量为1 970.1mm。一般每年的5—10月为雨季,11月至次年4月为旱季。年平均气温为20.57℃,极高气温达38.5℃,极低气温为-0.6℃(红河县多年平均气象要素见图4-3)。

红河县城所在区域长期处于干旱状态,风化作用较为强烈,导致岩土体松散、破碎,加上山高坡陡,受降雨影响,滑坡、泥石流等自然灾害频发,但因长历时降雨导致的自然灾害并不多,反而短历时强降雨或暴雨是造成地质灾害的主要原因之一。

表 4-31 勘查设计工作量

序号	工作量名称		单位	工作量	备注
1	工程测量	流域地形图测量 1∶5000	km²	3.9	—
		断面测量 1∶200	km	1.6	36 条
		纵剖面测量 1∶1000	km	3.5	—
2	工程地质测绘	1∶1000	km²	0.9	—
	工程地质测绘	1∶5000	km²	2.4	—
	水文地质测绘	1∶5000	km²	2.4	—
3	探井		m/个	50/19	—
4	现场原位试验	泥石流配方试验	次	6	—
5	室内试验	颗分样	件	12	—
		水样	件	2	水质简分析
		岩样	组	4	物性、干湿抗压、抗剪、弹性

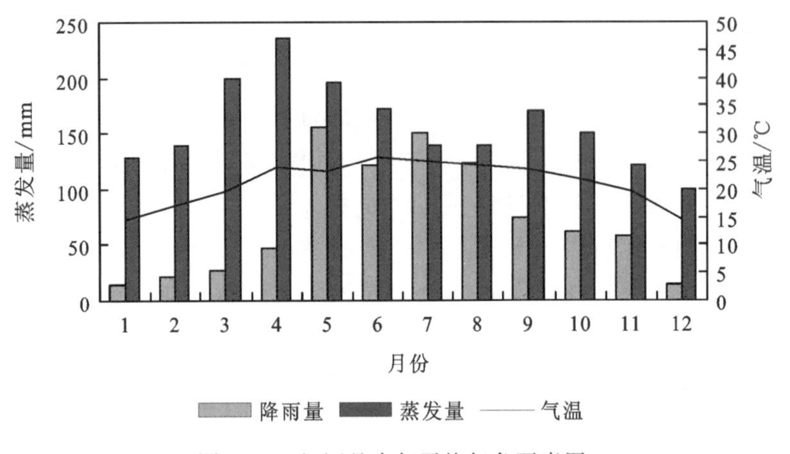

图 4-3 红河县多年平均气象要素图

大井沟为红河右岸支流，大井沟主沟长 2.68km，其支沟呈树枝状发育，支沟长一般在 1.0～1.5km 之间，主沟内有长年流水，雨季流量在 10～15L/s 之间，流域面积 2.4km²，河床比降 250‰，河谷深切，呈“V”字形，沟内水主要来源于上部城区生产、生活废水及大气降水，调查期间流量为 0.8L/s。

2)地形地貌及植被

红河县城处于横断山脉纵谷区和哀牢山余脉地区，整体属构造剥蚀中低山地貌及河流堆积地貌；红河县城整体分布于东西走向的透镜状山梁上，北部为红河，南部为勐龙河，斜坡体地形坡度多在 20°～50°之间。大井沟位于城区北侧斜坡地段，北侧斜坡地段属构造剥蚀中低山地貌，红河属河流堆积地貌。大井沟主沟源头为老城区，主要支沟源头为规划(莲花)新区。莲花新区所在山脊总体呈近东西向延伸，东西向长约 3km，脊梁宽 0.5～1.0km。

由于特殊的地形、气候、地层岩性、地质构造及地表水冲刷切割斜坡等原因，沿红河县大井沟两侧支沟呈树枝状发育。主沟长约 2.68km，最高海拔 1025m，最低海拔 300m，相对高差 725m，两侧坡度为 50°～60°，平均坡降约 250‰。支沟主要分布于莲花新区一侧斜坡，支沟长 1.0～1.5km，最高海拔 860m，最低海拔 350m，相对高差 510m，两侧沟坡坡度为 60°～70°，平均坡降 250‰～400‰。整个大井沟流域平面形态呈不规则“葫芦”状：主沟及支沟上游多以 V 型谷为主，切割深度达 50～200m，沟谷宽 30～80m；下游(主要为堆积区)多为 U 型谷，切割深度 50～100m，堆积区地形相对较缓，为 5°～10°，沟谷宽 50～150m，因泥石流物质主要于沟口呈扇形状堆积，因而该段沟宽在 200～250m 之间。红河在此段因泥石流的长期堆积，形成对左岸的长期侵蚀、侧蚀而改道，见图 4-4。

图 4-4 大井沟地形地貌及植被

3)地层岩性

勘查区出露的地层主要为新生界第四系人工堆积层(Qh^{ml})、滑坡堆积层(Qh^{del})、泥石流堆积层(Qh^{sef})、冲洪积层(Qh^{al+pl})、残坡积层(Qh^{el+dl})碎、卵石夹粉质黏土；新近系小龙潭组($N_{1\text{-}2}x$)半胶结碎屑角砾岩、砾岩；古生界中三叠统官厅角砾岩第一段($T_2g^{br^1}$)，下三叠统永宁镇组(T_1y)、洗马塘组(T_1x)，下二叠统峨眉山组(P_1e)、茅口组(P_1m)及元古宇哀牢山群(Pt_1A)，燕山期辉绿岩($\beta\mu_5^{2-3}$)及喜马拉雅期石英正长斑岩($\zeta\pi_6$)。其中泥石流堆积层(Qh^{sef})岩性以碎石、块石、砾石混砂性土及黏性土为主，稍密—中密，棕红色、灰白色，主要分布于各泥石流沟堆积区，厚 5～15m。

4)地质构造与地震

勘查区属红河断裂差异活动形成的山前断陷盆地。区内第四系松散堆积层大面积覆盖，地质构造形迹显现较差，依零星基岩露头产状及岩性变化，结合微地貌形态及区域地质资料分析，勘查区主要发育14组断层及1条向斜构造(图4-5、表4-32)。

县城及其附近地区主要褶皱为红河向斜，断裂包括有NWW向、NW向、近SN向和NE向4组。

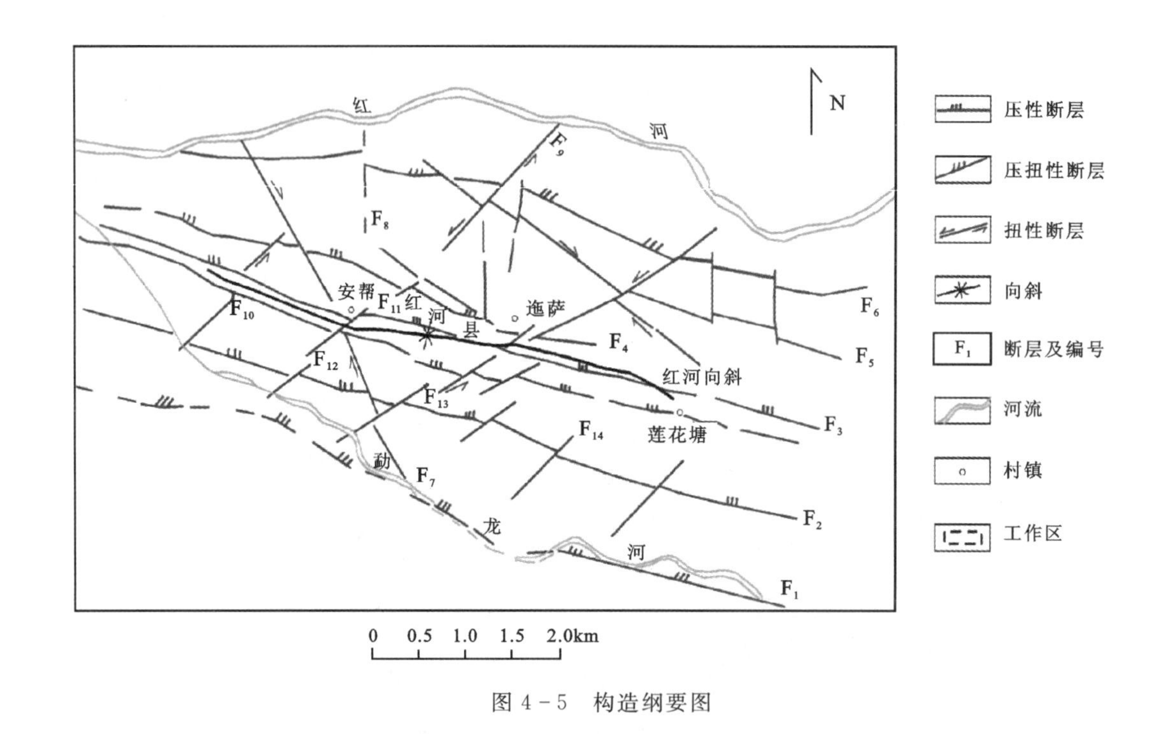

图4-5 构造纲要图

红河县城驻地处于红河断裂带南段，属红河断裂带中的新生代断陷盆地，新构造运动强烈，一直处于间歇性的上升阶段。据《建筑抗震设计规范》(GB 50011—2001)红河县属抗震设防烈度7度区第二组，设计基本地震加速度为0.15g。

5)外动力地质作用

勘查区外动力地质作用主要表现为滑坡、崩塌、不稳定边坡，坡面、冲沟侵蚀等几个方面。

A.滑坡、崩塌、不稳定边坡。

勘查区滑坡、崩塌、不稳定边坡明显受地形、地貌、岩土体结构及人类工程活动(新建工程开挖切坡、开垦耕种、砍伐破坏植被)影响，滑坡、崩塌、不稳定边坡主要分布在主沟、支沟两侧沟岸及斜坡地带，沟源头一带相对较发育。据实地调查，项目区共有滑坡17处，崩塌5处，不稳定边坡2处。

B.坡面、支沟侵蚀。

各支沟处于红河右岸大井沟流域，流域范围内受特殊的地形、气候、地层岩性、地质构造及地表水冲刷等影响，大井沟支沟呈树枝状发育，共发育11条支沟。支沟侵蚀主要表现为沟床冲刷、侧蚀、掏蚀现象发育(图4-6)。坡面侵蚀总面积约0.8km^2(图4-7)。

表 4-32 断裂构造特征一览表

类别	编号	断裂名称	岩性		规模		断层面产状			性质
			上盘	下盘	走向长/km	破碎带宽/m	走向	倾向	倾角/(°)	
NWW 向	F_1	红河断裂	$Pt\mathit{al}$	$N_{1-2}x$	>7.4	30～80	N50°—W80°	SW	60°～70°	压扭性区域断裂
	F_2	勐龙河断裂	$N_{1-2}x$	$N_{1-2}x$	>8.2	0.5～2	N80°—W	SW	68°～80°	压性俯冲正断层
	F_3	跑马街断裂	$N_{1-2}x$	$N_{1-2}x$	>8.2	2～7	N80°—W	SW	68°～75°	压性俯冲正断层
	F_4	迤萨断裂	$N_{1-2}x$	$N_{1-2}x$	>5.0	—	N80°—W	SW	88°	压性俯冲正断层
	F_5	水井断裂	$N_{1-2}x$	$N_{1-2}x$	>3.5	—	N80°—W	SW	70°～85°	压性俯冲正断层
	F_6	南昏断裂	$N_{1-2}x$	P_1m	>8.2	30～50	N85°—W	SW	68°～70°	压性兼右旋仰冲断层
NW 向	F_7	凹腰断裂	$N_{1-2}x$	Qh、$N_{1-2}x$	>3.6	50	N26°—W	SE	45°	压性兼右旋断层
近 SN 向	F_8	—	P_1m、$N_{1-2}x$	P_1m、$N_{1-2}x$	0.44	—	SN	—	78°	左旋平移断层兼张性
	F_9	—	$N_{1-2}x$	$N_{1-2}x$	0.6	—	N15°—E	SE	60°～85°	左旋平移断层兼张性
NE 向	F_{10}	—	$N_{1-2}x$	$N_{1-2}x$	0.6	—	N30°—E	—	高角度	左旋平移断层
	F_{11}	—	$N_{1-2}x$	$N_{1-2}x$	0.57	—	N36°—E	NW	60°～85°	左旋平移断层
	F_{12}	—	$N_{1-2}x$	$N_{1-2}x$	0.3	—	N35°—E	SE	60°～80°	左旋平移断层兼压性
	F_{13}	—	$N_{1-2}x$	$N_{1-2}x$	0.7	—	N62°—E	—	高角度	左旋平移断层兼压性
	F_{14}	—	$N_{1-2}x$	$N_{1-2}x$	1.8	—	N40°—E	—	—	左旋平移断层兼压性

图 4-6　支沟冲蚀

图 4-7　坡面侵蚀

6)地下水

工作区地下水类型按含水介质、地层岩性、含水特征可划分为松散堆积层孔隙水、基岩裂隙水及岩浆岩裂隙水、岩溶水。县城莲花新区斜坡地带赋存松散堆积层孔隙水及基岩风化裂隙水,地下水接受大气降水或地表水入渗补给,松散层空隙或风化裂隙既是其赋存空间,也是其运营通道,于坡脚或地形低凹处排泄。其特征是:补给受地下水位及富水性变化较大,径流途径短,局部地段为就地补给就近排泄,水力坡降大。地下水的赋存和径流对城区两侧边坡稳定影响很大,表现在:降低岩土体及结构面强度,陡坡地段岩土层易发生坍塌,坡面侵蚀增强,细沟、冲沟发展迅速,水土流失严重,泥石流暴发频繁。

7)人类工程活动的影响

勘查区人类工程活动强烈,主要为城区建设、修筑公路及开垦耕地。莲花新区及元红二级公路修建的工程弃土随地堆放,大量堆积于沟源头及斜坡地带,在自重固结和地表水作用下常发生坍塌、滑坡、坡面侵蚀和水土流失,同时为泥石流提供丰富物源。

3. 泥石流特征

大井沟处于红河左岸,为红河一级支沟,总体呈东西向展布,沟源头延伸至红河县老城区(海拔约 1025m),整个流域面积约 3.0km^2,流域相对高差约 725m,主沟长约 2.68km,平均坡降约 250‰,大井沟由 11 条支沟组成,呈曲流状,分布有多处跌水坎,雨季沟水流量很大,由于地质环境脆弱,主沟与支沟两侧谷坡常发生滑坡、崩塌,致使沟床、谷坡储存大量松散固体堆积物,在持续暴雨下常发生泥石流,至今泥石流已造成沟两侧谷坡耕地被毁坏,同时加剧了沟床下切、后退和滑坡等地质灾害的发育。发展阶段属发展期泥石流沟谷。

根据大井沟泥石流现状及形成特征,该泥石流沟可划分为物源区、流通区、堆积区 3 个区。

物源区:面积约 2.36km^2,主要分布于主沟两侧山脊及沟源地带;沟床两岸坡度为 50°～60°,主沟中下部基岩出露较多,两岸滑坡、崩塌、不稳定边坡发育,为泥石流提供了大量可移动松散物源。

流通区:面积约 0.018km^2,主要分布于 C_{11} 支沟与主沟交汇上部;流通区总体范围小,径流途径短,沟谷横断面呈"U"字形,C_{11} 支沟两侧沟坡坡度为 50°~70°,局部陡直,沟床坡降 200‰~400‰;主沟两侧沟坡坡度为 50°~60°,沟床坡降 40‰~100‰。流通区沟床堆积物较多,为卵砾石与碎石混杂,直径一般为 0.1~0.8m。

堆积区:位于主沟与 C_{11} 支沟交汇处至大井沟沟口与红河交汇地段,以扇形堆积于红河右岸河床,整体呈喇叭状,地形平缓,坡度为 5°~10°,面积约 0.015km^2(图 4-8)。堆积区堆积物为漂卵石、碎块石土等,黏性土、砂性土充填,松散—中密,漂卵石、碎块石成分以砂岩、灰岩、白云岩为主。堆积层推测厚 5~15m。大井沟泥石流堆积区地段,泥石流固体堆积物最大巨石体积可达 1.2m^3,一般体积 0.2~0.5m^3,块径 0.2~0.5m,最大块径可达 0.8m。其中粒径大于 20cm 的占总质量的 35%。泥石流堆积物主要由小块夹碎石组成,由砂性土、黏性土充填。

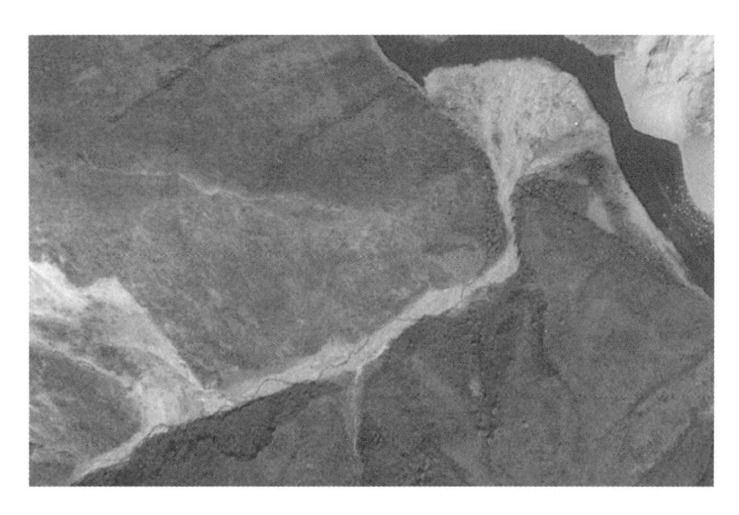

图 4-8 大井沟泥石流形态特征

据配方试验结果资料分析(表 4-33),大井沟泥石流为稀性泥石流,泥石流流态呈紊流型,浆体密度取平均值 $\gamma_c=1424\text{kg/m}^3$。

表 4-33 配方试验结果表

位置	水重/kg	松散物重/kg	总重/kg	体积/m^3	浆体密度/(kg·m^{-3})	
堆积区	11.5	16.5	28.0	0.02	1400	1424
堆积区	11.5	16.9	28.3	0.02	1415	
堆积区	11.5	17.0	28.5	0.02	1425	
流通区	12.0	17.0	29.0	0.02	1450	
流通区	12.0	16.4	28.6	0.02	1430	

根据实地访问调查,近年来,大井沟每年均发生规模大小不等的泥石流,且多发生在每年的雨水季节,几乎每年暴发2~3次小型泥石流。暴发频率初步判断属高频。

据泥石流刷深所留痕迹,刷深0.5~1.0m,沟床刷深与淤积呈交替方式循环,但总体上堆积区泥石流淤积强度大于冲刷强度,致使大井沟口处红河河床抬高。

4. 泥石流形成条件分析

据调查了解,大井沟每年均发生2~3次泥石流,且呈逐渐增强之势,主要表现在堆积范围、规模、固体颗粒大小、水动力条件等方面。泥石流的发生、发展与人类工程活动关系密切。人类工程活动强烈,植被破坏严重,地质环境恶化,滑坡、崩塌、不稳定边坡、坡面侵蚀等地质灾害及不良地质现象发育,再加上工程新建弃土随坡堆放,且大量堆积于主沟及支沟源头,为大井沟提供了大量的固体松散物源。大井沟流域地形坡度较陡,且高差大、汇水面积较大,具备水源条件及峡谷型的运移空间,一旦出现持续集中暴雨,就将暴发泥石流。大井沟泥石流形成条件示意图如图4-9所示。

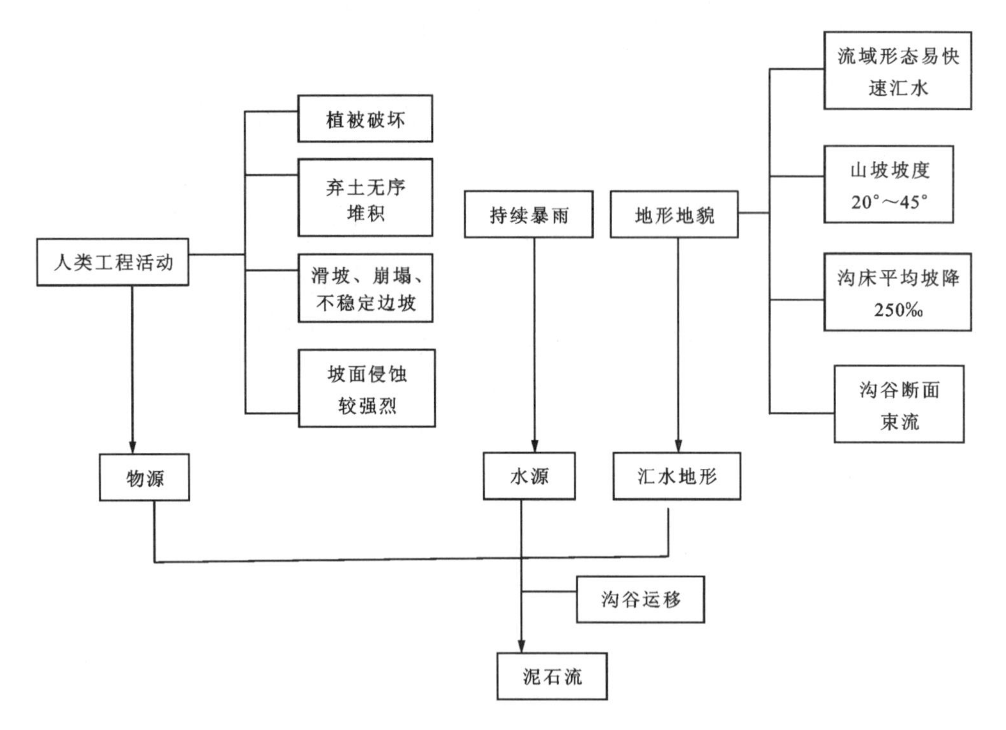

图4-9 大井沟泥石流形成条件示意图

5. 大井沟泥石流防治

1)防治原则

大井沟泥石流防治以“安全、经济、可靠”为防治原则,突出保护对象,减缓泥石流物源对下部流通区及堆积区的冲淤及刷深,工程治理措施应(在设计年限内)长期有效并改善工作区域内的地质环境和生态环境条件。

2)防治方案

根据防治目标和原则,针对大井沟泥石流灾害现状,滑坡、崩坡地质灾害及不良地质作用发育特征,泥石流的形成机制、发展趋势,人类工程活动弃土的分布情况,笔者提出以下两种防治方案进行比选(表4-34)。

表4-34 大井沟泥石流防治工程方案比选说明表

方案	主要措施	优点	缺点	经费估算
方案Ⅰ	①拦挡坝:3座(坝高8~10m); ②谷坊坝:5座,高4m; ③拦挡坝后回填:方量1500m³; ④排水工程措施; ⑤生物工程措施; ⑥监测、预警预报措施	①工期短,进展快;工程安全程度高; ②造价相对较低; ③后续工程具可持续性,布设空间大; ④防止固体松散物、可移动量下泄,就地稳坡固床,避免红河受到淤积危害; ⑤排水工程可减少地表水及生产生活用水对滑坡的浸润及加剧冲沟发展; ⑥生物工程可防治水土流失及冲沟及坡面侵蚀的发展	①工程有效期较短; ②地质灾害隐患依然存在,但成灾范围小,暴发频度降低	约200万元
方案Ⅱ	①拦挡坝:4座(坝高8~10m); ②谷坊坝:8座,高4m; ③防护堤:长600m; ④排导槽:长500m; ⑤排水工程措施; ⑥生物工程措施; ⑦监测、预警预报措施	①拦挡工程:施工工期短,工程安全程度高、治理效果好; ②排导工程:能够有效地疏通沟床堆积物,避免沟道堵塞; ③防护堤工程:能够有效防止岸坡松散固体物质下泄,归顺流向; ④排水工程可减少地表水及生产生活用水对滑坡的浸润及对冲沟的冲刷作用; ⑤生物工程可防治水土流失及冲沟和坡面侵蚀	①工程有效期较短; ②地质灾害隐患依然存在,但成灾范围小,暴发频度降低; ③工程造价高,不经济	约350万元

方案Ⅰ:拦挡+回填反压+排水工程+生物工程+监测、预警预报方案。方案Ⅱ:对主沟内地质灾害发育地段进行拦挡+排导+束流+排水+生物工程方案。

从经济性、可实施性、安全性、治理效果等方面对上述方案进行对比分析:方案Ⅰ更因地制宜,更能发挥已有工程及实施治理工程的有效性、合理性,推荐方案Ⅰ为大井沟现阶段的治理方案。

3)工程布置

(1)拦挡坝工程设计。拦挡坝主要布设于大井沟主沟及各支沟上游,主沟上段布置2座,支沟C_8源头布设1座,坝高均设计为8~10m,基础埋深设计为2.0m。通过工程的实施，可直接拦挡固体松散物 $1.31\times10^4\ m^3$，间接稳固岸坡松散堆积物约 30 万 m^3。泥石流主沟段坝型为具一定抗冲击力的浆砌石拦挡坝，设计断面形式根据云南泥石流沟防治的成功经验确定为梯形断面(图 4－10)。

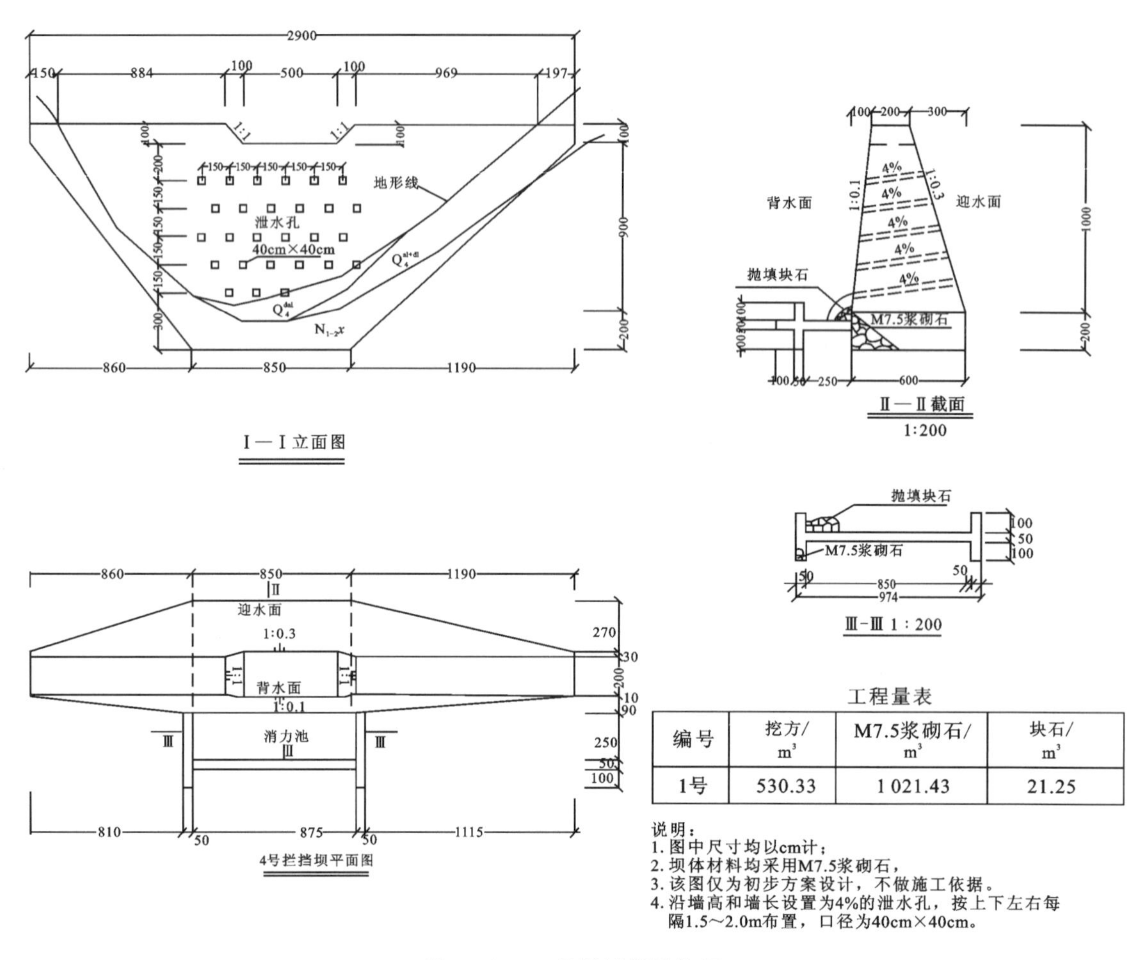

图 4－10　1 号拦挡坝结构图

(2)谷坊坝工程。在主沟及支沟源头布设谷坊坝工程，共 5 座，主沟源头布置 1 座，其余支沟源头共布置 4 座(图 4－11)。通过工程的实施，可直接拦挡固体松散物 $0.12\times10^4\ m^3$，间接稳固岸坡松散堆积物约 10 万 m^3。

(3)拦挡坝后回填工程。对于 1 号拦挡坝，由于该拦挡坝布于 H_1 滑坡前缘，而 H_1 滑坡现状又处于不稳定状，且对上部职业高级中学直接形成危害及威胁。为防止该滑坡的进一步滑移对上部职业高级中学形成危害，该坝实施后立即进行回填，以反压其滑坡前缘，减缓其滑坡的进一步活动，回填方量约 $1500m^3$。

(4)排水工程。以截、排水沟为主，截水沟主要布设于 H_1、H_6 滑坡外围，以防止地表水及生产生活废水沿裂缝向下浸润软化岩土体；排水沟主要布设于 C_{11-2} 支沟源头受地表水及生产生活用水冲刷、切割、掏蚀较严重地带，以防治支沟的进一步冲刷、切割、掏蚀诱发新的地质灾害。以上排水沟及截水沟的布设充分考虑与城区排水及公路排水相结合，截水沟布设长度约为580m，排水布设长度约为260m。

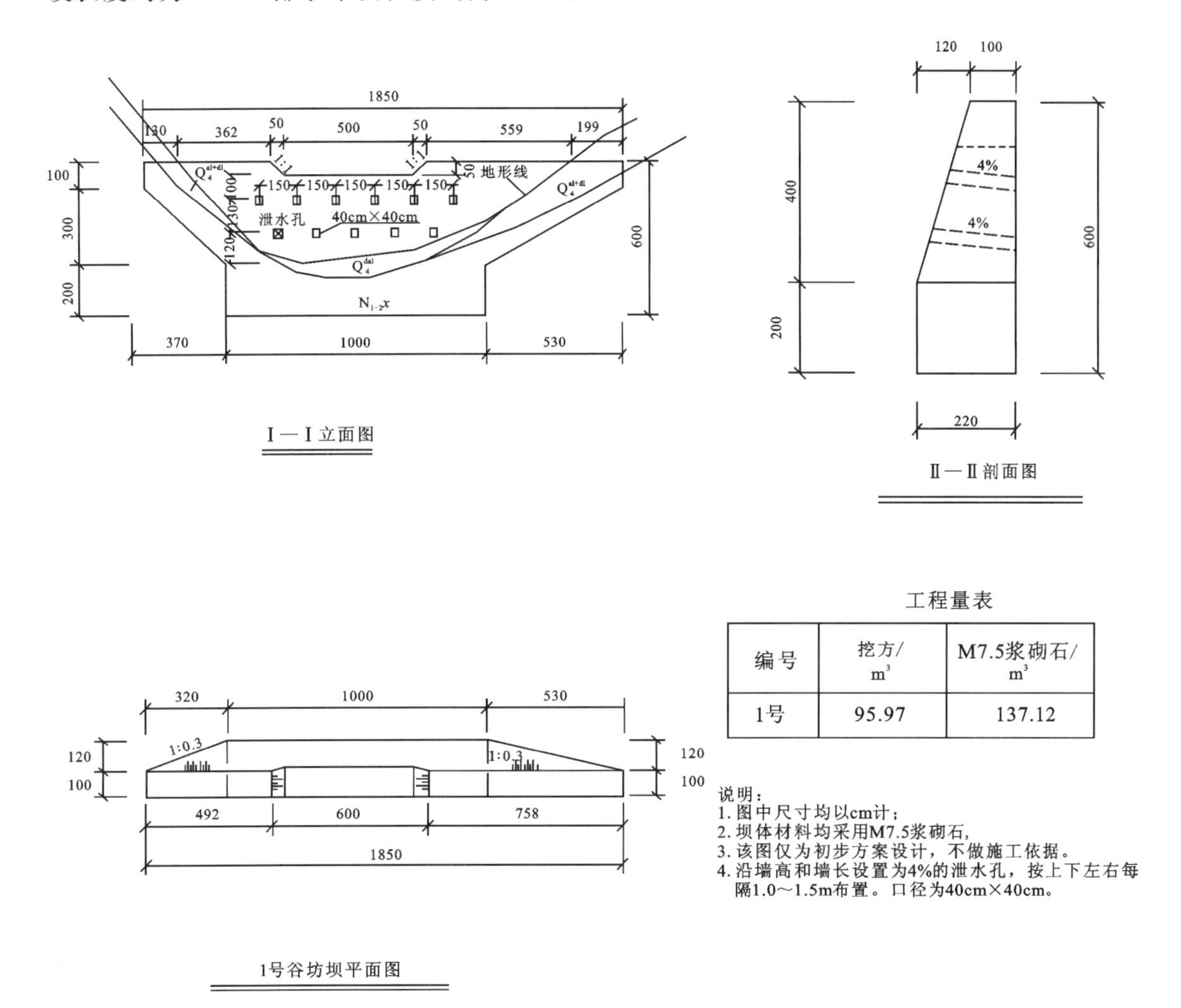

工程量表

编号	挖方/ m^3	M7.5浆砌石/ m^3
1号	95.97	137.12

图4-11　1号谷坊坝结构图

(5)生物工程。主要在人工弃土堆积区、斜坡开垦为耕地区及坡面支沟侵蚀区域布置适宜生长的树种，以恢复物源区生态环境，同时增加森林覆盖率，防止坡面进一步侵蚀，支沟侵蚀的扩展，减少水土流失，稳定坡体，减少泥石流沟的物源来源，从源头上控制泥石流的发展。建议以种植甜龙竹、棕榈、龙眼为主，种植面积约30亩(1亩≈666.67m^2)，造林密度控制在每亩150株，株距拟设计为2m，行距拟设计为3m，约4500株。

(6)监测、预警预报措施。针对滑坡现状形成的危害及威胁，主要对H_1滑坡进行定点监测巡查。该滑坡设1个监测点，监测周期为5年，对别的滑坡以巡查为主，同时做好预警预报工作。

4.9 泥石流勘查设计书编制提纲

目　录

1　前言

1.1　任务来源和目的任务

1.1.1　任务来源

1.1.2　目的任务

1.2　位置交通与社会经济概况

1.2.1　位置交通

1.2.2　社会经济概况

1.3　以往工作程度

2　自然条件和地质环境概况

2.1　地形地貌

2.2　气象水文

2.3　地层岩性

2.4　地质构造

2.5　水文地质概况

2.6　工程地质概况

2.7　人类工程活动及其影响

3　泥石流形成条件和基本特征

3.1　泥石流形成条件

3.1.1　地形地貌条件

3.1.2　物源条件

3.1.3　水源条件

3.2　泥石流基本特征

3.2.1　各区段的冲淤特征

3.2.2　堆积物特征

3.2.3　频率和规模

3.2.4　泥石流发展趋势

3.3　泥石流的成因机制及主要诱发因素

3.4　泥石流的危险性及危害

3.5　泥石流的防治工程设想

4　勘查设计

4.1　勘查工作指导思想、原则和依据

4.1.1　指导思想
4.1.2　设计原则
4.1.3　设计依据
4.2　工作方法和手段
4.3　工作部署
4.3.1　资料收集工作
4.3.2　形成区勘查工作总体部署
4.3.3　流通区勘查工作总体部署
4.3.4　堆积区勘查工作总体部署
4.4　勘查工作具体布置
4.4.1　资料收集工作
4.4.2　泥石流野外调查与测绘
4.4.3　勘探与试验
4.4.4　泥石流计算
4.4.5　堆积区及流通区下段地形测量
4.5　设计工作量
4.6　勘查工作技术要求
4.6.1　泥石流形成背景条件调查
4.6.2　泥石流活动特征调查
4.6.3　泥石流性质与运动特征调查
4.6.4　泥石流堆积特征调查
4.6.5　危险区自然、社会和危害状况调查
4.6.6　勘探和试验
4.6.7　工程测量技术要求
5　施工组织及保障措施
5.1　人员组织与设备安排
5.1.1　人员组织
5.1.2　设备安排
5.2　工作进度安排
5.3　质量保证措施
5.4　安全保证措施
6　预期提交成果
7　经费预算
7.1　工作区基本条件
7.1.1　自然地理概况
7.1.2　地质概况

7.1.3　以往地质工作程度

7.1.4　主要设计工作量

7.2　预算编制依据

7.3　预算编制过程

7.4　预算结果

5 岩溶塌陷及岩溶场地勘查

5.1 岩溶概述

5.1.1 岩溶的概念

岩溶又称喀斯特(karst),指地表中可溶性岩石(主要是石灰岩)受水的溶解而发生溶蚀、沉淀、崩塌、陷落、堆积等现象形成各种特殊的地貌,如石芽、石林、溶洞等,这些现象总称为岩溶地貌。喀斯特是南斯拉夫西北部一个石灰岩高原的地名。19世纪末,南斯拉夫学者司威杰(J. Cvijic)首先对该地区进行研究,并借用喀斯特一词作为石灰岩地区一系列作用过程的现象的总称,至1966年我国第二次喀斯特学术会建议将“喀斯特”一词改为“岩溶”。所以,喀斯特地貌亦称岩溶地貌。

岩溶地形的地面往往石骨嶙峋、奇峰林立,地表崎岖不平,地下洞穴交错,地下河发达,有特殊的水文网。我国石灰岩分布面积约有130万km^2,广西、贵州等省(区)都有典型的岩溶地貌。我国的岩溶无论是分布地域还是气候带,以及形成时代上都有相当大的跨度,不同地区岩溶发育各具特征。但无论是何种类型的岩溶,其共同点是:由于岩溶作用形成了地下架空结构,破坏了岩体完整性,降低了岩体强度,增加了岩石渗透性,地表面强烈地参差不齐,以及碳酸盐岩极不规则的基岩面上发育各具特征的地表风化产物——红黏土。这种由岩溶作用所形成的复杂地基常常会由于下伏溶洞顶板坍塌、土洞发育大规模地面塌陷、岩溶地下水的突袭、不均匀地基沉降等,对工程建设产生重要影响。在岩溶地貌地区,地表水系比较缺乏,影响农业生产。近年来,我国其岩溶地貌的许多地方开辟为旅游胜地,如广西的桂林山水、云南的路南石林、甘肃武都的万象洞等都很有名。

5.1.2 岩溶的形成条件

溶蚀作用是指水通过化学作用对矿物和岩石的破坏作用。化学作用主要有溶解、水解、水合、碳酸化及氧化等。其中水对可溶岩的溶解和水解十分普遍,即使在纯水中,一部分水分子也常离解成H^+离子和OH^-离子,可发生酸性或碱性反应,其化学活动性很强。OH^-离子很容易夺取盐类矿物中的K^+、Na^+、Ca^+和Mg^+等阳离子,促使矿物结构破坏,分解为单个离子或分子扩散于水中。实际上自然界中的各种水体,如雨水、河水、湖水或地下水都不是纯水，而是含有碳酸根离子、硫酸根离子、硝酸根离子等的水溶液。它们都会加速岩石的破坏，特别是碳酸根离子对石灰岩的碳酸化作用就更为普遍了。溶蚀作用能否进行及其溶蚀速度主要受水的溶蚀力、岩石的可溶性及岩石的透水性等因素影响。

1. 水的溶蚀力

水的溶蚀力取决于水的化学成分、温度、气压、水的流动性及流量等。

(1)水的化学成分。水含酸根离子是岩石溶蚀的关键，而酸根离子含量的多少则影响岩石溶蚀速度的快慢，酸根离子含量越高，水的溶蚀力越强。酸根离子除了少部分来自矿物的分解和生物活动直接产生外，大多数是由大气中的 CO_2 溶入水中而成的，CO_2 对岩石的溶解起着重要作用。

(2)水的温度。水中 CO_2 的含量与温度成反比：一般温度越高，CO_2 的含量越低；温度越低，CO_2 的含量越高。温度高的水，CO_2 的含量虽然降低了，但水分子的离解速度加快，水中 H^+ 和 OH^- 离子增多，溶蚀力反而加强了。据测验，气温每增加 10℃，水的化学反应速度增加一倍，故高温地区的岩溶速度较快。

(3)水的气压。气压会影响水中 CO_2 的含量，一般大气中 CO_2 的含量占空气体积的0.03%，因此在自由大气下，空气中 CO_2 的分压力 $P_{CO_2}=0.000\ 3$ 个大气压。水中 CO_2 的含量与气压成正比，在温度条件不变的情况下，局部分压力越高，水中 CO_2 的含量也越高，$CaCO_3$的溶解度也越大。

(4)水的流动性及流量。经常流动的水体，能较大地提高水的溶蚀力。其原因在于：①流动的水处于开放系统，从降水(补给)到地表水及地下水(流动)到排泄过程中，水经常与空气保持接触，能不断地补充因溶蚀岩石所消耗的 CO_2，水体不易达到饱和。由于地球上热带、亚热带地区的雨量大，雨期长，水流量大，水的循环快，加上气温高及生物作用强，所以 $CaCO_3$ 溶蚀量比其他降水量小的寒带、温带与干旱地区大。②处于流动状态的水，有时虽然达到饱和，但当几种不同浓度的饱和溶液混合后，可变为不饱和而重新获得溶蚀能力，这种混合溶液的溶蚀现象有三种：一是温度相同，但 $CaCO_3$ 含量不同的两种饱和溶液混合，变成不饱和溶液的溶蚀，称为浓度混合溶蚀；二是 $CaCO_3$ 含量相同，但温度不同的两种饱和溶液混合，变成不饱和溶液的溶蚀，称为温度混合溶蚀；三是海岸带的淡水与咸水混合，由于海水渗入，混合水中的镁离子含量大增，当它的含量增加到大于10%时，造成异离子效应，从而提高钙离子的溶解度，混合水溶蚀石灰岩。如墨西哥的尤卡坦，测得混合水对石灰岩的溶蚀力为 120mg/L，我国海南岛岸礁及南海珊瑚礁岛上“礁塘”地貌的生成亦与此有关。此外有些$CaCO_3$饱和溶液，因温度降低，CO_2 含量增加而变为不饱和溶液的溶蚀，称为冷却溶蚀。

2. 岩石的可溶性

岩石的可溶性是岩溶地貌发育最基本的物质条件，可溶性主要取决于岩石的化学成分与结构。可溶岩按化学成分可分为三大类：卤岩类，如钾岩、石盐岩；硫酸岩类，如硬石膏岩、石膏岩、芒硝岩等；碳酸盐岩类，如石灰岩和白云岩等。在三类岩石中，溶解度最大的是卤岩类，其次是硫酸岩类，最小的是碳酸盐岩类。但地球上卤岩类和硫酸岩类岩石分布不广，厚度小，加上溶解速度快，地貌不易保存，故地貌意义不大。碳酸盐岩类岩石溶解度虽小，但分布广，岩体大，地貌保存较好，所以最有地貌意义。世界上绝大多数岩溶地貌都发生在该类岩石中，特别是石灰岩中。

但碳酸盐岩类中，又因 $CaCO_3$ 含量不同而溶解度也有较大的差别。一般来说，$CaCO_3$ 的含量越高，其他杂质（如 MgO、Al_2O_3、SiO_2、Fe_2O_3 等）含量越少的岩石，其溶解度越大。因此，碳酸盐岩的溶蚀强度为质纯的石灰岩＞白云岩＞硅质石灰岩＞泥质石灰岩。

岩石的结构与溶解度有密切关系。实验表明，结晶的岩石，晶粒越小，溶解度也越大，隐晶质微粒结构的石灰岩相对溶解度为 1.12，而中、粗粒结构的石灰岩相对溶解度为 0.32。此外，不等粒结构石灰岩比等粒结构石灰岩的相对溶解度大。

3. 岩石的透水性

岩石的透水性对岩石的溶蚀速度和地下岩溶的发育有着重大影响。透水性不良的岩石，溶蚀作用只限于岩石表面，很难深入岩石内部。透水性好的岩石，地表和地下溶蚀都很强，地貌发育也好。透水性强弱取决于岩石的孔隙和裂隙的大小及多少。按孔隙及裂隙的生成先后，可分出原生透水性与次生透水性两种，其透水性能差别较大。

原生透水性指在成岩时形成的孔隙及裂隙与其所产生的透水性。在碳酸盐岩中，除由生物遗体造成的岩石（如白垩岩、珊瑚礁）孔隙度较大（孔隙度 40%～70%）之外，一般结晶的石灰岩孔隙度都很小，在 3%以下，所以透水性都较弱。

次生透水性指岩石生成后，由于构造运动、风化和侵蚀作用而形成的裂隙所产生的透水性。其中由构造运动形成的张裂隙、断层裂隙和减荷裂隙等对透水性影响最大，它们明显地控制着岩石的透水性。此外，溶蚀作用本身也不断地改变着次生透水性，例如由溶蚀所形成的管道、洞穴和溶隙等地貌，它们极大地扩大了透水空间，增加了透水性，从而加强了岩石的溶蚀作用。这是地貌结果对地貌作用的一种正反馈。相反，如果堆积作用加强，透水空间缩小，透水性则减少，造成了一种负反馈。

5.1.3 岩溶的类型和形态

岩溶作用形成的地貌形态和堆积物类型十分复杂，根据其出露及分布可将岩溶地貌及其堆积物分为地表岩溶地貌及其堆积物和地下岩溶地貌及其堆积物两大类，每一大类又划分为若干类型（图 5－1）。

5.1.4 岩溶的发育规律

岩溶的发育必须具备前述 3 个基本条件，而岩溶的分布规律及发育方向，则受地质构造和新构造运动控制；气候是影响岩溶发育速度和程度的重要因素，因此在不同气候带，岩溶特征和发育程度呈现地带性的规律。

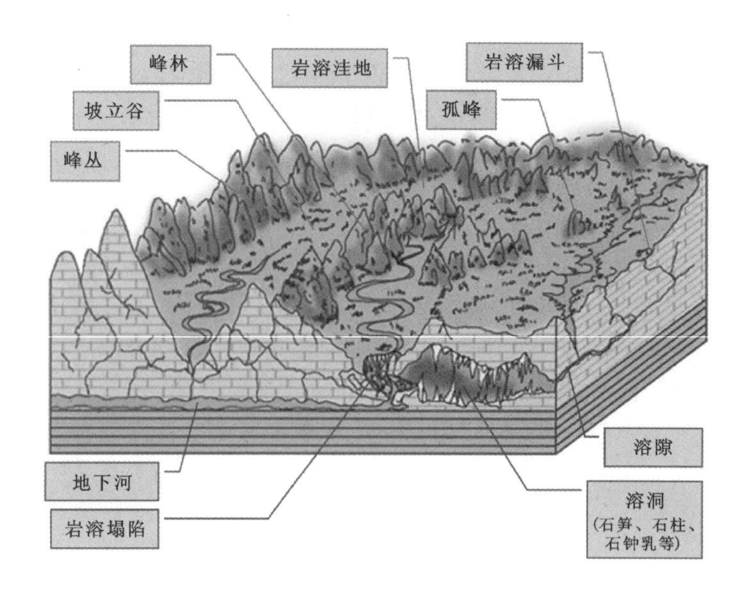

图 5－1　岩溶地貌类型及其分布示意图

1. 岩溶发育的不均匀性与垂直分带性

1)岩溶发育的不均匀性

岩溶发育程度在水平方向上的变化，主要取决于岩性和地质构造。在褶皱紧密地区，质纯的石灰岩与不纯的石灰岩或非碳酸盐岩相间呈带状分布时，则岩溶化程度也呈平行相间的带状分布。如重庆附近观音峡的狭长背斜轴部，下三叠统嘉陵江石灰岩岩溶发育，其两侧形成与褶皱轴平行的地下河，它们之间因岩性差异，并无水力联系(图 5－2)。一般在岩层破碎、裂隙发育、导水断层部位及可溶性岩石与非可溶性岩石的接触面处，岩溶较为发育。

地壳运动形成的构造形迹，如节理、裂隙、断层破碎带等，为水流运动提供了空间，而褶皱及构造隆起或沉降带，往往成为控制水流运动的边界。有生成联系的各种构造形迹组合的构造系统，尤其次一级构造，常控制了岩溶的分布、发育特征和岩溶类型。例如，同属新华夏构造带的太行山脉及其东邻的华北平原，前者为隆起带，是两组断裂相交所构成的断块山地，沿断裂带岩溶发育，并有大型泉群出露。华北平原为沉降带，碳酸盐岩层则隐伏于地下数百米甚至数千米深处。

一般在构造线转折或交接部位、张性裂隙发育的背斜轴部或有利于水流汇聚的向斜轴底部等，这些部位均可促使岩溶发育。

2)岩溶发育的垂直分带性

在厚层的水平或缓倾斜碳酸盐岩地区，岩溶较发育。岩溶发育程度除了受岩性构造因素影响外，还明显地受水动力条件，即地下水垂直分带的影响。在受大河深切的厚层碳酸盐岩地区，岩溶地下水按其运动状况，在垂直剖面上可分为垂直渗流带(包气带)、季节变动带(过渡带)、水平流动带(饱水带)和深部循环带(深部滞流带)4 个带(图 5－3)。

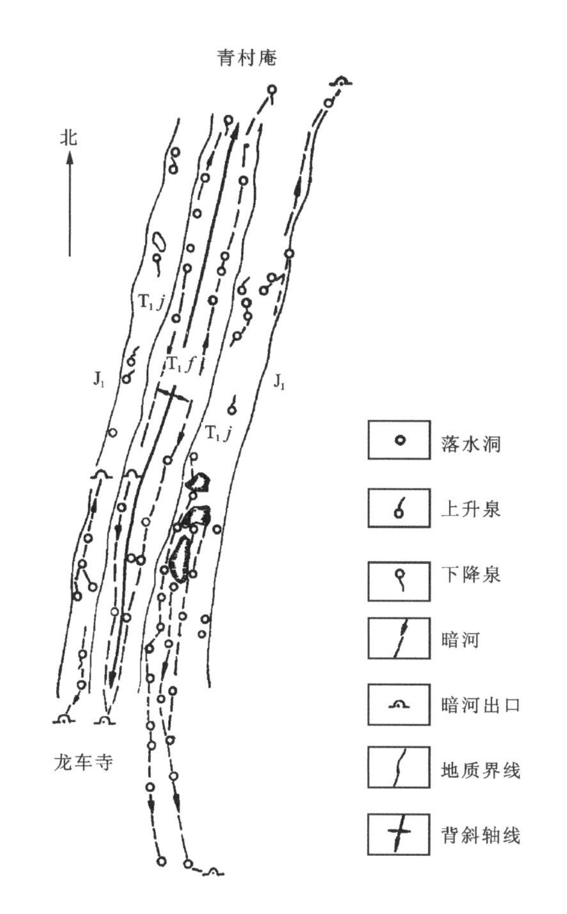

图 5-2　背斜中的平行暗河

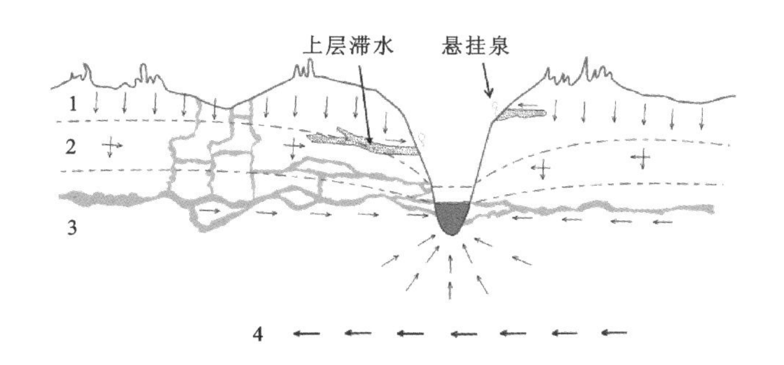

1. 垂直渗流带；2. 季节变动带；3. 水平流动带；4. 深部滞流带。

图 5-3　岩溶地下水的垂直分带及悬挂泉示意图

(1)垂直渗流带(包气带)。位于潜水面之上，平时无水。只有在降雨或融雪时，水才能从地表沿垂直裂隙或垂直管道向下渗流。水流以垂直运动为主，如遇到局部隔水层或水平通道，也会做水平运动，形成上层滞水，有时在谷坡上以悬挂泉的方式流出(图 5-3)。垂直渗流带，主要形成如漏斗、竖井、落水洞等垂直岩溶形态。

(2)季节变动带(过渡带)。因潜水面随季节变化而升降,因此在包气带与水平流动带之间,有一个变动带。雨季,潜水面上升,变动带与水平流动带合并;旱季,潜水面下降,变动带与包气带合为一体。由此,岩溶水在此带呈水平与垂直流动带周期性交替,所形成的岩溶形态既有水平的也有垂直的岩溶通道。

(3)水平流动带(饱水带)。位于最低岩溶潜水面以下,经常处于饱水状态,岩溶水常年存在。水呈水平方向流动,排泄于河谷。因此,此带形成的水平溶洞或地下暗河,有的规模很大。

在谷底两侧,地下水流动似虹吸管式,具局部承压性。至谷底减压区水流自下向上涌出,故常形成一些放射状的岩溶孔道。

(4)深部循环带(深部滞流带)。与河流无水力联系,水的运动不受当地河流影响,而是受地质构造的控制,滞缓地流向远处更低的排水基准面。越向深部,其水交替越滞缓。故此带岩溶仅发育一些蜂窝状的细小溶孔,它自上而下呈有规律地分布。但是,在地下深处,当有较大构造裂隙、古岩溶孔洞或位于硫化矿床的氧化带时,极深处地下水在局部段仍有较大的流速和溶蚀能力。

可见,在岩溶水的垂直分带中,地下水运动方式和强度的不同,决定了岩溶地貌的形态特征、分布位置和规模的不同。

2. 岩溶发育的地带性

岩溶的发育由于受气候影响很大,因此在不同的气候地带具有一定的地带性规律。根据岩溶分布及特征,将岩溶分为以下5种类型。

(1)热带型。地处低纬热带,高温多雨,生物残体分解快,产生的CO_2多,碳酸盐岩裸露;加之茂密的植物根系,分泌出来大量的有机酸,极大地促进了岩溶作用,使岩溶发育异常迅速。最突出的标志是:出现峰林和大型溶蚀洼地及岩溶平原地貌景观。如我国广西及云南南部岩溶地区的岩溶地貌。

(2)亚热带型。介于热带型和温带型之间的过渡类型。如我国四川中部、长江三峡和湘、黔、鄂、浙、皖等地区。这里气温高,雨量充沛。因此地表、地下岩溶形态均得到较广泛发育,常以各种溶蚀洼地、漏斗和岩溶丘陵为主要特征,溶洞和暗河也较发育。

(3)温带型。如我国的华北、东北南部及长江流域一部分。这里较亚热带气温相对较低,雨量较少,受季风气候影响显著。地表岩溶少见,常以溶洞、岩溶泉与干谷出露为主要特征,许多岩溶是第四纪暖湿气候条件下形成的。华北、东北平原地区,碳酸盐岩常被巨厚松散堆积物覆盖或埋于非碳酸盐岩的基岩之下。

(4)高寒山区型。地处高纬度或高山、高原地区,气候寒冷,终年气温较低,以固体降水为主。土层常年或季节性冻结,因而阻碍了岩溶的发展。但在平均海拔4000m以上的青藏高原,珠穆朗玛峰北麓定日一带,尚保留第三纪(古近纪+新近纪)的古岩溶形态,如一些高约50m的低矮峰林及竖井等。显然是地史时期喜马拉雅地区海拔较低,气候湿热环境下所形成的。现今岩溶已被寒冻风化作用所破坏。

(5)干燥荒漠型(内陆型)。如我国的大西北及内蒙古地区。该带降水稀少,蒸发量远远大于降水量,地表水流缺乏。岩溶一般不发育。但在岩盐、石膏岩等易溶岩石分布区,也可形成一些岩溶现象。

3. 岩溶基准面与岩溶发育的阶段性问题

岩溶发育有其阶段性,主要取决于新构造运动控制的岩溶基准面的变动。

1)岩溶基准面问题

岩溶基准面就是岩溶作用向下所能到达的极限面。有人认为:随着岩溶的发展,岩溶水终究要形成一个统一的且相对稳定的地下水面。这个水面以下深部的滞流带,水流几乎是停滞的,所以该处岩溶作用也可视作极限面。也有人根据长江三峡地区,在低于海面以下深处还发育有溶洞,认为岩溶发育深度远比基准面要低。持前种观点的人认为:可用承压的深部岩溶水循环来解释,而不能否认岩溶基准面的存在。笔者认为:岩溶基准面是变化的,主要是受新构造运动或气候变化所引起海面及地下水位升降等因素的影响。

2)岩溶发育的阶段性问题

新构造运动常表现为间歇性升降运动,它的升降引起了岩溶基准面和地形高差的变化,遂使岩溶发育不同阶段的发育速度、程度以及岩溶特征均有较大差别。

(1)地壳上升,基准面相对下降时期。地形高差加大,地表水流速加快,水循环旺盛。在基准面下降过程中,可形成一些岩溶的初期形态,如溶沟石芽、石林及漏斗、洼地、落水洞等。如果地壳强烈上升,虽然水循环和水动能加大,但由于水和岩石接触时间较短,对岩溶作用也有一定影响。此外,因地形起伏较大,岩溶堆积物也不易形成。在实际中,一些多层水平溶洞之间,岩溶就不太发育。

(2)地壳及基准面相对稳定时期。随着地壳运动及基准面的相对稳定,地表岩溶形态可获进一步发展。随着稳定时间的增长,地形高差逐渐减小。水平流动带长期停留在一个水平面上,以致发育大规模的水平溶洞和地下暗河。由于洞穴顶板崩塌,许多地下河转变为地表河流,还会形成大型的岩溶盆地或岩溶平原。因地形日趋平坦,岩溶堆积物也易保存,并形成连续堆积层。

我国云贵高原所见多级岩溶剥蚀面,是新构造运动大面积间歇上升的结果。每一级古岩溶剥蚀面,均代表了地壳相对稳定时所形成的岩溶平原(或准平原)。根据古岩溶剥蚀面,我们可以分析古气候和岩溶发育历史。

也有人将岩溶发育一般过程划分为石芽原野→残丘洼地→峰丛洼地→峰林洼地→溶蚀平原等阶段。

美国地貌学者戴维斯曾提出过“岩溶旋回”的概念。他将岩溶过程所表现的地貌形态划分为幼年期、早壮年期、晚壮年期与老年期。有人列举我国实例加以引证,如长江三峡两岸石灰岩高原为幼年期与早壮年期的岩溶地貌,桂林—阳朔一带为晚壮年期的岩溶地貌,广东肇庆七星岩则为老年期的岩溶地貌。

然而,岩溶发育的实际过程,却往往不是按上述顺序依次发展的,也不是简单的地壳运动(上升—稳定—再上升),这样机械的周期性交替。在地壳上升总趋势中,某一时期会发生下降,此时遂引起岩溶发育朝相反方向进行。这时其基准面相对上升,地表及地下水相对滞流,岩溶作用也就相对停滞。

5.1.5 岩溶塌陷

1. 岩溶塌陷的概念及产生原因

岩溶塌陷是指覆盖在溶蚀洞穴之上的松散土体,在外动力或人为因素作用下产生的突发性地面变形破坏,其结果多形成圆锥形塌陷坑(图 5-4)。

图 5-4 岩溶塌陷

岩溶塌陷一方面使塌陷区的工程设施(工业与民用建筑、城镇设施、道路路基、矿山及水利水电设施等)遭到破坏;另一方面造成严重的水土流失、自然环境恶化,影响资源的开发利用。如 1962 年 9 月 29 日晚,云南省个旧市云南锡业公司某选矿厂火谷都尾矿坝因岩溶塌陷突然发生垮塌,坝内 $150\times10^4m^3$ 泥浆水奔腾而出,冲毁下游农田 $5.3km^2$ 和部分村庄、公路、桥梁等。

岩溶塌陷是地面变形破坏的主要类型,多发生于碳酸盐岩、钙质碎屑岩和盐岩等可溶性岩石分布地区。激发塌陷活动的直接诱因除降雨、洪水、干旱、地震等自然因素外,还包括抽水、排水、蓄水和其他工程活动等人为因素。岩溶塌陷发现于碳酸盐岩分布区,其形成受到环境和人类活动的双重影响。

1)可溶岩及岩溶发育程度

可溶岩是岩溶塌陷形成的物质基础,而岩溶洞穴的存在则为塌陷提供了必要的空间条件。大量塌陷事件表明,塌陷主要发生在覆盖型岩溶和裸露型岩溶分布区,部分发育在埋藏型岩溶分布区。

溶穴的发育和分布受岩溶发育条件的制约，一般主要沿构造断裂破碎带、褶皱轴部张裂隙发育带、质纯层厚的可溶岩分布地段、与非可溶岩接触地带分布。岩溶的发育程度和岩溶洞穴的开启程度是决定岩溶地面塌陷的直接因素。可溶岩洞穴和裂隙一方面造成岩体结构的不完整，形成局部的不稳定，另一方面为容纳陷落物质和地下水的强烈运动提供了充分的空间条件。一般情况下，岩溶越发育，溶穴的开启性越好，洞穴的规模越大，则岩溶塌陷也越严重。

2)覆盖层厚度、结构和性质

松散破碎的盖层是塌陷体的主要组成部分，由基岩造成的塌陷体在重力作用下沿溶洞、管道顶板陷落而成的塌陷为基岩塌陷。塌陷体物质主要为第四系松散沉积物所形成的塌陷叫土层塌陷。

3)地下水运动

地下水运动是塌陷产生的动力条件(主要动力)。地下水的流动及其水动力条件的改变是岩溶塌陷形成的最重要动力因素，地下水径流集中和强烈的地带，最易产生塌陷，这些地带如下：

(1)岩溶地下水的主径流带。

(2)岩溶地下水的(集中)排泄带。

(3)地下水位埋藏浅、变幅大的地带(地段)。

(4)地下水位在基岩面上下频繁波动的地段。

(5)双层(上为孔隙、下为岩溶)含水介质分布的地段，或地下水位急剧变化的地段。

(6)地下水与地表水转移密切的地段。

地下水位急剧变化带是塌陷产生的敏感区，水动力条件的改变是产生塌陷的主要触发因素。

水动力条件发生急剧变化的原因主要有降雨、水库蓄水、井下充水、灌溉渗漏、严重干旱、矿井排水、强烈抽水等。

此外，地震、附加荷载、人为排放的酸碱废液对可溶岩的强烈溶蚀等均可诱发岩溶地面塌陷。

2. 土洞与潜蚀

土洞是岩溶地区的一种特殊的不良地质现象，是覆盖型岩溶区在特定的水文地质条件作用下，基岩面以上的部分土体随水流迁移携失而形成的土洞和洞内塌落堆积物，并引起地面变形破坏的作用和现象。

土洞对地面工程设施的不良影响，主要是土洞的不断发展而导致塌陷，对场地和地基都造成危害。由于土洞相对岩溶洞穴来说，具有发育速度快，分布密度大的特点，因此它往往比溶洞危害大得多。土洞及由此引起的塌陷严重危害工程建设安全，是覆盖型岩溶区的一大岩土工程问题。

土洞因地下水或者地表水流入地下土体内，将颗粒间可溶成分溶滤，带走细小颗粒，使土体被掏空成洞穴而形成。这种地质作用的过程称为潜蚀。当土洞发展到一定程度时，上部上层发生塌陷，破坏地表原来形态，危害建(构)筑物的安全和使用。

1)土洞的形成条件

土洞的形成主要是由潜蚀作用导致的。潜蚀是指地下水流在土体中进行溶蚀和冲刷的作用。如果土体内不含有可溶成分，则地下水流仅将细小颗粒从大颗粒间的孔隙中带走，这种现象称为机械潜蚀。其实机械潜蚀也是一种冲刷作用，所不同的是它发生于土体内部，因而也称内部冲刷。如果土体内含有可溶成分，例如黄土，含碳酸盐、硫酸盐或氯化物的砂质土和黏质土等，地下水流先将土中可溶成分溶解，然后将细小颗粒从大颗粒间的孔隙中带走，这种具有溶滤作用的潜蚀称为溶滤潜蚀。溶滤潜蚀主要是因溶解土中可溶物而使土中颗粒间的联结性减弱和破坏，从而使颗粒分离和散开，为机械潜蚀创造条件。

2)土洞的类型

根据我国土洞的生长特点和水的作用形式，土洞可分为由地表水下渗发生机械潜蚀作用形成的土洞和由岩溶水流潜蚀作用形成的土洞。

(1)由地表水下渗发生机械潜蚀作用形成的土洞，这种土洞的主要形成因素有三点。

A. 土层的性质。

土层的性质是造成土洞发育的根据。最易发育成土洞的土层性质和条件是含碎石的亚砂土层内。这样能让地表水向下渗入到含碎石的亚砂土层中，形成潜蚀的良好条件。

B. 土层底部必须有排泄水流和土粒的良好通道。

在这种情况下，可使水流挟带土粒向底部排泄和流失。上部覆盖有土层的岩溶地区，土层底部岩溶发育造成了水流和土粒排泄的最好通道。在这些地区土洞发育一般较为剧烈。

C. 地表水流能直接渗入土层中。

地表水渗入土层内有三种方式：第一种是利用土中孔隙渗入；第二种是沿土中的裂隙渗入；第三种是沿一些洞穴或管道流入。其中第二种为渗入水流造成土洞发育的最主要方式。

(2)由岩溶水流潜蚀作用形成土洞

这类土洞与岩溶水有水力联系，分布于岩溶地区基岩面与上覆的土层(一般是饱水的松软土层)接触处。

这类土洞的生成是由于岩溶地区的基岩面与上覆土层接触处分布有一层饱水程度较高的软塑至半流动状态的软土层，而在基岩表面溶沟、裂隙、落水洞等发育。这样，基岩透水性很强。当地下水在岩溶的基岩表面附近活动时，水位的升降致使软土层软化，地下水的流动在土层中产生的潜蚀和冲刷可将软土层的土粒带走，于是在基岩表面处土层被冲刷成洞穴，这就是土洞的形成过程。当土洞被不断地潜蚀和冲刷时，会逐渐扩大，当顶板不能负担上部压力时，地表就发生下沉或整块塌落，致使地表呈蝶形的、盆形的、深槽的和竖井状的洼地，参见图 5 - 5。

本类土洞发育程度主要取决于基岩面上覆土层性质：如为软土或高含水量的稀泥则基岩面上容易被水流潜蚀和冲刷，如果基岩面上土层为不透水的和很坚实的黏土层，则土洞发育缓慢。

地下水的活动强度：水位变化大，容易产生土洞。地下水位以下土洞的发育速度较快，土洞多呈上面小，下面大的形状。当地下水位在土层以下时，土洞的发育主要由于渗入水的作用，发育较缓，土洞多呈竖井状(图 5－5)。

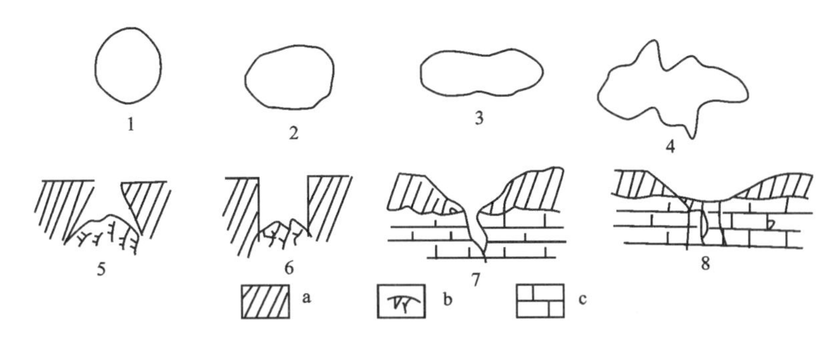

1. 圆形；2. 椭圆形；3. 长条形；4. 不规则形；5. 坛状；6. 井状；7. 漏斗状；8. 碟状；
a. 黏土；b. 塌陷堆积物；c. 灰岩。

图 5－5　不同形状的土洞

基岩面附近岩溶和裂隙发育程度：当基岩面与土层接触面附近，如裂隙和溶洞、溶沟、溶槽等岩溶现象发育较好时，则地下水活动加强，造成潜蚀的有利条件。故在这些地下水活动强的基岩面上，土洞一般发育都较快。

5.2 岩溶场地勘查阶段划分及技术要求

5.2.1 岩溶场地勘查目的

岩溶场地勘查的目的在于查明对场地安全和地基稳定有影响的岩溶化发育规律，各种岩溶形态的规模、密度及其空间分布规律，可溶岩顶部浅层土体的厚度、空间分布及其工程性质、岩溶水的循环交替规律等，并对建筑场地的适宜性和地基的稳定性做出确切的评价。

5.2.2 岩溶场地勘查的基本问题

根据已有勘查经验，在岩溶场地勘查过程中，应查明与场地选择和地基稳定评价有关的基本问题。

(1)各类岩溶的位置、高程、尺寸、形状、延伸方向、顶板与底部状况、围岩(土)及洞内堆填物性状、塌落的形成时间与因素等。

(2)岩溶发育与地层的岩性、结构、厚度及不同岩性组合的关系，结合各层位上岩溶形态与分布数量的调查统计，划分出不同的岩溶岩组。

(3)岩溶形态分布、发育强度与所处的地质构造部位、褶皱形式、地层产状、断裂等结构面及其属性的关系。

(4)岩溶发育与当地地貌发展史、所处的地貌部位、水文网及相对高程的关系。划分出岩溶微地貌类型及水平与垂向分带。阐明不同地貌单位上岩溶发育特征及强度差异性。

(5)岩溶水出水点的类型、位置、标高、所在的岩溶岩组、季节动态、连通条件及其与地面水体的关系。阐明岩溶水环境、动力条件、消水与涌水状况、水质与污染。

(6)土洞及各类地面变形的成因、形态规律、分布密度与土层厚度、下伏基岩岩溶特征、地表水和地下水动态及人为因素的关系。结合已有资料,划分出土洞与地面变形的类型及不同发育程度的区段。

(7)在场地及其附近有已(拟)建人工降水工程的,应着重了解降水的各项水文地质参数及空间与时间的动态。据此预测地表塌陷的位置与水位降深、地下水流向以及塌陷区在降落漏斗中的位置及其间的关系。

(8)土洞史的调查访问、已有建筑使用情况、设计施工经验、地基处理的技术经济指标与效果等。

5.2.3 岩溶塌陷勘查工作内容的一般要求

(1)查明岩溶塌陷的发育现状、历史过程及其危害性。

(2)确定岩溶塌陷的成因、类型、形成条件和地质模式,研究其分布规律。

(3)确定岩溶塌陷发育的动力因素,研究其动态特征及其与塌陷的相关关系。

(4)确定岩溶塌陷的机制及其临界条件。

(5)研究岩溶塌陷综合评价预测和信息管理系统,评价其稳定性。

(6)确定岩溶塌陷的前兆现象与监测预报方法,研究预警措施。

(7)研究岩溶塌陷的防治工程方案和措施。

5.2.4 不同勘查阶段的技术要求

岩溶勘查宜采用工程地质测绘和调查、物探、钻探等多种手段结合的方法进行,并应符合下列要求。

(1)可行性研究勘查应查明岩溶洞隙、土洞的发育条件,并对其危害程度和发展趋势做出判断,对场地的稳定性和工程建设的适宜性做出初步评价。

(2)初步勘查应查明岩溶洞隙及其伴生土洞、塌陷的分布、发育程度和发育规律,并按场地的稳定性和适宜性进行分区。

(3)详细勘查应查明拟建工程范围及有影响地段的各种岩溶洞隙和土洞的位置、规模、埋深、岩溶堆填物性状及地下水特征,对地基基础的设计和岩溶的治理提出建议。

(4)施工勘查应针对某一地段或尚待查明的专门问题进行补充勘查。当采用大直径嵌岩桩时,还应进行专门的桩基勘查。

勘查阶段应与设计的相应阶段一致。各勘查阶段的要求和方法如表 5 - 1 所列。

表 5 - 1　各阶段岩溶地区建筑岩土工程勘查要求、方法和工作量表

勘查阶段	勘查要求	勘查方法和工作量
可行性研究勘查	应查明岩溶洞隙、土洞的发育条件，并对其危害程度和发展趋势做出判断，对场地的稳定性和建筑适宜性做出初步评价	宜采用工程地质测绘及综合物探方法。发现有异常地段时，应选择有代表性部位布置钻孔进行验证核实，并在初划的岩溶分区及规模较大的地下洞隙地段适当增加勘探孔。控制孔应穿过表层岩溶发育带，但深度不宜超过 30m
初步勘查	应查明岩溶洞隙及其伴生土洞、地表塌陷的分布、发育程度和发育规律，并按场地的稳定性和建筑适宜性进行分区	
详细勘查	应查明建筑物范围或对建筑有影响地段的各种岩溶洞隙及土洞的状态、位置、规模、埋深、围岩和岩溶堆填物性状，地下水埋藏特征；评价地基的稳定性。 在岩溶发育区的下列部位应查明土洞和土洞群的位置： (1)土层较薄、土中裂隙及其下岩体岩溶发育部位。 (2)岩面张开裂隙发育，石芽或外露的岩体交接部位。 (3)两组构造裂隙交会或宽大裂隙带。 (4)隐伏溶沟、溶槽、漏斗等，其上有软弱土层分布覆盖地段。 (5)降水漏斗中心部位。当岩溶导水性相当均匀时，宜选择漏斗中地下水流向的上游部位；当岩溶水呈集中渗流时，宜选择地下水流向的下游部位。 (6)地势低洼和地面水体近旁	宜按建筑物轴线布置物探线，并宜采用多种方法判定异常地段及其性质。对基础下和邻近地段的物探异常点或基础点顶面荷载大于 2000kN 的独立基础，均匀布置验证性钻孔。当发现有危及工程安全的洞体时，应采取加密钻孔或物探等措施。必要时可采取顶板及洞内堆填物的岩土试样，其勘探应符合下列规定： (1)当基底下土层厚度不足时，应将勘探孔全部或部分钻入基岩。当在预定深度内遇见洞体时，应将部分勘探孔钻入洞底以下；当遇有中等风化基岩时，其深度不应小于洞底以下 2m。 (2)当需查明浅埋岩溶的岩组分界、断裂及岩溶土洞的形态或验证其他勘探手段的成果时，应采取岩土试样或进行原位测试，并布置适量的探槽或探井。 (3)在土洞发育地段，应沿基础轴线或在每个单独基础位置上以较大密度布置静力触探或小口径钎探，查明土洞、地表塌陷的分布
施工勘查	应针对某一地段或尚待查明的专门事项进行补充勘查和评价。当基础采用大直径嵌岩桩或墩基时，还应进行专门的桩基勘查	应根据岩溶地基处理设计和施工要求布置。在土洞、地表塌陷地段，可在已开挖的基槽内布置触探和钎探。对大直径嵌岩桩或墩基，勘探点应按桩或墩布置，勘探深度应为其底面以下桩径的 3 倍并不小于 5m，当相邻桩底的基岩面起伏较大时应适当加深。对重要或荷载较大的工程，应在墩底加设小口径钻孔，并应进行检测工作

5.3 岩溶场地勘查技术手段

5.3.1 工程地质测绘

测绘的范围和比例尺的确定，必须根据场地建筑物的特点、设计阶段和场地地质条件的复杂程度而定。在较初期设计阶段，测绘的范围较大而比例尺较小，而较后期设计阶段，测绘范围主要局限于围绕建筑物场地的较小范围，比例尺则相对较大。重点研究内容如下。

(1)地层岩性：可溶岩与非可溶岩组、含水层和隔水层组及它们之间的接触关系，可溶岩层的成分、结构和可溶解性；第四系覆盖层的成因类型、空间分布及其工程地质性质。

(2)地质构造：场地的地质构造特征，尤其是断裂带的位置、规模、性质，主要节理裂隙的网络结构模型及其与岩溶发育的关系。不同构造部位岩溶发育程度的差异性。新构造运动与岩溶发育的关系。

(3)地形地貌：地表水文网发育特点、区域和局部侵蚀基准面分布，地面坡度和地形高差变化。

(4)岩溶地下水：埋藏、补给、径流和排泄情况、水位动态及连通情况，尤其是岩溶泉的位置和高程；场地可能受岩溶地下水淹没的可能性，以及未来场地内的工程经济活动污染岩溶地下水的可能性。

(5)岩溶形态：类型、位置、大小、分布规律、充填情况、成因及其与地表水和地下水的联系。尤其要注意研究各种岩溶形态之间的内在联系以及它们之间的特定组合规律。

当需要测绘的场地范围较大时，可以借助遥感图像的地质解译来提高工作效率。在背斜核部或大断裂带上，漏斗、溶蚀洼地和地下暗河常较发育，它们多表现为线性负地形，因而可以利用漏斗、溶蚀洼地的分布规律来研究地下暗河的分布。在判读地下暗河时，利用航空红外扫描照片效果较为理想。

岩溶场地的工程地质测绘和调查，除应遵守一般性的规定外，还应调查下列内容。

(1)岩溶洞隙的分布、形态和发育规律。

(2)岩面起伏、形态和覆盖层厚度。

(3)地下水赋存条件、水位变化和运动规律。

(4)岩溶发育与地貌、构造、岩性、地下水的关系。

(5)土洞和塌陷的分布、形态和发育规律。

(6)土洞和塌陷的成因及其发展趋势。

(7)当地治理岩溶、土洞和塌陷的经验。

5.3.2 钻探

工程地质钻探的目的是查明场地下伏基岩埋藏深度和基岩面起伏情况，岩溶的发育程度和空间分布，岩溶水的埋深、动态、水动力特征等。钻探施工过程中，尤其要注意掉钻、卡钻和井壁坍塌，以防止事故发生，同时也要做好现场记录，注意冲洗液消耗量的变化及统计线性岩溶率(单位长度上岩溶空间形态长度的百分比)和体积岩溶率(单位面积上岩溶空间形态面积的百分比)。对勘探点的布置也要注意以下两点。

(1)钻探点的密度除满足一般岩土工程勘探要求外，还应当对某些特殊地段进行重点勘探并加密勘探点，如地面塌陷、地下水消失地段；地下水活动强烈的地段，可溶性岩层与非可溶性岩层接触的地段，基岩埋藏较浅且起伏较大的石芽发育地段，软弱土层分布不均匀的地段，物探异常或基础下有溶洞、暗河分布的地段等。

(2)钻探点的深度除满足一般岩土工程勘探要求外，对有可能影响场地地基稳定性的溶洞，勘探孔应深入完整基岩 3～5m 或至少穿越溶洞，对重要建筑物基础还应当加深。对于为验证物探异常带而布设的勘探孔，其深度一般应钻入异常带以下适当深度。

5.3.3 物探

在岩溶场地进行地球物理勘探时，有多种方法可供选择，如高密度多极电法勘探、地质雷达、浅层地震、高精度磁法、声波透视(CT)、重力勘探等。为了获得较好的探测效果，必须注意各种方法的使用条件以及具体场地的地形、地质、水文地质条件。当条件允许时，应尽可能地采用多种物探方法综合对比判断。

电法是最常用的物探方法，以电测深法和电剖面法为主。它们可以用来测定岩溶化地层不透水基底的深度，第四系覆盖层下岩溶化地层的起伏情况，均匀碳酸盐岩地层中岩溶发育深度，地下暗河和溶洞的规模、分布深度、发育方向、地下水位，以及圈定强烈岩溶化地段和构造破碎带的分布位置等。

在岩溶场地勘查中，地质雷达天然发射频率一般集中在 80～120MHz，穿透 5～9m。在雷达剖面上，通常可以识别出石灰岩石芽、充填沉积物的落水洞、岩溶洞穴、竖井或溶沟。如同其他方法一样，地质雷达不能识别岩土类型。因此它必须与钻探相结合，以根据雷达剖面所获得的异常布置钻探，从而获得更详细准确的资料，同时也可检验雷达探测的准确程度，以获得仅根据雷达剖面推测的地下地质结构的可靠程度。

可行性研究勘查和初步勘查宜以工程地质测绘和综合物探为主，勘探点的间距不应大于一般性的规定，岩溶发育地段应予加密。测绘和物探发现的异常地段，应选择有代表性的部位布置验证性钻孔。控制性勘探孔的深度应穿过表层岩溶发育带。

详细勘查的勘探工作应符合下列规定。

(1)勘探线应沿建筑物轴线布置，勘探点间距不应大于一般性的规定，条件复杂时每个独立基础均应布置勘探点。

(2)勘探孔深度除应符合一般性的规定外，当基础底面下的土层厚度不符合条件时，应有部分或全部勘探孔钻入基岩。

(3)当预定深度内有洞体存在，且可能影响地基稳定时，应钻入洞底基岩面下不少于 2m，必要时应圈定洞体范围。

(4)对于一柱一桩的基础,宜逐柱布置勘探孔。

(5)在土洞和塌陷发育地段,可采用静力触探、轻型动力触探、小口径钻探等手段,详细查明其分布。

(6)当需查明断层、岩组分界、洞隙和土洞形态、塌陷等情况时,应布置适当的探槽或探井。

(7)物探应根据物性条件采用有效方法,对异常点应采用钻探验证,当发现存在或可能存在危害工程的洞体时,应加密勘探点。

(8)凡人员可以进入的洞体,均应入洞勘查,人员不能进入的洞体,宜用井下电视等手段探测。

施工勘查工作量应根据岩溶地基设计和施工要求布置。在土洞、塌陷地段,可在已开挖的基槽内布置触探或钎探。对重要或荷载较大的工程,可在槽底采用小口径钻探,进行检测。对大直径嵌岩桩,勘探点应逐桩布置,勘探深度应不小于底面以下桩径的3倍并不小于5m,当相邻桩底的基岩面起伏较大时应适当加深。

5.3.4 测试和观测

对于重要的工程场地,当需要了解可溶性岩层渗透性和单位吸水量时,可以进行抽水试验和压水试验;当需要了解岩溶水连通性时,可以进行连通试验。后者对分析地下水的流动途径、地下水分水岭位置、水均衡有重要意义。一般采用示踪剂法,可用作示踪剂的有萤光素、盐类、放射性同位素等。

评价洞穴稳定性时,可采取洞体顶板岩样及充填物土样做物理力学性能试验。必要时可进行现场顶板岩体的载荷试验。当需查明土的性状与土洞形成的关系时,可进行覆盖层土样的物理力学性质试验。

为了查明地下水动力条件和潜蚀作用、地表水与地下水的联系、预测土洞及地面塌陷的发生和发展,可进行水位、流速、流向及水质的长期观测。

岩溶勘查的测试和观测宜符合下列要求。

(1)当追索隐伏洞隙的联系时,可进行连通试验。

(2)在评价洞隙稳定性时,可采取洞体顶板岩样和充填物土样做物理力学性质试验,必要时可进行现场顶板岩体的载荷试验。

(3)当需查明土的性状与土洞形成的关系时,可进行湿化、胀缩、可溶性和剪切试验。

(4)当需查明地下水动力条件、潜蚀作用、地表水与地下水联系,预测土洞和塌陷的发生、发展时,可进行流速、流向测定和水位、水质的长期观测。

5.3.5 岩溶塌陷监测

在岩溶塌陷研究中,监测地面、建筑物的变形和井泉或水库水量、水位变化,地下洞穴发展动态,及时发现塌陷前兆现象,对预防、减轻塌陷灾害损失非常重要。在地面塌陷频繁发生地区或潜在地面塌陷区内，可采取以下监测和预报措施。

（1）在具备地面塌陷的3个基本条件（即塌陷动力、塌陷物质、储运条件）的地区与岩溶低洼地形地区，在抽排地下水的井孔附近，应对地面变形（开裂、沉降）进行监测。

（2）进行宏观水文监测，出现地表积水或突然干枯，放水灌溉及雨季前期降雨都可视为可能发生塌陷的前兆。

（3）注意收集或及时发现具塌陷前兆的异常现象，如出现建筑物开裂或作响、植物倾斜变态、井泉或水库突然干枯或冒水、逸气，地下水位突升突降，地下有土层塌落声及动物惊恐等异常现象，皆应警惕塌陷即将来临。

（4）监视井泉内、坑道与水库渗漏点的地下水位降深是否超过设计允许值，地下水位升降速度是否有骤然变化，渗漏水中泥沙含量是否高。另外可以在井孔内安装伸缩性水准仪，中子探针计数器、钻孔深部应变仪，以及其他常规测量仪器等监测地下变形异常。

（5）塌陷时地表会发生变形，地球物理场亦会发生一定的变化，利用这种特性，在洞穴上部埋设装有聚氯乙烯铜线的混凝土管，当临塌陷或大塌陷前，地表覆盖层发生变形时，混凝土管就会被折断从而发出警报；也可以监测重力的变化，将重力变化的信号转换为音相的报警信号进行报警。

5.4　岩溶场地稳定性评价

5.4.1　岩溶地基的类型

由于岩溶发育，可溶岩表面石芽、溶沟丛生，参差不齐；地下溶洞又破坏了岩体完整性。岩溶水动力条件变化，又会使其上部覆盖土层产生开裂、沉陷。这些都不同程度地影响着建筑物地基的稳定。

根据碳酸盐岩出露条件及其对地基稳定性的影响，可将岩溶地基划分为裸露型、覆盖型、掩埋型三种，最为重要的是前两种。

1. 裸露型

裸露型：缺少植被和土层覆盖，碳酸盐岩裸露于地表或其上仅有很薄覆土。它又可分为石芽地基和溶洞地基两种。

（1）石芽地基：由大气降水和地表水沿裸露的碳酸盐岩节理、裂隙溶蚀扩展而形成。溶沟间残存的石芽高度一般不超过3m。如被土覆盖，则称为埋藏石芽。石芽多数分布在山岭斜坡上、河流谷坡以及岩溶洼地的边坡上。芽面极陡，芽间的溶沟、溶槽有的可深达10余米，而且往往与下部溶洞和溶蚀裂隙相连。基岩面起伏极大。因此，会造成地基滑动及不均匀沉陷和施工上的困难。

（2）溶洞地基：浅层溶洞顶板的稳定性问题是该类地基安全的关键。溶洞顶板的稳定性与岩石性质、结构面的分布及其组合关系、顶板厚度、溶洞形态和大小、洞内充填情况和水文地质条件等有关。

2. 覆盖型

碳酸盐岩上覆盖层厚数米至数十米(一般小于30m)。这类土体可以是各种成因类型的松软土,如风成黄土、冲洪积砂卵石类土,以及我国南方岩溶地区普遍发育的残坡积红黏土。覆盖型岩溶地基存在的主要岩土工程问题是地面塌陷,对这类地基稳定性的评价需要考虑上部建筑荷载与土洞的共同作用。

5.4.2 岩溶地基稳定性定性评价

岩溶地基稳定性定性评价属于经验比拟法,适用于初勘阶段选择建筑场地及一般工程的地基稳定性评价。这种方法虽简便,但往往有一定的随意性。实际运用中应根据影响稳定性评价的各项因素进行充分的综合分析,并在勘查和工程实践中不断总结经验。或根据当地相同条件的已有成功与失败工程实例进行比拟评价。

地基稳定性定性评价的核心是查明岩溶发育和分布规律,对地基稳定有影响的个体岩溶形态特征,如溶洞大小、形状、顶板厚度、岩性、洞内充填和地下水活动情况等,上覆土层岩性、厚度及土洞发育情况,根据建筑物荷载特点,并结合已有经验,最终对地基稳定做出全面评价。根据岩溶地区已有的工程实践,下列若干成熟经验可供参考。

(1)当溶沟、溶槽、石芽、漏斗、洼地等密布发育,致使基岩面参差起伏,其上又有松软土层覆盖时,土层厚度不一,常可引起地基不均匀沉陷。

(2)当基础砌置于基岩上,其附近因岩溶发育可能存在临空面时,地基可能产生沿倾向临空面的软弱结构面的滑动破坏。

(3)在地基主要受压层范围内,存在溶洞或暗河且平面尺寸大于基础尺寸,溶洞顶板基岩厚度小于最大洞跨,顶板岩石破碎,且洞内无充填物或有水流时,在附加荷载或振动荷载作用下,易产生坍塌,导致地基突然下沉。

(4)当基础底板之下土层厚度大于地基压缩层厚度,并且土层中有不致形成土洞的条件时,若地下水动力条件变化不大,水力梯度小,可以不考虑基岩内洞穴对地基稳定的影响。

(5)基础底板之下土层厚度虽小于地基压缩层计算深度,但土洞或溶洞内有充填物且较密实,又无地下水冲刷溶蚀的可能性;或基础尺寸大于溶洞的平面尺寸,其洞顶基岩又有足够承载能力;或溶洞顶板厚度大于溶洞的最大跨度,且顶板岩石坚硬完整。皆可以不考虑土洞或溶洞对地基稳定的影响。

(6)对于非重大或工程重要性等级属于二类、三类的建筑物,属下列条件之一时,可不考虑岩溶对地基稳定性的影响。

A. 基础置于微风化硬质岩石上,延伸虽长但宽度小于1m的竖向溶蚀裂隙和落水洞的近旁地段。

B. 溶洞已被充填密实,又无被水冲蚀的可能性。

C. 洞体较小，基础尺寸大于洞的平面尺寸。

D. 微风化硬质岩石中，洞体顶板厚度接近或大于洞跨。

在岩溶地基稳定性的定性评价中，对裸露或浅埋的岩溶洞隙稳定评价至关重要。根据经验，可按洞穴的各项边界条件，对比表 5－2 所列影响其稳定的诸因素综合分析，做出评价。

表 5－2 岩溶洞穴稳定性的定性评价

因素	对稳定有利	对稳定不利
岩性及层厚	厚层块状、强度高的灰岩	泥灰岩、白云质灰岩，薄层状有互层，岩体软化，强度低
裂隙状况	无断裂，裂隙不发育或胶结好	有断层通过，裂隙发育，岩体被两组以上裂隙切割。裂缝张开，岩体呈干砌状
岩层产状	岩层走向与洞轴正交或斜交，倾角平缓	走向与洞轴平行，陡倾角
洞隙形态与埋藏条件	洞体小(与基础尺寸相比)，呈竖向延伸的井状，单体分布，埋藏深，覆土厚	洞径大，呈扁平状，复体相连，埋藏浅，在基底附近
顶板情况	顶板岩层厚度与洞径比值大，顶板呈板状或拱状，可见钙质沉积	板岩层厚度与洞径比值小，有悬挂岩体，被裂隙切割且未胶结
充填情况	为密实沉积物填满且无被水冲蚀的可能	未充填或半充填，水流冲蚀着充填物，洞底见有近期塌落物
地下水	无	有水流或间歇性水流，流速大，有承压性

5.4.3 岩溶地基稳定性半定量评价

鉴于以下两个原因，目前岩溶地基稳定性的定量评价较难实现：一是受各种因素的制约，岩溶地基的边界条件相当复杂，受到探测技术的局限，岩溶洞穴和土洞往往很难查清；二是洞穴的受力状况和围岩应力场的演变十分复杂，要确定其变形破坏形式和取得符合实际的力学参数又很困难。因此，在工程实践中，大多采用半定量评价方法。下面以裸露型溶洞地基为例进行说明。

1. 裸露型溶洞地基

裸露型溶洞地基实际上是评价浅部隐伏溶洞的稳定性问题。溶洞顶板稳定性与地层岩性、不连续面的空间分布及其组合特征、顶板厚度、溶洞形态和大小、洞内充填情况、地下水运动及建筑物荷载特点有关。由于实际问题的复杂性，目前还没有成熟可靠的方法。以下介绍几种常用的粗略方法。

(1)荷载传递交汇法。在剖面上从基础边缘按 30°～45°扩散角向下作应力传递，当溶洞位于该传递所确定的应力扩散范围以外时，即认为洞体不会危及建筑物的安全。

(2)溶洞顶板坍塌堵塞法。当碳酸盐岩岩体浅部有隐伏溶洞发育时,溶洞顶板安全厚度可用此法确定。基本原理:溶洞顶板岩体塌落后体积发生松胀,当塌落向上发展到一定高度后,洞体可被松胀的坍塌体自行堵塞,此时可以认为溶洞顶板已稳定。此法的前提条件是溶洞内无地下水搬运。溶洞坍塌的高度 Z 为

$$Z=H_0/(k-1) \tag{5-1}$$

式中:H_0 为溶洞的高度(m);K 为岩石的松胀系数,灰岩可取 1.2 左右。若溶洞顶板的实际厚度大于 Z 值,则是安全的。

(3)塌落拱理论分析法。假定岩体为一均匀介质,溶洞顶板岩体自然塌落最后呈一平衡拱,拱上部的岩体自重及外荷载由该平衡拱承担(图 5-6)。塌落平衡拱的高度 H 为

$$H=\frac{0.05b+H_0\tan(90^\circ-\varphi)}{f} \tag{5-2}$$

式中:b、H_0 分别为溶洞跨度(宽度)和高度(m);φ 为岩体的内摩擦角(°);f 为岩土的坚实系数,可查有关表格或通过计算获得。

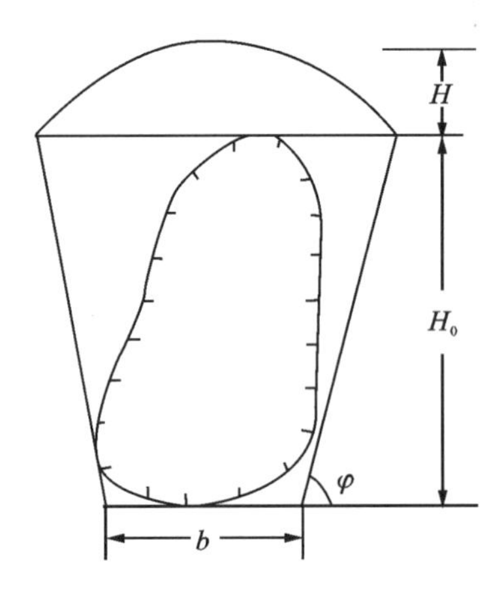

图 5-6　塌落拱理论分析示意图

平衡拱高度加上上部荷载作用所需的岩体厚度,才是溶洞顶板的安全厚度。此法对竖直溶洞(高度大于宽度)较为合适。

除了上述各种方法外,还可采用现场试验、模拟试验和弹性力学有限单元分析法等方法,评价溶洞地基的稳定性。

2. 覆盖型岩溶地基

对于这类地基稳定性的评价,需要考虑上部建筑物和土洞的共同作用。对于特定的建筑物荷载,处于极限状态的上覆土层厚度 H_k 为(图 5-7)

$$H_k=h+z+D \tag{5-3}$$

式中:h 为土洞的高度(m);D 为基础砌置深度(m);z 为基础底板以下建筑荷载的有效影响深度(m)。

很显然，当土层实际厚度 $H>H_k$ 时，即使有土洞发育，地基仍然稳定；当 $H<H_k$ 时，地基不稳定。如果土洞已经形成，然后在其上进行建筑施工，土洞处于建筑物的有效影响深度范围内，这样将使处于平衡状态的土洞发生新的坍塌，从而影响地基的稳定性；若土洞形成于建筑物兴建之后，那么已经处于稳定的地基，在土洞的影响下，将激活地基沉降而使建筑物失去稳定。

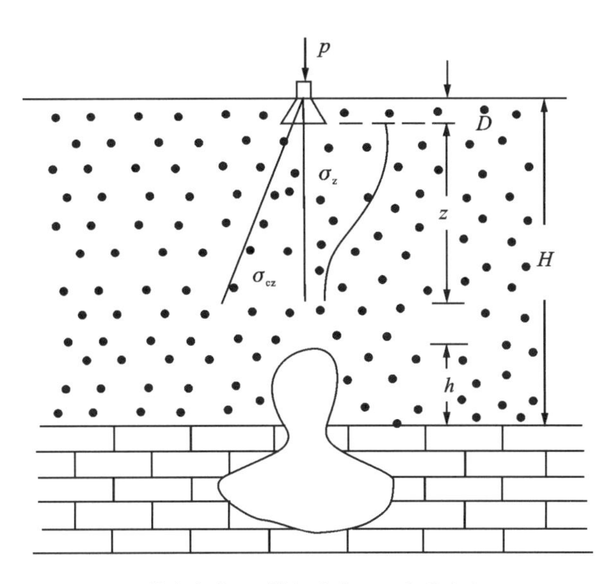

p. 基底应力；σ_z. 附加应力；σ_{cz}. 自重应力。

图 5-7 覆盖型岩溶地基稳定性计算模型

5.4.4 岩溶塌陷的灾情预测

预测步骤包括以下 3 个。

(1)查明研究区的地质、水文地质条件。

(2)调查已有塌陷点的塌陷特征、分布规律及形成条件(环境及触发因素)，确定出现塌陷的综合判断指标。

(3)考虑塌陷发展趋势和对环境的影响程度，对研究区进行塌陷预测分区，提出地表各种重要设施的保护方案和预防措施。

通常，采排地下水或矿坑突水时，在水位降落漏斗内，有以下几种容易产生岩溶塌陷的地段。

(1)浅部岩溶发育强烈，可溶岩顶板起伏较大，并有洞口和裂口，洞穴无充填物或充填物少，且充填物多为砂、碎石、粉质黏土的地段。

(2)采排地下水点附近或地下水位降落漏斗范围中心(特别是地下水的主要补给径流方向上)地段。

(3)构造断裂带(特别是新构造断裂带),背斜、向斜轴部,可溶岩与非可溶岩的接触部位。

(4)溶蚀洼地、积水低地和池塘、冲沟地段。

(5)第四系土层为砂、粉质黏土,且厚度小于 10m 的地段。

(6)河床及其两侧附近。

塌陷预测可考虑的影响因子:

(1)排水量(Q)。

(2)水位降低值(S)。

(3)盖层物理、力学性质的指标(η_i)。

(4)盖层厚度(M)。

(5)岩溶发育程度的指标(K)。

(6)表征构造破坏程度的参数(G)。

(7)预测扩展半径时,要考虑时间。

(8)预测时间、强度时,要考虑到抽水中心的距离。

塌陷在时间上具有突发性,在空间上具有隐蔽性,其预报为当前的前沿课题。可用于岩溶塌陷的探测方法和仪器有地质雷达(探溶洞)、浅层地震、电磁波、声波透视(CT)等。近年来,用 GIS 技术中的空间数据管理、分析处理和建模技术对潜在塌陷危险性进行预测,效果良好。

目前国内岩溶塌陷灾情评估的方法,主要采用经验公式法、多元统计分析法,也可根据岩溶类型、岩溶发育程度、覆盖层厚度和覆盖层结构,进行岩溶塌陷活动程度判定(表 5-3)。

表 5-3 岩溶塌陷活动程度判定表

[据张梁等(1998)《地质灾害灾情评估理论与实践》]

<table>
<tr><th colspan="2">塌陷活动可能性</th><th>岩溶类型</th><th>岩溶发育程度</th><th>覆盖层厚度/m</th><th>覆盖层结构</th></tr>
<tr><td rowspan="3">会形成塌陷</td><td>特别容易形成</td><td rowspan="3">裸露型岩溶和覆盖型岩溶</td><td>特别发育:地表岩溶密度>100 个/km²;钻孔岩溶率>10%</td><td><10</td><td>结构不均,且土洞特别发育的非均质土</td></tr>
<tr><td>较容易形成</td><td>较发育:地表岩溶密度 5~10 个/km²;钻孔岩溶率 5%~10%</td><td>10~30</td><td>结构不均,土洞比较发育的非均质土</td></tr>
<tr><td>不容易形成</td><td>不发育:地表岩溶密度 1~5 个/km²;钻孔岩溶率 1%~5%</td><td>31~80</td><td>结构不太均匀,土洞不发育的土</td></tr>
<tr><td colspan="2">不会形成塌陷</td><td>埋藏型岩溶</td><td>极不发育;地表岩溶密度<1 个/km²;钻孔岩溶率<1%</td><td>>80</td><td>厚度较大,结构均一的黏性土</td></tr>
</table>

5.5 岩溶场地的工程防治措施

5.5.1 建筑布局措施与结构措施

场地上主要建筑物的位置应尽量避开岩溶发育强烈的地段、尽可能选择在非(弱)可溶岩分布地段;在总平面布局上,各类安全等级建筑物的布置应与岩溶发育程度或场地稳定程度相适应。

基础结构型式应有利于与上部结构协同工作,要求它具有适应小范围塌落的变位能力并以整体结构为主,如配筋的十字交叉条基、筏板、箱基等。当基础下存在深度大溶洞裂隙时,应当根据上部建筑荷载及洞隙跨度,选择洞隙两侧可靠岩体,采用有足够支撑的梁、板、拱或悬挑等跨越结构。

必须注意,随着人类工程建设的发展,建筑场地受限的情况将越来越多,因此,结构方面的措施将会越来越多地被采用。

5.5.2 岩溶塌陷工程治理程序与治理方法

(1)岩溶塌陷工程治理程序为首先勘查确定其危险性、危害性及防治的必要性和可行性;其次是针对岩溶塌陷的发育条件和成因,根据防治工程的目的做好防治工程设计;再按设计文件精心施工。

(2)岩溶塌陷应采取预防和治理相结合的防治措施。预防措施是在查明塌陷成因、影响因素和致塌效应的基础上,为了清除或消减塌陷发生发展主导因素的作用而采取的工程措施。如设置场地完善的排水系统,进行地表河流的疏导或改道,填补河床漏水点或落水洞,调整抽水井孔布局和井距,控制抽水井的降深和抽水量,限制开采井的抽水井段,对重要建筑物基底下隐伏洞隙的预注浆进行封闭处理等。

对塌陷地基都需要进行处理,未经处理不能作为天然地基。处理措施有清除填堵法、跨越法、强夯法、灌注法、深基础法、旋喷加固法、地表水的(疏、排、围、改)治理、平衡地下水(气)压力法等。

对地基稳定性有影响的岩溶洞隙,应根据其位置、大小、埋深、围岩稳定性和水文地质条件综合分析,因地制宜采取下列处理措施。

(1)对洞口较小的洞隙,宜采用镶补、嵌塞与跨盖等方法处理。

(2)对洞口较大的洞隙,宜采用梁、板和拱等结构跨越。跨越结构应有可靠的支承面。梁式结构在岩石上的支承长度应大于梁高的1.5倍,也可采用浆砌块石等堵塞措施。

(3)对围岩不稳定、风化裂隙破碎的岩体,可采用灌浆加固和爆破填塞等措施。

(4)对规模较大的洞隙,可采用洞底支撑或调整柱距等方法处理。

由地表水形成的土洞或塌陷地段，应采取地表截流、防渗或堵漏等措施。应根据土洞埋深，分别选用挖填、灌砂等方法进行处理。

由地下水形成的塌陷及浅埋土洞，应清除软土，抛填块石做反滤层，面层用黏土夯填；深埋土洞宜用砂、砾石或细石混凝土灌填。在上述处理的同时，尚应采用梁、板或拱跨越。对重要的建筑物，可采用桩基处理。

我国对岩溶塌陷的防治工作始于20世纪60年代，目前已有一套比较完整和成熟的方法。防治的关键是在掌握矿区和区域塌陷规律的前提下，对塌陷做出科学的评价和预测，即采取以早期预测、预防为主，治理为辅、防治相结合的办法。

塌陷前的预防措施主要有：合理安排厂矿企业建设总体布局；河流改道引流，避开塌陷区；修筑特厚防洪堤；控制地下水位下降速度和防止突然涌水，以减少塌陷的发生；建造防渗帷幕，避免或减少预测塌陷区的地下水位下降，防止产生塌陷；建立塌陷监测网。

塌陷后的治理措施主要有：塌洞回填、河流局部改道与河槽防渗、综合治理。

一般来说，岩溶塌陷的防治措施包括控水措施、工程加固措施和非工程性的防治措施。

一、控水措施

1. 地表水防水措施

防地表水进入塌陷区，可以：

(1)清理疏通河道，加速泄流，减少渗漏。

(2)对漏水的河、库、塘铺底防漏或人工改道。

(3)严重漏水的洞穴用黏土、水泥灌注填实。

2. 地下水控水措施

根据水资源条件，规划地下水开采层位、开采强度、开采时间，合理开采地下水，加强动态监测。危险地段对岩溶通道进行局部注浆或帷幕灌浆处理。

二、工程加固措施

(1)清除填堵法：用于相对较浅的塌坑、土洞。

(2)跨越法：用于较深大的塌坑、土洞。

(3)强夯法：用于消除土体厚度小，地形平坦的土洞。

(4)钻孔充气法：设置通风调压装置，破坏岩溶封闭条件，减小冲爆塌陷发生的概率。

(5)灌注填充法：用于埋深较深的溶洞。

(6)深基础法：用于深度较大，不易跨越的土洞，常用桩基工程。

(7)旋喷加固法：浅部用旋喷桩形成一“硬壳层”，厚10～20m即可，其上再设筏板基础。

三、非工程性的防治措施

(1)开展岩溶塌陷的风险评价。

(2)开展岩溶塌陷的试验研究,找出临界条件。

(3)增强防灾意见,建立防灾体系。

尽管岩溶塌陷的防治难度较大,但只要因地制宜地采取综合措施,岩溶塌陷灾害是完全可以防治的。

5.6 岩溶勘查报告的编写

岩溶塌陷调查工作完成后,要对所取得的各类资料进行整理、分析,并编写报告。

岩溶塌陷成果资料包括调查资料、工程地质测绘资料、钻探物探资料和监测资料。

调查资料包括:地形地貌资料(重点岩溶地貌资料、地下河或溶洞的地表标志资料)、第四纪地层岩性资料;地下水的储量、开采量、补给量资料;基岩地层岩性、地质构造及其与区域地质构造的关系资料;第四纪地质发展史和新构造运动情况资料;水文气象资料;建筑物破坏、地表开裂资料;人类经济活动情况和经济发展趋势等资料。同时提交塌陷调查报告,评价塌陷危害等级,提出防治方案。

工程地质测绘资料包括:设计书;测绘方法;使用仪器;工程进度;地形图;宏观地形地貌和微观地形地貌资料;岩性工程地质图;抽、渗水试验、渗透系数、第四系水文地质图、基岩水文地质图、地下水等水位线图和岩溶水径流图等资料。

勘探与测试资料包括:勘探点线的布置;钻孔编录和钻孔柱状图资料;物探方法、仪器及成果(平剖面图及物探解译)资料;第四纪地层资料;隐伏断裂资料;抽注水试验资料、地下水基本特征资料和岩溶率资料。

监测资料整理的内容包括:地质雷达、浅层地震、电磁波、声波透视(CT)监测资料和地理信息系统(GIS)技术资料等。

岩溶塌陷勘查报告的主要内容包括:序言;所处地貌单元;第四纪地层岩性及发展史;新构造运动;水文地质条件;经济发展现状及经济发展趋势;塌陷历史及成因机制;塌陷危险性评价(评价方法、危害等级及分区),塌陷易损性评价(承灾体分类及价值、塌陷灾害易损性分区),塌陷破坏损失评价,塌陷防治方案。附图包括地形图、地貌图、第四系水文地质图、基岩水文地质图、地下水等水位线图、基岩工程地质图、钻孔柱状图、地质剖面图、重要断裂横剖面图、物探平剖面图、基岩等高线图和地面沉降危害分区图等。附件包括调查报告、工程地质测绘报告、勘探与试验报告和监测报告。

岩溶勘查报告除应符合岩土工程勘察报告的一般规定之外,尚应包括下列内容:

(1)岩溶发育的地质背景和形成条件。

(2)洞隙、土洞、塌陷的形态、平面位置和顶底标高。

(3)岩溶稳定性分析。

(4)岩溶治理和监测的建议。

5.7 岩溶勘查实例——某岩溶地区岩土工程勘察报告

5.7.1 前言

受深圳市南联投资发展有限公司委托，根据设计单位提供的勘察钻孔平面布置图和勘察技术要求，西北综合勘察设计研究院于2015年1月24日—1月31日和2015年3月12日—3月29日对八仙岭华庭分别进行了初步勘察和详细勘察阶段的野外施工工作。

勘察的目的是查明场地的地层分布、各岩土层的物理力学性质、地下水埋藏深度及对建筑材料的腐蚀性、有无不良地质现象等，为设计提供可靠的工程地质依据。

1. 工程概况

八仙岭华庭场地建设用地面积约13 835m^2，拟建2栋35层(含半地下室一层)的住宅楼和1栋3层的幼儿园。住宅楼设计高度99.9m，采用剪力墙结构，基础拟采用桩基础；幼儿园设计高度11.8m，采用框架结构，基础拟采用天然地基浅基础或桩基础。本项目设计室外地坪标高45.00m(±0.00=45.10m)，设一层地下室，地下室底板标高：南侧为40.10m，北侧为36.40m，基坑开挖深度5.0～8.1m。

本项目住宅楼为高层建筑，幼儿园为多层建筑，工程重要性属一级工程。场地的复杂程度属中等复杂场地，即二级场地。根据本项目建筑设计情况和地基的复杂程度，本场地属于中等复杂地基，即二级地基。

根据工程重要性、场地复杂程度、地基复杂程度，本项目岩土工程勘察等级确定为甲级。

2. 勘察技术要求

根据设计单位提出的勘察技术要求和有关规范，本次勘察的技术要求如下。

(1)查明不良地质作用的类型、成因、分布范围、发展趋势和危害程度，提出整治方案的建议。

(2)查明建筑范围内各层岩土的类型、深度、分布、工程特性，分析和评价地基的稳定性、均匀性和承载力。

(3)查明水文地质条件，提供防水及抗浮设计地下水位及其地下水变化幅度，评价地下水对基础设计和施工的影响。

(4)判定地下水对建筑材料的腐蚀性。

(5)判定场地和地基的地震烈度、场地类别，判定场地是否有液化现象。

(6)查明有无河道、沟浜、墓穴、防空洞、孤石等对工程不利的埋藏物。

(7)提供地基变形计算参数，预测建筑物的变形特征，并对设计与施工应注意的问题提出建议。

(8)对可供采用的地基基础设计方案进行论证分析,提出经济合理的设计方案建议。

(9)如采用桩基,评价成桩的可能性,论证桩的施工条件及其对环境的影响。

(10)本工程地质勘察除满足上述要求外,尚应满足国家和地方现行勘察规范。

(11)共布置钻孔 36 个,钻孔编号 ZK1~ZK36。钻孔位置详见钻孔布置图。

(12)勘察报告提供常用的多种图件、表格及文字报告。

3. 勘察执行的技术标准

(1)《岩土工程勘察规范(2009 年版)》(GB 50021—2001)。

(2)《建筑地基基础设计规范》(GB 50007—2011)。

(3)《建筑工程地质勘探与取样技术规程》(JGJ/T 87—2012)。

(4)广东省标准《建筑地基基础设计规范》(DBJ 15-31—2003)。

(5)深圳经济特区技术规范《地基基础勘察设计规范》(SJG 01—2010)。

(6)《土工试验方法标准》(GB/T 50123—2019)。

(7)《建筑抗震设计规范》(GB 50011—2010)。

(8)《建筑地基处理技术规范》(JGJ 79—2012)。

(9)《高层建筑岩土工程勘察规程》(JGJ/T 72—2017)。

(10)广东省标准《锤击式预应力混凝土管桩工程技术规程》(DBJ/T 15-22—2021)。

(11)《房屋建筑和市政基础设施工程勘察文件编制深度规定》(2010 年版)。

4. 勘察方法及勘察质量控制评述

本次勘察工作采用了钻探、原位测试、室内试验等多种方法,各项工作的质量和精度均符合有关规范和勘察技术要求,达到了初步勘察和详细勘察的目的,可作为施工图设计的依据。现对各项工作评述如下。

1)钻孔测量定位及地下管线探测

本次勘察钻孔施测按《工程测量规范》(GB 50026—2020)进行,施测时由位于拟建场地外基准点向场地内引测点,利用全站仪进行钻孔测量定位和测高程,钻探施钻前先进行钻孔附近地下管线核对及人工挖探,确认孔位及其附近无地下管线后再施钻。

2)工程地质钻探

采用 XY-100 型钻机,钻探严格按《建筑工程地质勘探与取样技术规程》(JGJ/T 87—2012)采用回转岩芯钻探方法进行,现场由技术人员编录,终孔时由地质工程师验收合格后方可终孔,所有钻探技术质量符合有关规范和勘察技术要求。

3)原位测试

本次勘察对拟建场地钻孔中所有土层和强风化岩层进行了标准贯入试验,试验方法根据《岩土工程勘察规范(2009 年版)》(GB 50021—2001)采用自动脱钩的自由落锤法进行,试验点间距和数量满足有关规范要求,试验成果可靠。

4)试样采集和室内试验

原状土样采集均采用厚壁敞口取土器在钻孔中采取，扰动土样在岩芯中采取，地下水样在钻孔中采取，岩、土、水样的采取和试验均按有关操作规程进行。

5. 工作量及完成情况

我院接受勘察任务后，于2015年1月24日至2015年1月31日对八仙岭华庭场地进行了初步勘察阶段的野外勘察工作，完成的钻孔为ZK2、ZK6、ZK13、ZK23、ZK26、ZK30、ZK33、ZK34，共8个，并于2015年1月24日完成室内资料整理和成果报告编写，并提交成果报告。

于2015年3月12日至2015年3月29日对八仙岭华庭场地进行了详细勘察阶段的野外勘察工作，完成的钻孔为ZK1、ZK3～ZK5、ZK7～ZK12、ZK14～ZK22、ZK24、ZK25、ZK27～ZK29、ZK31、ZK32、ZK35、ZK36、ZK36，共28个；钻探过程中揭露ZK3号和ZK7号孔地层相差较大，经甲方要求，在两孔之间补一个钻孔，编号为ZK37。整理资料时，将初步勘察资料与详细勘察资料一并整理，于2015年4月3日完成室内资料整理及成果报告编写。

表5-4为完成工作量一览表。

表5-4　完成工作量一览表

工作项目名称		单位	数量	备注
工程测量	钻孔定位/复测	个	37/37	野外
	测孔口高程/地下水位	次	37/37	野外
钻探总进尺		m	2 117.80	野外
标贯试验		次	159	野外
剪切波速测试		孔	3	野外
取样	水　样	件	2	野外
	土　样	件	53	野外
	岩　样	件	6	野外
室内试验	土工试验	件	53	实验室
	水质简分析	件	2	实验室
	岩石单轴抗压强度	件	6	实验室
	土的易溶盐分析	件	3	实验室
资料整理	编写勘察报告1份，并装订成册			室内

6. 几点说明

(1)本报告提供的标准贯入试验锤击数为经杆长校正后数据。

(2)本次勘察钻孔坐标采用深圳独立坐标系，黄海高程系。

5.7.2 场地工程地质条件

1. 气候特征

拟建场地属亚热带海洋性季风气候，雨量充沛，气候温暖潮湿。年平均气温21.1～22.2℃，极端最高气温38.9℃，极端最低气温-1.9℃。年平均降雨量为1 545.2～1 989.4mm，年最大降雨量为2 646.2mm，日最大降雨量为490.3mm。雨季为每年的5—9月，集中了全年雨量的74.5%。测区四季具有春润、夏湿、秋干、冬燥的特点，干湿分明，季风气候特点明显。受季风影响，降水具有雨量多、强度大、季节长、雨日多、时程及分布不均等特点。风向具明显季节性，夏季以偏南风为主，次为偏东风，冬季以偏北风为主，全县全年8级以上大风平均日数为3d，最大风速37m/s，历年瞬间极大风速大于40m/s，南部的沿海地区多台风，可达10～12级，阵风12级以上，常形成风灾。

2. 场地位置及地形地貌

拟建场地位于深圳市龙岗区南联社区碧新路以东，碧园路以南，场地斜对面为龙岗敬老院，交通便利。拟建场地原始地貌为山前冲洪积平原，地势较平坦，现状为空地，北侧有人工土堆，杂草丛生。场地地面标高为44.32～48.03m。

3. 区域地质构造

本工程场区附近发育的主要断裂构造为NE向企岭吓-九尾岭断裂组。该断裂组走向NE50°～70°，与本场地相近部分倾向NW，倾角65°～85°。此断裂延续性较好，全长达50km，宽5～20m不等，断裂组具有明显的碎裂变形特征，前期具压扭性后期具张扭性，具有多期活动的特点。本次勘察未揭露有断层经过。该断裂属全新世非活动断裂，对拟建工程场地的稳定性无影响。

4. 地层岩性

根据钻探揭露，场地内地层为第四系全新统填土层(Qh^{ml})、第四系冲洪积层(Qh^{al+pl})、第四系残积层(Q^{el})、溶蚀堆积物(Q^{pr})，下伏基岩为下石炭统砂岩、白云岩、灰岩(C_1)。场地内存在土洞、溶洞等不良地质现象。现将各岩土层特征分述如下。

1)第四系全新统填土层(Qh^{ml})

①人工填土：黄褐色、灰黄色等杂色，稍实，稍湿，主要以粉质黏土、碎石块、砂粒、建筑垃圾等堆填，均匀性较差；岩芯采取率50%～80%。填土层堆填年限约5年，尚未完成自重固结。场地内除ZK4、ZK9、ZK14、ZK15、ZK35共5个钻孔外，其他钻孔均见及，层厚0.50～3.70m，平均1.93m；层底标高45.10～48.03m。

2)第四系冲洪积层(Qh^{al+pl})

②黏土：红褐色、黄褐色，可塑—硬塑，局部坚硬；含石英质砂粒和少量碎石，含量10%～

20%；岩芯采取率约92%。场地内除ZK4、ZK32号钻孔外，其他钻孔均见及，层厚1.10～10.80m，平均5.72m，层顶标高41.53～47.10m，层底标高为32.77～43.26m。

3)第四系残积层(Q^{el})

本场地残积层均为粉质黏土，可细分为两种：一种是由砂岩风化残积而成的，另一种是由白云岩和灰岩风化残积而成的。本报告中将两种残积土分别说明，砂岩残积风化土编层为③$_1$ 粉质黏土，白云岩和灰岩风化残积土编层为③$_2$ 粉质黏土。

③$_1$ 粉质黏土：褐黄色、灰黄色，可塑—硬塑，由砂岩风化残积而成，以黏性土为主，含少量石英质砂粒，岩芯采取率约92%。场地内ZK1、ZK2、ZK6～ZK8、ZK10～ZK13、ZK15～ZK23、ZK25～ZK27、ZK32号共22个钻孔见及。层厚3.70～29.80m，平均13.06m，层顶标高为33.18～46.31m，层底标高为7.24～40.31m。

③$_2$ 粉质黏土：褐黄色、灰黄色、灰褐色，可塑—硬塑，由白云岩或灰岩风化残积而成，以黏性土为主，含少量石英质砂粒，岩芯采取率约92%。场地内仅ZK23、ZK24、ZK27、ZK28号共4个钻孔见及。层厚4.85～23.90m，平均13.49m，层顶标高为21.96～34.93m，层底标高为6.96～24.77m。

4)溶蚀堆积物(Q^{pr})

④黏性土：灰黄色、灰褐色，由溶蚀残积、沉积或堆积而成，主要由黏性土、粉细砂、少量碎石组成，呈软塑—可塑状，岩芯采取率约90%。场地内ZK10、ZK11、ZK16、ZK17、ZK20、ZK22号共6个钻孔见及。层厚5.80～10.50m，平均7.85m，层顶标高为18.26～24.55m，层底标高为10.36～18.75m。

5)下石炭统砂岩、白云岩、灰岩(C_1)

砂岩：层状构造，砂粒状结构，钙质、硅质胶结，主要矿物成分为石英、长石。按其风化程度不同可分为全风化、强风化、中风化、微风化共4个风化岩带，本次勘察仅揭露全风化、强风化、中风化共3个风化岩带。本次勘察对不同风化程度的砂岩进行如下编层：⑤$_1$ 全风化砂岩、⑤$_2$ 强风化砂岩、⑤$_3$ 中风化砂岩。

白云岩：层状构造，隐晶质结构，钙质胶结，主要矿物成分为白云石、长石、方解石、石英、黏土矿物。按其风化程度不同，它可分为全风化、强风化、中风化、微风化共4个风化岩带，本次勘察仅揭露全风化、强风化、中风化共3个风化岩带。本次勘察对不同风化程度的砂岩进行如下编层：⑥$_1$ 全风化白云岩、⑥$_2$ 强风化白云岩、⑥$_3$ 中风化白云岩。

灰岩：层状构造，结晶粒状结构，钙质胶结，主要矿物成分为方解石、黏土矿物，含少量石英。按其风化程度不同可分为全风化、强风化、中风化、微风化共4个风化岩带，本次勘察仅揭露微风化共1个风化岩带。本次勘察对不同风化程度的砂岩进行如下编层：⑦$_4$ 微风化灰岩。

以下对各种基岩按不同风化程度和地层编号进行描述。

⑤$_1$ 全风化砂岩：褐黄色、灰黄色，岩芯呈土状，矿物成分除石英外均已风化为土状，原岩结构隐约可见，风化裂隙极发育，岩芯手掰易断，遇水易软化；局部夹有强风化硬块；岩芯采取率约90%。场地内ZK1～ZK3、ZK5、ZK7～ZK15、ZK18、ZK19、ZK25、ZK28～ZK36号共

25 个钻孔见及。揭露层厚 3.10～37.30m，平均 14.72m，层顶标高为 9.71～43.26m，层底标高为 1.41～37.78m。

⑤$_2$ 强风化砂岩：褐黄色、灰黄色、灰褐色，岩芯呈土状—土块状，矿物成分除石英外基本风化为土状，原岩结构可见，风化裂隙发育，岩芯手可掰断，遇水易软化，属极软岩，岩体基本质量等级为Ⅴ类；不均匀夹全风化砂岩和少量中风化碎岩块；岩芯采取率 75%。场地内 ZK1、ZK3、ZK4、ZK6～ZK9、ZK12、ZK14、ZK15、ZK18、ZK19、ZK25、ZK29、ZK30、ZK32～ZK34、ZK37 号共 19 个钻孔见及。揭露层厚 1.70～77.50m，平均 42.72m，层顶标高为 1.40～44.32m，层底标高为－54.80～25.76m。

⑤$_3$ 中风化砂岩：青灰色、黄褐色，砂粒状结构，层状构造，钙质，硅质胶结，节理裂隙较发育，隙面铁染严重，锤击声较脆，岩芯呈块状—短柱状，岩芯采取率约 55%，岩石质量指标(RQD)＝0，岩体较破碎，属较软岩，岩体基本质量等级为Ⅳ类。场地内 ZK33、ZK34 号共 2 个钻孔见及。揭露层厚 3.50～6.50m，平均 5.00m，层顶标高为－47.51～－28.77m，层底标高为－54.01～－32.27m。

⑥$_1$ 全风化白云岩：褐黄色、灰黄色、灰褐色，岩芯呈土状，矿物成分除石英外均已风化为土状，原岩结构隐约可见，风化裂隙极发育，岩芯手掰易断，遇水易软化，岩芯采取率约 90%。场地内仅 ZK26 号钻孔见及。揭露层厚 13.60m，层顶标高为 7.24m，层底标高为－6.36m。

⑥$_2$ 强风化白云岩：褐黄色、灰黄色、紫红色，岩芯呈土状—土块状，矿物成分除石英外基本风化为土状，原岩结构可见，风化裂隙发育，岩芯手可掰断，遇水易软化，属极软岩，岩体基本质量等级为Ⅴ类；局部夹中风化碎岩块；岩芯采取率约 75%。场地内 ZK13、ZK26 号共 2 个钻孔见及。揭露层厚 29.30～66.20m，平均 47.75m，层顶标高为－6.36～21.26m，层底标高为－44.94～－35.66m。

⑥$_3$ 中风化白云岩：灰褐色、灰白色、紫红色，隐晶质结构，块状构造，钙质胶结，节理裂隙较发育，隙面铁染严重，锤击声较脆，岩芯呈块状—短柱状，锤击声较脆，岩芯采取率 83%，RQD＝30，岩体较破碎，属较软岩，岩体基本质量等级为Ⅳ类。场地内仅 ZK23 号钻孔见及。揭露层厚 7.15m，层顶标高为 24.77m，层底标高为 17.62m。

⑦$_4$ 微风化灰岩：灰白色、青灰色，层状构造，结晶粒状结构，钙质胶结，节理裂隙有发育，呈闭合状；岩体较完整，岩芯呈块状—短柱状，岩块锤击声脆，岩芯采取率 85%～95%，RQD＝80；属较硬岩，岩体基本质量等级为Ⅲ类。场地内 ZK1、ZK2、ZK5～ZK7、ZK10、ZK11、ZK16、ZK17、ZK20～ZK22、ZK24、ZK27 号共 14 个钻孔见及。揭露层厚 6.30～27.20m，平均 11.54m；层顶标高为－18.77～25.76m，层底标高为－26.27～14.07m。

6)场地内存在土洞、溶洞不良地质现象

土洞、溶洞主要发育于白云岩和灰岩中，场地钻孔见洞率约 21%，主要分布在场地的西北向部分(第 1 栋拟建建筑场地)，其他部位仅个别钻孔有揭露。

土洞：本次钻探 ZK2、ZK5、ZK13、ZK26 有揭露，为全充填状，主要由软塑状粉质黏土夹砂粒、卵砾石充填，结构极松散。分布情况详见表 5－5。

溶洞：本次钻探 ZK1、ZK2、ZK6、ZK20、ZK21、ZK27 有揭露，其中 ZK1 的溶洞为半充填状态，其他均为全充填状态，主要由软塑状粉质黏土夹砂粒、卵砾石填充，结构极松散。分布情况详见表5－5。

7）夹层

本次勘探揭露场地地层还存在各种夹层，分布情况详见表5－5。

各岩、土层结构、厚度、分布情况及组合关系详见《工程地质剖面图》和《钻孔柱状图》。

表5－5　土洞、溶洞、各种夹层分布情况表

序号	钻孔编号	类型	分布深度/m	标高/m	备注
1	ZK1	溶洞	23.00～24.00	21.26～22.26	半充填
2	ZK2	土洞	28.30～30.40	16.83～－14.73	全充填
3	ZK2	溶洞	36.80～47.70	8.33～－2.57	全充填
4	ZK4	中风化砂岩夹层	50.10～56.30	－11.98～－5.78	属强风化层中的夹层
5	ZK6	溶洞	29.70～42.90	15.40～－2.20	全充填
6	ZK13	土洞	44.80～50.10	1.06～－4.24	全充填
7	ZK13	全风化白云岩夹层	67.50～73.50	－21.64～－27.64	属强风化层中的夹层
8	ZK20	溶洞	35.80～39.30	6.08～9.58	全充填
9	ZK21	溶洞	27.30～27.90	17.38～17.98	全充填
10	ZK26	土洞	59.00～65.00	－13.26～－19.26	全充填
11	ZK27	溶洞	31.70～33.90	12.84～15.04	全充填
12	ZK30	中风化砂岩夹层	77.30～78.50	－31.10～－32.30	属强风化层中的夹层
13	ZK33	中风化砂岩夹层	58.20～62.30	－11.91～－16.01	属强风化层中的夹层

5.岩土层物理力学性质

各岩土层主要物理力学指标详见《土的物理力学性质试验报告》。对室内土工试验结果及现场原位测试值进行分层统计，舍弃不合理数值，统计结果见《物理力学指标统计表》。

6.不良地质现象和特殊性岩土

本次勘察发现拟建场地内存在土洞、溶洞不良地质现象，土洞和溶洞为半充填—全充填状态，充填物主要为软塑状粉质黏土夹砂粒、卵砾石充填，结构极松散，埋藏深浅不一；此不良地质容易引起地表沉降及塌陷，未经处理不宜在场地内作天然地基浅基础建筑物。场地特殊性岩土主要有①人工填土、$③_1$粉质黏土、$③_2$粉质黏土、④黏性土、$⑤_1$全风化砂岩、$⑤_2$强风化砂岩、$⑥_1$全风化白云岩、$⑥_2$强风化白云岩：①人工填土，稍实，堆填年限约5年，承载力一般，且土质极不均匀，未经处理不宜作天然地基浅基础持力层；$③_1$粉质黏土、$③_2$粉质黏土为残积土，可塑—硬塑状，力学性质较好，承载力较高，可作为多层建筑物的天然地基浅基础持力层;④黏性土为溶蚀堆积物,软塑—可塑状,力学性质一般,承载力一般,并且其埋深较大,不宜作天然地基浅基础持力层;⑤$_1$ 全风化砂岩、⑤$_2$ 强风化砂岩、⑥$_1$ 全风化白云岩、⑥$_2$ 强风化白云岩,力学性质较好,承载力较高,但此地层遇水易软化,承载力降低,开挖后应及时浇注。

5.7.3 水文地质条件

1. 地表水

拟建场地内无地表水分布,大气降水形成的地表水少部分垂直渗入地表以下,大部分排出场地外。

2. 地下水

1)地下水类型及含(隔)水层

根据岩芯观察及钻孔简易水文地质观测,拟建场地内地下水类型有孔隙潜水和基岩裂隙水。场地上部为第四系松散地层孔隙潜水,②黏土、③$_1$ 粉质黏土、③$_2$ 粉质黏土、④$_1$ 全风化砂岩、⑤$_1$ 全风化白云岩是主要含水层,属弱含水层(相对隔水层);下部为基岩裂隙水,④$_1$ 强风化砂岩、④$_3$ 中风化砂岩、⑤$_2$ 强风化白云岩、⑤$_3$ 中风化白云岩为主要含水层,但基岩裂隙发育一般,局部较发育,连通条件一般,透水性较差,因此,岩溶裂隙水水量为弱富水性。

2)相对隔水层分布及其特征

场地范围内分布的②黏土、③$_1$ 粉质黏土、③$_2$ 粉质黏土、④$_1$ 全风化砂岩、⑤$_1$ 全风化白云岩渗透性较差,其连续性较好,能构成相对稳定的相对隔水层。

3)地下水补给及地下水位变化

根据场地的环境条件,场地上部松散地层孔隙潜水主要靠大气降水垂直渗入补给,补、迳、排条件一般;基岩强、中、微风化带裂隙含水层埋藏较深,且上覆较厚的连续相对隔水层,其补给条件差。

据本次勘察,场地内各钻孔均见地下水,勘察期间测得其混合稳定水位埋深为 4.50～7.80m,相应标高为 38.06～41.73m。

地下水位受季节及降雨量影响。根据深圳地区经验地下水位变化幅度一般为 1.50～2.50m。

3. 腐蚀性判定

勘察期间于 ZK13、ZK33 号孔取地下水样 2 组 4 件做地下水质简分析,其主要指标分析结果见表 5-6。根据《岩土工程勘察规范(2009 年版)》(GB 50021—2001)判定本场地属湿润区Ⅱ类环境,按Ⅱ类环境判定地下水对砼结构有微腐蚀性,按地层渗透性判定地下水在弱透水层对砼结构有微腐蚀性,地下水对混凝土结构中的钢筋具微腐蚀性。

地下水位以上土的易溶盐分析主要指标见表 5-7。按Ⅱ类环境判定土对砼结构有微腐蚀性;场地地下水位以上的土为弱透水层,按地层渗透性土在弱透水层对砼结构有微腐蚀性；土对混凝土结构中的钢筋有微腐蚀性；土对钢结构有微腐蚀性。

表 5-6　水质分析结果及地下水腐蚀性判定表

<table>
<tr><td colspan="4">取样孔号</td><td>ZK13</td><td>ZK33</td></tr>
<tr><td rowspan="9">按地层渗透性</td><td colspan="3">pH 值</td><td>7.60</td><td>7.13</td></tr>
<tr><td colspan="2" rowspan="2">对混凝土结构的评价</td><td>强透水层</td><td>—</td><td>—</td></tr>
<tr><td>弱透水层</td><td>微腐蚀性</td><td>微腐蚀性</td></tr>
<tr><td colspan="3">侵蚀性 CO_2 含量/($mg \cdot L^{-1}$)</td><td>6.16</td><td>8.14</td></tr>
<tr><td colspan="2" rowspan="2">对混凝土结构的评价</td><td>强透水层</td><td>—</td><td>—</td></tr>
<tr><td>弱透水层</td><td>微腐蚀性</td><td>微腐蚀性</td></tr>
<tr><td colspan="3">HCO_3^-/($mmol \cdot L^{-1}$)</td><td>0.95</td><td>1.31</td></tr>
<tr><td colspan="2" rowspan="2">对混凝土结构的评价</td><td>强透水层</td><td>—</td><td>—</td></tr>
<tr><td>弱透水层</td><td>—</td><td>—</td></tr>
<tr><td colspan="4">环境类型</td><td>Ⅱ</td><td>Ⅱ</td></tr>
<tr><td rowspan="8">按环境类型</td><td colspan="3">总矿化度/($mg \cdot L^{-1}$)</td><td>126.61</td><td>146.19</td></tr>
<tr><td colspan="3">对混凝土结构的评价</td><td>微腐蚀性</td><td>微腐蚀性</td></tr>
<tr><td rowspan="6">主要腐蚀介质</td><td colspan="2">硫酸盐含量 SO_4^{2-}/($mg \cdot L^{-1}$)</td><td>8.00</td><td>12.00</td></tr>
<tr><td colspan="2">对混凝土结构的评价</td><td>微腐蚀性</td><td>微腐蚀性</td></tr>
<tr><td colspan="2">镁盐含量 Mg^{2-}/($mg \cdot L^{-1}$)</td><td>1.82</td><td>6.93</td></tr>
<tr><td colspan="2">对混凝土结构的评价</td><td>微腐蚀性</td><td>微腐蚀性</td></tr>
<tr><td colspan="2">苛性碱含量 OH^-/($mg \cdot L^{-1}$)</td><td>0.00</td><td>0.00</td></tr>
<tr><td colspan="2">对混凝土结构的评价</td><td>微腐蚀性</td><td>微腐蚀性</td></tr>
<tr><td colspan="4">Cl^- 含量/($mg \cdot L^{-1}$)</td><td>17.02</td><td>17.02</td></tr>
<tr><td colspan="2" rowspan="2">对混凝土结构中钢筋的评价</td><td colspan="2">长期侵水</td><td>微腐蚀性</td><td>微腐蚀性</td></tr>
<tr><td colspan="2">干湿交替</td><td>微腐蚀性</td><td>微腐蚀性</td></tr>
</table>

表 5-7　土的易溶盐主要指标试验值

土样编号	pH 值	SO_4^{2-}/($mg \cdot kg^{-1}$)	Mg^{2+}/($mg \cdot kg^{-1}$)	Ca^{2+}/($mg \cdot kg^{-1}$)	Cl^-/($mg \cdot kg^{-1}$)	土的名称
ZK7-1	6.84	80	52	173	86	黏土
ZK18-1	7.16	120	69	259	120	黏土
ZK35-1	6.97	100	43	245	137	黏土
腐蚀性评价	微	微	微	微	微	—

4.抗浮设防水位

地下室的抗浮设计水位:根据室外地坪标高和周边环境条件,结合场地地下水实际埋藏深度,可按绝对标高42.50m考虑。各地层抗拔桩的设计参数(极限摩阻力)与抗拔锚杆的设计参数(锚固体与土体的极限黏结强度标准值)依据当地经验选取,详见表5-8。

表5-8 抗拔摩阻力系数和锚固体与土体的极限黏结强度标准值一览表

地层编号	地层名称	抗拔摩阻力折减系数 λi	锚固体与土体的黏结强度标准值/kPa
①	人工填土	—	16
②	黏土	0.55(0.50)	55
$③_1$	粉质黏土	0.60(0.55)	55
$③_2$	粉质黏土	0.60(0.55)	55
④	黏性土	0.55(0.50)	45
$⑤_1$	全风化砂岩	0.65(0.60)	70
$⑤_2$	强风化砂岩	0.70(0.65)	120
$⑥_1$	全风化白云岩	0.65(0.60)	70
$⑥_2$	强风化白云岩	0.70(0.65)	120

注:1.抗拔侧摩阻力系数按广东省标准《建筑地基基础设计规范》(DBJ 15-31—2003)表10.2.10-2提供;括号内为灌注桩的建议值,括号外为预制桩的建议值。

2.锚固体与土体的极限黏结强度标准值按深圳市标准《深圳市基坑支护技术规范》(SJG 05—2011)表10.2.7提供。

5.7.4 场地地震效应

1.抗震设防烈度

按《建筑抗震设计规范》(GB 50011—2010)的划分,拟建场地抗震设防烈度为6度,设计基本地震加速度值为0.05g,设计地震分组为第一组,特征周期为0.35s。

2.场地土类型及场地类别

根据《×××工程场地剪切波速测试报告》,等效剪切波速具体见表5-9。

根据表5-9中的结果,本场地的场地土类别:ZK14号和ZK29号钻孔所在场地土的类型为中硬土,ZK17号钻孔所在场地土的类型为中软土;建筑场地类别为Ⅱ类;本场地平均地面脉动的卓越周期为0.420 3s,特征周期为0.35s。

对建筑物的抗震设计,拟建场地为对建筑抗震一般地段。

表 5-9 等效剪切波速统计表

孔位	等效剪切波速/($m \cdot s^{-1}$)	覆盖层厚度/m	地面脉动卓越周期/s	场地类别(建筑规范)
ZK14	357	27.3	0.291 6	Ⅱ
ZK17	194	33.5	0.668 1	
ZK29	255	19.2	0.301 2	

3. 砂土液化评价

本场地抗震设防烈度为 6 度，并且不存在可液化类地层，因此无须进行液化判别。

5.7.5 岩土工程分析与评价

1. 场地稳定性、适宜性及均匀性评价

1)场地稳定性及适宜性评价

根据本次勘察在钻探深度范围内揭露地质情况，结合区域地质资料综合分析，场内暂未发现有断裂构造通过，场地稳定性较好。但场地内存在土洞、溶洞不良地质现象，埋藏深度深浅不一，上部荷载较大时此不良地质现象容易引起地表沉降及塌陷。本场地拟建住宅楼可采用桩基础，当土洞、溶洞埋藏较浅时，可以⑦$_4$ 微风化灰岩为桩端持力层，当土洞、溶洞埋藏较深时，可以⑤$_2$ 强风化砂岩、⑥$_2$ 强风化白云岩作桩端持力层，但需对基础下卧层进行验算。拟建幼儿园可采用天然地基浅基础，以②黏土或经处理后的①人工填土层作基础持力层。因此，对本工程的建设是适宜的。

场地特殊性岩土主要有①人工填土，稍实，承载力较好，但土质极不均匀，未经处理不宜作天然地基浅基础持力层。

2)地基的稳定性、均匀性评价

本次勘察结果表明，揭露地层自上而下为①人工填土、②黏土、③$_1$ 粉质黏土、③$_2$ 粉质黏土、④黏性土、⑤$_1$ 全风化砂岩、⑤$_2$ 强风化砂岩、⑤$_3$ 中风化砂岩、⑥$_1$ 全风化白云岩、⑥$_2$ 强风化白云岩、⑥$_3$ 中风化白云岩、⑦$_4$ 微风化灰岩，勘探中 ZK2、ZK5、ZK6、ZK13、ZK20、ZK21、ZK26、ZK27 号钻孔存在土洞与溶洞，且大小不一。

根据钻探，结合标贯试验击数及室内土工试验结果的统计分析：②黏土层均匀性较好，不同钻孔的同一地层物理力学性质变化较小，③$_1$ 粉质黏土及以下地层同种地层在不同钻孔分层厚度不一，层厚差异较大，层顶及层底标高也有较大差异，且存在土洞、溶洞，均匀性较差。本项目拟高层住宅楼采用桩基础，桩端持力层在土洞、溶洞发育场地(第 1 栋住宅楼)以土洞或溶洞底以下的稳定微风化岩为持力层，第 2 栋住宅楼仅 ZK13 孔揭露有土洞，可对此进行加固处理，以强风化砂岩、强风化白云岩作桩端持力层，拟建的幼儿园综合楼场地未揭露有土洞、溶洞；因此，可不考虑土洞、溶洞对地基稳定性的影响，地基稳定性较好。

2. 地基岩土评价

1)各岩土层力学设计参数

(1)利用室内土工试验,结合当地经验,根据深圳市标准《地基基础勘察设计规范》(SJG 01—2010)、国家标准《建筑地基基础设计规范》(GB 50007—2011)和广东省标准《建筑地基基础设计规范》(DBJ 15-31—2003)的有关规定,提供场地内各岩土层天然地基承载力特征值 f_{ak} 及压缩模量 Es 等指标建议值如表 5-10 所示;灌注桩桩端土承载力特征值 q_{pa} 及桩周土摩擦力特征值 f_{ak} 建议值如表 5-11 所示;若采用预应力管桩,根据广东省标准《锤击式预应力混凝土管桩基础技术标准》(DBJ/T 15-22—2008),提供预应力管桩的端阻力特征值 q_{pa},管桩的侧摩阻力特征值 q_{sia},建议值如表 5-12 所示。

表 5-10　岩土层天然地基承载力特征值及压缩模量等力学指标建议值

地层编号	成因类型	地层名称	承载力特征值 f_{ak}/kPa	压缩模量 E_S/MPa	变形模量 E_0/MPa	凝聚力 C/kPa	内摩擦角 φ/(°)
①	Qh^{ml}	人工填土	100	—	—	—	—
②	Qh^{al+pl}	黏土	200	4.5	20	24	22
③$_1$	Q^{el}	粉质黏土	220	5	30	25	22
③$_2$		粉质黏土	200	5	30	25	22
④	Q^{pr}	黏性土	150	4	15	20	15
⑤$_1$	C_1	全风化砂岩	350	10	55	30	25
⑤$_2$		强风化砂岩	600	18	100	35	25
⑥$_1$		全风化白云岩	320	10	55	30	25
⑥$_2$		强风化白云岩	550	18	100	35	25

注:按广东省标准《建筑地基基础设计规范》(DBJ 15-31—2003)提供。

表 5-11　钻孔、冲孔、挖孔灌注桩端阻力和侧摩阻力特征值建议值

地层编号	成因类型	地层名称	桩端阻力特征值 q_{pa}/kPa				桩侧摩阻力特征值 q_{sia}/kPa
			钻、冲孔灌注桩			挖孔灌注桩	
			桩的入土深度 l/m				
			$l<15$	$15\leqslant l\leqslant 30$	$l>30$		
①	Qh^{ml}	人工填土	—	—	—	—	10
②	Qh^{al+pl}	黏土	—	—	—	—	30
③$_1$	Q^{el}	粉质黏土	400	600	800	800	30
③$_2$		粉质黏土	400	600	800	800	30

续表 5-11

<table>
<tr><td rowspan="4">地层编号</td><td rowspan="4">成因类型</td><td rowspan="4">地层名称</td><td colspan="4">桩端阻力特征值 q_{pa}/kPa</td><td rowspan="4">桩侧摩阻力特征值 q_{sia}/kPa</td></tr>
<tr><td colspan="3">钻、冲孔灌注桩</td><td rowspan="3">挖孔灌注桩</td></tr>
<tr><td colspan="3">桩的入土深度 l/m</td></tr>
<tr><td>$l<15$</td><td>$15\leqslant l\leqslant 30$</td><td>$l>30$</td></tr>
<tr><td>④</td><td>Q^{pr}</td><td>黏性土</td><td>300</td><td>400</td><td>500</td><td>500</td><td>15</td></tr>
<tr><td>⑤$_1$</td><td rowspan="4">C_1</td><td>全风化砂岩</td><td>800</td><td>1000</td><td>1300</td><td>1500</td><td>45</td></tr>
<tr><td>⑤$_2$</td><td>强风化砂岩</td><td>1100</td><td>1300</td><td>1600</td><td>1800</td><td>90</td></tr>
<tr><td>⑥$_1$</td><td>全风化白云岩</td><td>800</td><td>1000</td><td>1300</td><td>1500</td><td>45</td></tr>
<tr><td>⑥$_2$</td><td>强风化白云岩</td><td>1100</td><td>1300</td><td>1600</td><td>1800</td><td>90</td></tr>
</table>

注：建议值参考《深圳市地基基础勘察设计规范》(SJG 01—2010)提出，中风化灰岩根据经验提出。

表 5-12 预应力管桩端阻力和侧摩阻力特征值建议值

<table>
<tr><td rowspan="3">地层编号</td><td rowspan="3">成因类型</td><td rowspan="3">地层名称</td><td colspan="3">管桩的端阻力特征值 q_{pa}/kPa</td><td rowspan="3">管桩的侧摩阻力特征值 q_{sia}/kPa</td></tr>
<tr><td colspan="3">桩入土深度 h/m</td></tr>
<tr><td>$h<9$</td><td>$9<h<16$</td><td>$16<h<30$</td></tr>
<tr><td>①</td><td>Qh^{ml}</td><td>人工填土</td><td>—</td><td>—</td><td>—</td><td>20</td></tr>
<tr><td>②</td><td>Qh^{al+pl}</td><td>黏土</td><td>—</td><td>—</td><td>—</td><td>35</td></tr>
<tr><td>③$_1$</td><td rowspan="2">Qp_2^{el}</td><td>粉质黏土</td><td>1100</td><td>1400</td><td>1700</td><td>35</td></tr>
<tr><td>③$_2$</td><td>粉质黏土</td><td>1100</td><td>1400</td><td>1700</td><td>35</td></tr>
<tr><td>④</td><td>Q^{pr}</td><td>黏性土</td><td>600</td><td>800</td><td>1000</td><td>20</td></tr>
<tr><td>⑤$_1$</td><td rowspan="4">C_1</td><td>全风化砂岩</td><td>1600</td><td>2400</td><td>3000</td><td>50</td></tr>
<tr><td>⑤$_2$</td><td>强风化砂岩</td><td>2200</td><td>3200</td><td>4000</td><td>100</td></tr>
<tr><td>⑥$_1$</td><td>全风化白云岩</td><td>1600</td><td>2400</td><td>3000</td><td>50</td></tr>
<tr><td>⑥$_2$</td><td>强风化白云岩</td><td>2200</td><td>3200</td><td>4000</td><td>100</td></tr>
</table>

注：建议值参考《深圳市地基基础勘察设计规范》(SJG 01—2010)和《锤击式预应力混凝土管桩基础技术标准》(DBJ/T15-22—2008)提供，桩基参数宜经试桩校核。

(2)参照深圳经济特区技术规范《地基基础勘察设计规范》(SJG 01—2010)，嵌岩桩单桩竖向承载力特征值 R_a，由桩侧土层段侧阻力、桩嵌岩段侧阻力、桩端端阻力 3 个部分组成，可按下列公式进行估算：

$$\begin{cases} R_a = R_{qs} + R_{rs} + R_{pa} \\ R_{qs} = u_s \sum q_{sia} h_i \\ R_{rs} = u_r \sum q_{ria} h_r \\ R_{pa} = q_{pa} A_p \end{cases} \tag{5-4}$$

式中：R_{qs}、R_{rs}、R_{pa} 分别为桩侧土层总侧阻力、桩嵌岩段总侧阻力、桩端阻力；q_{sia} 为桩侧第 i 层土的侧阻力特征值；q_{ria} 为桩侧第 i 层岩石侧阻力特征值，可根据桩侧岩层的岩样饱和单轴抗压强度 f_{rks}（$q_{ria}=C_2 f_{rks}$）确定；q_{pa} 为桩端岩石承载力特征值，可根据桩侧岩层的岩样饱和单轴抗压强度 f_{rks}（$q_{pa}=C_1 f_{rka}$）确定；C_1、C_2 为系数，可参照深圳经济特区技术规范《地基基础勘察设计规范》(SJG 01—2010)中的表 10.4.4 选用。

中风化砂岩、中风化白云岩，取 $f_{rks}=f_{rka}=15\text{MPa}$；微风化灰岩，取 $f_{rks}=f_{rka}=32\text{MPa}$。

注：①抗压强度的建议值结合当地经验提供；②对于钻冲孔桩：中风化岩，$C_1=0.30\times0.85$，$C_2=0.04\times0.85$；微风化岩，$C_1=0.40\times0.85$，$C_2=0.05\times0.85$；③桩端扩大头时，扩大头斜面部分取 $C_2=0$；④当桩端嵌入基岩深度 $h_r<0.5\text{m}$ 时，取 $C_2=0$。

计算时，按现行深圳经济特区技术规范《地基基础勘察设计规范》(SJG 01—2010)进行。

2）地基岩土工程评价

(1)①人工填土：主要以粉黏土、碎石、建筑垃圾堆填，稍实，承载力一般，但结构不均匀，未经处理不宜作天然地基浅基础持力层。

(2)②黏土、③$_1$ 粉质黏土、③$_2$ 粉质黏土：可塑—硬塑状，力学性质较好，承载力较高，可作多层建筑物的天然地基基础持力层。

(3)④黏性土：软塑—可塑状，力学性质一般，承载力一般，且埋深较深，不宜作多层建筑物的天然地基基础持力层。

(4)⑤$_1$ 全风化砂岩、⑥$_1$ 全风化白云岩：力学性质较好，承载力较高，可作建筑物桩基础持力层。

(5)⑤$_2$ 强风化砂岩、⑥$_2$ 强风化白云岩：力学性质较好，承载力较高，可作建筑物桩基础持力层。1 栋高层住宅楼所处位置强风化岩顶面埋深和标高见表 5-13。

(6)⑤$_3$ 中风化砂岩、⑥$_3$ 中风化白云岩、⑦$_4$ 微风化灰岩：力学性质良好，承载力高，压缩性低，可作建筑物桩基础持力层。2 栋高层住宅楼所处位置微风化岩顶面埋深和标高见表 5-13。

3）基础选型分析

(1)天然地基评价：拟建的建筑物为 2 栋 35 层的住宅楼和 1 栋幼儿园综合楼，高层住宅楼位于场地北侧，幼儿园位于场地南侧。住宅楼不宜采用天然地基浅基础。场地南侧揭露有土洞、溶洞等不良地质现象，且人工填土层较浅，因此，对于拟建的幼儿园综合楼，可对人工填土挖除采用天然地基浅基础，以②黏土为基础持力层。

(2)桩基础评价：拟建高层住宅楼宜采用桩基础，可选用的桩型有冲(钻)孔桩、旋挖桩、预应力管桩。

(a)如若采用冲(钻)孔灌注桩或旋挖桩，第 1 栋住宅楼基岩均为⑦$_4$ 微风化灰岩，且埋藏均不深，桩端持力层应穿过土洞、溶洞后(如有时)以溶洞底部的微风化灰岩为宜，且应保证桩端以下 3～5 倍桩径范围为完整或较完整的岩体。第 2 栋住宅楼中、微风化岩基岩埋藏较深，未完全揭露中、微风化岩，且仅有 ZK13 号孔揭露有土洞(标高 −4.24～1.06m，埋深 44.80～50.10m)，宜对此土洞进行加固处理后，桩端持力层以⑤$_2$ 强风化砂岩、⑥$_2$ 强风化白云岩中下部为宜，并且宜采用扩底桩。

冲(钻)孔灌注桩和旋挖桩施工时不用疏排地下水，可以嵌岩，且较易穿透较硬夹层，达到预定持力层；成桩时当遇到土洞或溶洞时，应该注意对漏浆采用相应的护壁措施。冲(钻)孔灌注桩不足之处是施工中产生的大量泥浆对场地环境污染较大、费用较高，成孔深度较大时孔底清渣较困难。若采用该类桩型，应注意采取措施清除孔内沉渣，做好泥浆的排放处理，保护场地施工环境。

表 5-13　强风化岩和微风化岩分布情况表

位置	地层名称	孔号	顶面标高/m	埋深/m	说明
1 栋	微风化灰岩	ZK1	25.76	24.00	微风化灰岩顶面埋深：23.30～42.90m；平均埋深 34.22m。部分钻孔揭露有土洞、溶洞
		ZK2	14.73	47.70	
		ZK5	21.97	23.30	
		ZK6	19.80	42.90	
		ZK10	10.36	34.90	
		ZK11	12.63	32.50	
		ZK16	13.73	31.50	
		ZK17	11.80	33.50	
		ZK20	13.18	39.50	
		平均值	16.00	34.22	
2 栋	强风化砂岩(含强风化白云岩)	ZK3	31.37	13.80	强风化顶面埋深：一般 23.20～43.50m，较浅为 4.10～13.80m；平均埋深 20.59m。其中 ZK4 号孔强风化出露地表，标高 −11.98～−5.78m 为中风化夹层；ZK13 号孔揭露有土洞(标高 1.06～−4.24m)和全风化夹层(标高−21.64～−27.64m)
		ZK4	44.32	0.00	
		ZK8	21.33	24.00	
		ZK9	37.78	3.80	
		ZK12	22.38	23.20	
		ZK13	21.26	24.60	
		ZK14	17.15	27.30	
		ZK15	1.41	43.50	
		ZK19	3.72	41.60	
		ZK37	41.11	4.10	
		平均值	24.18	20.59	

(b)如若采用预应力管桩，第 1 栋住宅楼所处位置基岩为灰岩，且土洞、溶洞较多，在灰岩地区预应力管桩遇微风化岩易断桩，一般不宜采用预应力管桩；第 2 栋住宅楼所处位置局部强风化岩埋藏较浅，更有 ZK4 号孔揭露强风化层出露地表，桩身达不到预计长度，因此不

宜采用预应力管桩。

根据场地土条件和本工程拟建物的特点，综合分析如下。

对于高层住宅楼，宜采用冲(钻)孔灌注桩基础或旋挖桩基础，第1栋住宅楼桩端持力层应穿过土洞、溶洞后(如有时)以溶洞底部的微风化灰岩为宜；第2栋住宅楼桩端持力层以⑤$_2$强风化砂岩、⑥$_2$强风化白云岩中下部为宜，并且宜采用扩底桩。对于幼儿园综合楼，也可采用桩基础，但不经济，不建议采用。当采用桩基础时，应进行施工勘察，以详细查明土洞、溶洞的埋藏情况，确定每桩桩端持力层。

对于幼儿园综合楼，拟建幼儿园综合楼场地部位未揭露有土洞、溶洞，地基土较好，宜采用天然地基浅基础，以②黏土为基础持力层。

4)基础沉降分析

根据本地区经验，采用冲(钻)孔灌注桩，以强、中、微风化岩为桩端持力层时，其沉降量一般很小，能满足桩基等相关规范的要求。

采用天然地基浅基础时，为减少建筑物不均匀沉降的影响，拟建建筑宜加强基础强度及上部结构刚度，使其共同发挥调整作用。建议对地基持力层的强度及变形进行压板载荷试验验证。

5)设计及施工注意事项

采用桩基础时，应注意土洞、溶洞的影响，避免桩身未穿过土洞或溶洞等现象，且应保证桩端以下3～5倍桩径范围为完整或较完整的岩体。冲(钻)孔灌注桩或旋挖桩要做好护壁工作，采用优质泥浆，防止桩身桩壁崩塌影响成桩质量。灌注桩需特别注意清理孔底沉渣，其沉渣厚度应控制在允许范围内，水下灌注混凝土时防止产生桩身缩颈、粗细骨料分布不匀或夹泥等现象。桩基完工后应按规范要求进行桩基承载力检测。

6)桩基施工对周边环境的影响

冲(钻)孔灌注桩施工时泥浆的排放及处理不当会污染周边环境，应及时清理残余泥浆，用泥浆车将其运走处理，尽可能避免对环境产生不利影响。

3. 基坑支护与土方开挖

1)基坑周边环境调查

根据设计单位提供的总平面图和地下室平面图，本次勘察对场地周边环境情况做了实地调查，基坑场地周边：东侧、南侧、西侧均为平整的空地，北侧为碧园路(与基坑边线相距17m以上)，周边暂无地下管线和居民住宅，对基坑开挖有利。

2)基坑支护

本工程设一层地下室，开挖深度5.0～8.1m，基坑边坡主要由①人工填土、②黏土、③$_1$粉质黏土、⑤全风化砂岩组成，基坑底主要为③$_1$粉质黏土、⑤全风化砂岩。本基坑工程安全等级为二级。

根据勘察揭露，本场地地下水位埋藏较深，埋深为4.50～7.80m，相应标高为38.06～41.73m。南侧地下水埋深在设计基坑底面以下，地下水对基坑开挖影响不大；北侧地下水埋深在设计基坑底面以上，基坑开挖时应注意地下水对基坑施工的影响，地下水控制可采用坑内设置降水井降低地下水位，坑内布置集水井，坡顶和坡脚设置排水沟等措施。基坑支护结构可采用桩锚支护结构或复合土钉墙结构，当周边条件允许时，还可采用放坡＋土钉墙支护结构。

根据场地岩土体物理力学资料，参照深圳市标准《深圳市基坑支护技术规范》(SJG 05—2011)，结合深圳地区经验，提供各岩土层承载力及有关基坑支护设计参数建议值如表 5 - 14 所示。

表 5 - 14　基坑支护设计有关的参数建议值

地层名称	天然重度 $r/(kN \cdot m^{-3})$	凝聚力 C/kPa	内摩擦角 $\varphi/(°)$	与锚固体极限黏结强度标准值 $(q_{sik})/kPa$	放坡坡率 坡高/m	
					5m 以内	5～10m
①人工填土	18.3	12	10	16	1∶1.5	1∶1.7
②黏土	19.0	24	22	55	1∶1.1	1∶1.3
③$_1$ 粉质黏土	18.8	25.0	22.0	55	1∶1.1	1∶1.3
③$_2$ 粉质黏土	18.8	25.0	22.0	55	1∶1.1	1∶1.3
⑤$_1$ 全风化砂岩	19.0	30.0	25.0	70	1∶1	1∶1.25
⑤$_2$ 强风化砂岩	19.6	35.0	25.0	120	1∶0.75	1∶1

注：按深圳市标准《深圳市基坑支护技术规范》(SJG 05—2011)提供。

3）地下水控制

本场地对基坑开挖影响最大的是北侧的地下水。可在基坑内设降水井、集水井、坡脚、坡顶设排水沟的降排水措施。

4）地下室抗浮

本工程地下室底板标高部分场地低于地下水稳定水位，抗浮设计水位按 40.00mm 考虑，设计时需考虑地下水抗浮设计。

5）监测

基坑土方开挖和支护施工期间应对基坑坡顶水平位移和沉降、基坑周边建筑物和道路沉降进行监测。

5.7.6　结论及建议

(1)本次勘察在钻探深度范围内揭露地质情况，结合区域地质资料综合分析，场内未发现有断裂通过。场地内存在土洞、溶洞不良地质现象，此不良地质容易引起地表沉降及塌陷，但工程建设可采用桩基础以强、微风化岩为桩端持力层。根据勘探以及拟建工程类型，拟建工程的住宅楼可采用桩基础，幼儿园综合楼可采用天然地基浅基础。因此，场地对本工程的建设是适宜的。

(2)拟建场地抗震设防烈度为6度,设计基本地震加速度值为0.05g,设计地震分组为第1组,特征周期为0.35s。

(3)根据剪切波速测试报告,ZK14号和ZK29号钻孔所在场地土的类型为中硬土,ZK17号钻孔所在场地土的类型为中软土;建筑场地类别为Ⅱ类;本场地平均地面脉动的卓越周期为0.420 3s,特征周期为0.35s。建筑场地类别为Ⅱ类,对建筑物的抗震设计,拟建场地为对建筑抗震一般地段。

(4)根据《岩土工程勘察规范(2009年版)》(GB 50021—2001)判定本场地属湿润区Ⅱ类环境,按Ⅱ类环境判定地下水对砼结构有微腐蚀性;按地层渗透性判定地下水在弱透水层对砼结构有微腐蚀性;地下水对混凝土结构中的钢筋具微腐蚀性。地下水位以上的土对砼结构有微腐蚀性,对混凝土结构中的钢筋具微腐蚀性;土对钢结构具微腐蚀性。

(5)本场地勘察深度内无液化土,可不考虑地基土地震液化影响。

(6)对于高层住宅楼,基础宜采用冲(钻)孔灌注桩基础或旋挖桩基础,第1栋住宅楼桩端持力层应穿过土洞、溶洞后(如有时)以溶洞底部的微风化灰岩为宜;第2栋住宅楼桩端持力层以⑤$_2$强风化砂岩、⑥$_2$强风化白云岩中下部为宜,宜采用扩底桩。

对于幼儿园综合楼,拟建幼儿园综合楼场地部位未揭露有土洞、溶洞,地基土较好,宜采用天然地基浅基础,以②黏土为基础持力层。

(7)基坑支护结构可采用桩锚支护结构或复合土钉墙结构,当周边条件允许时,还可采用放坡+土钉墙支护结构。

(8)地下室的抗浮设计水位可按绝对标高42.50m考虑。

(9)建议进行施工勘察,以详细查明土洞、溶洞的埋藏情况,确定每桩桩端持力层。

(10)报告提供的岩土层力学指标可作为施工设计的地质依据。

6 地面沉降勘查

6.1 地面沉降概述

6.1.1 地面沉降的概念

地面沉降(land subsidence)是指在自然因素或人为因素影响下发生的幅度较大、速率较大的地表高程垂直下降的现象。地面沉降,又称地面下沉或地陷,是指某一区域内由于开采地下水或其他地下流体所导致的地表浅部松散沉积物压实或压密引起的地面标高下降的现象。意大利威尼斯最早发现地面沉降。之后随着经济发展、人口增加和地下水(油气)开采量增大,世界上许多国家及地区如美国、日本、墨西哥、欧洲和东南亚均发生了严重的地面沉降。

一般情况下,把自然因素引起的地面沉降归属于地壳形变或构造运动的范畴,作为一种自然动力现象加以研究;而将人为因素引起的地面沉降归属于地质灾害现象进行研究和防治。

6.1.2 地面沉降的影响因素

从地质灾害研究和防治的角度,地面沉降的影响因素主要是开采地下水和油气资源、地下采矿掏空、修隧道挖窑洞以及局部性增加荷载。

1. 过量开采地下水和油气资源

过量开采地下水、石油、天然气和卤水只是地面沉降的外部原因,中等、高压缩性黏土层和承压含水层的存在才是地面沉降的内因。

北京从1999年起年均超采地下水5亿m^3,现平原区地下水平均埋深24.5m,与超采前的1998年同期相比,地下水位下降12.83m,地下水储量减少65亿m^3,已经形成面积约1000km^2的地下水降落漏斗区。漏斗中心位于朝阳区的黄港、长店至顺义的米各庄一带。

地面沉降与地下水开采量和动态变化有着密切联系,具体表现在:

(1)地面沉降中心与地下水开采漏斗中心区呈明显一致性。

(2)地面沉降区与地下水集中开采区域大体相吻合。

(3)地面沉降量等值线展布方向与地下水开采漏斗等值线展布方向基本一致,地面沉降的速率与地下液体的开采量和开采速率有良好的对应关系。

(4)地面沉降量及各单层的压密量与承压水位的变化密切相关。

(5)许多地区已经通过人工回灌或限制地下水的开采来恢复和抬高地下水位,控制了地面沉降的发展,有些地区的地面还有所回升。这就更进一步证实了地面沉降与开采地下液体引起水位或液压下降之间的成因联系。

2. 城市建设对地面沉降的影响

相对于抽采地下流体和构造运动引起的地面下沉,城市建设造成的地面沉降是局部的,有时也是不可逆转的。城市建设造成的地面沉降分两个方面:一是城市建设施工引起的地面沉降;二是建筑物增加荷载造成的地面沉降。

1)城市建设施工引起的地面沉降

城市建设施工对地基的影响方式分为两种:①以水平方向为主的影响方式,以重大市政工程为代表,如地铁、隧道、给排水工程、道路改扩建等,利用开挖或盾构掘进,并铺设各种市政管线。如 2003 年 7 月上海地铁施工造成了严重的地面沉降(图 6-1)。②以垂直方向为主的影响方式,以高层建筑基础工程为代表,沉降效应较明显的工程措施有开挖、降排水、盾构掘进、沉桩等。如长宁馥邦 12 楼因挖掘地下车库导致地面沉降 10cm,造成楼体和地表开裂(图 6-2)。

图 6-1 上海地铁工地地面沉降

图 6-2 长宁馥邦 12 楼因挖掘地下车库地面沉降与地表开裂

施工若揭露有流沙性质的饱水砂层或具流变特性的饱和淤泥质软土,在开挖深度和面积较大的基坑时,则有可能造成支护结构失稳,从而导致基坑周边地区地面沉降。而规模较大的隧道、涵洞的开挖有时具有更显著的沉降效应。降排水常作为基坑等开挖工程的配套工程措施,旨在预先疏干作业面渗水,其机理与抽取地下水引发地面沉降一致。

城建施工造成的沉降与工程施工进度密切相关,沉降主要集中于浅部工程活动相对频繁和集中的地层中，与开采地下水引起的沉降主要发生在深部含水砂层有根本区别。

2)建筑物增加荷载造成的地面沉降

最突出的是上海。上海有多幢18层以上的高楼，另有多幢正在兴建或计划中。地表不堪负荷，地面沉降现象日益严重，平均每年下沉1.5cm，最严重的是浦东区年平均下沉3cm。已经影响到地铁和高层建筑的结构。

地壳升降活动、松散沉积物的自然固结、人类开采地下水或油气资源，都会引起地面沉降。从灾害研究角度而言，地面沉降主要是指由人类活动引起的或者是以人类活动为主、自然动力为辅而引发的。地面沉降的形成条件有两个：一是地质条件（具有较高压缩性的厚层松散沉积物）；二是动力条件（如长期过量开采地下水和地下油气资源等）。

经过多年的研究，影响上海地面沉降的因素可归纳为海平面上升、新构造运动、静荷载、动荷载、开采天然气、开采地下水、地下取土、深井出沙、人工填土和黄浦江疏浚等十大因素。过量开采地下水是引起地面沉降的主要外在因素，可压缩饱和黏性土层的存在是引起地面沉降的内在因素。

6.1.3 地面沉降的形成机理

1. 松散堆积层的地面沉降机理

一是松散堆积层被上覆荷载压实引起地面沉降，主要表现在大、中城市。二是松散堆积层中的隔水层（黏土层）和含水层的持水性及其他物理特性存在着很大差异，长期过量开采地下水使含水层水位下降，引起含水层本身及相对隔水层孔隙水压力减小，颗粒间有效应力增大，孔隙体积减小，土层压密，导致地面沉降。其基本原理是有效应力原理，即抽取地下水引起土层压密，导致地面沉降（图6-3）。

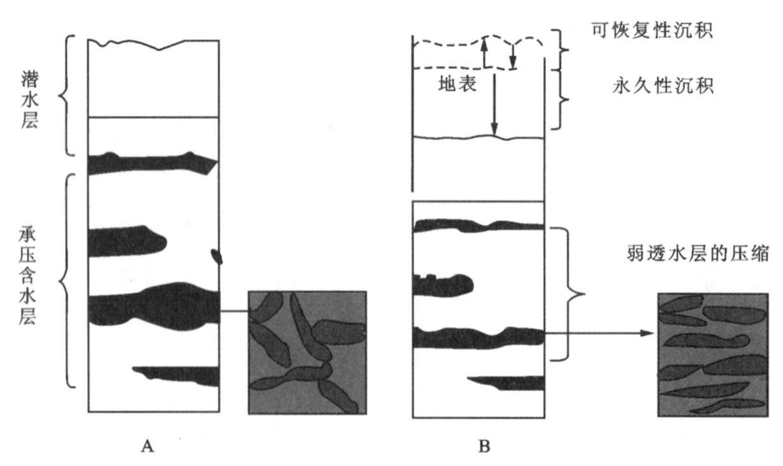

A. 弱透水层颗粒骨架中的空隙解释了其蓄水性；B. 弱透水层的颗粒骨架压实重组后，空隙度减小，蓄水能力降低。

图6-3　含水层压实引发的地面沉降原理示意图

由于透水性能的显著差异，孔隙水压力减小、有效应力增大的过程在砂层和黏土层中是截然不同的。在砂层中，随着承压水头降低和多余水分的排出，有效应力迅速增至与承压水位降低后相平衡的程度，所以砂层压密是“瞬时”完成的。在黏性土层中，压密过程进行得十分缓慢，往往需要几个月、几年甚至几十年的时间，因而直到应力转变过程最终完成之前，黏性土层中始终存在有超孔隙水压力（或称剩余孔隙水压力）。它是衡量该土层在现存应力条件下最终固结压密程度的重要指标。

相对而言，在较低应力下砂层的压缩性小且主要是弹性、可逆的，而黏性土层的压缩性则大得多且主要是非弹性的永久变形。因此，在较低的有效应力增长条件下，黏性土层的压密在地面沉降中起主要作用，而在水位回升过程中，砂层的膨胀回弹则具有决定意义。

此外，土层的压缩量还与土层的预固结应力（即先期固结应力）、土层的应力-应变性状有关。抽取地下水量不等而表现出来的地下水位变化类型和特点也对土层压缩产生一定的影响。

地面沉降主要是抽采地下流体引起土层压缩而引起的，厚层松散细粒土层的存在则构成了地面沉降的物质基础。在广大的平原、山前倾斜平原、山间河谷盆地、滨海地区及河口三角洲等地区分布有很厚的第四系和新近系松散或未固结的沉积物，因此，地面沉降多发生于这些地区。如在滨海三角洲平原，第四纪地层中含有比较厚的淤泥质黏土，呈软塑状态或流动状态。这些淤泥质黏性土的含水量可高达60%以上，孔隙比大，强度低，压缩性强，易于发生塑性流变。当大量抽取地下水时，含水层中地下水压力降低，淤泥质黏土隔水层孔隙中的弱结合水压力差加大，使孔隙水流入含水层，有效压力加大，结果发生黏性土层的压缩变形。

易于发生地面沉降的地质结构为砂层、黏土层互层的松散土层结构。在抽水过程中，由于含水层的水头降低，上、下隔水层中的孔隙水压力较高，因而向含水层排出部分孔隙水，上、下隔水层的水压力降低。在上覆土体压力不变的情况下，黏土层的有效应力加大，地层受到压缩，孔隙体积减小。这就是黏土层的压缩过程。由于抽取地下水，在井孔周围形成水位下降漏斗，承压含水层的水压力下降，即支撑上覆岩层的孔隙水压力减小，这部分压力转移到含水层的颗粒上。含水层因有效应力加大而受压缩，孔隙体积减小，排出部分孔隙水。这就是含水层压缩的机理。

从地层结构而言，透水性差的隔水层（黏土层）与透水性好的含水层（砂质土层、砂层、砂砾层）互层结构易于发生地面沉降，即在含水性较好的砂层、砂砾层内抽排地下水时，隔水层中的孔隙水向含水层流动就会引起地面沉降。根据土的固结理论可知，含水层上覆荷载的总应力 p 应由含水层中水体和土体颗粒共同承受。其中由水体所承受的孔隙压力 p_w 并不能引起土层压密，称之为中性压力。由土体承受的部分压力直接作用于含水层固体骨架之上。可直接造成土层压密，称之为有效压力 p_s。水压力 p_w 和有效压力 p_s 共同承担上覆荷载，即 $p=p_w+p_s$。从孔隙承压含水层中抽汲地下水，引起含水层中地下水位下降，水压降低，但不会引起外部荷载的变化，这将导致有效应力的增加。

2. 基岩的地面沉降机理

基岩中硬岩层被压缩的可能性很小，软弱岩层被压缩的可能性较大，但同松散堆积层相比却差得多。然而，在基岩的裂隙和孔洞中富含着大量的地下水、石油和天然气，当人们抽取这些地下流体时，必然导致基岩失去浮托力，地下裂隙、孔洞被压缩，从而引发基岩地面沉降。

综上所述，无论松散堆积层还是基岩，抽取地下流体都是造成地面沉降的主因。

6.1.4 地面沉降的特点

地面沉降主要发生于大型沉积盆地和沿海平原地区的工业发达城市及油气田开采区。其特点如下。

(1)涉及范围广，下沉速率缓慢，往往不易被察觉。

(2)在城市内过量开采地下水引起的地面沉降，其波及的面积大。

(3)地面沉降具有不可逆特性，就是用人工回灌办法，也难使地面沉降的地面恢复到原来的标高。

6.1.5 地面沉降的分布

1. 世界范围内地面沉降的分布

地面沉降主要发生于平原和内陆盆地工业发达的城市以及油气田开采区。如美国内华达州的拉斯维加斯市，自 1905 年开始抽取地下水，由于地下水位持续下降，地面沉降影响面积已达 $1030km^2$，累计沉降幅度在沉降中心区已达 1.5m，同时还伴生了广泛的地裂缝，其长度和深度均达几十米。

日本在 20 世纪 50—80 年代，地面沉降遍及 50 多个城市和地区。东京地区的地面沉降范围达 1000 多平方千米，最大沉降量达到 4.6m，部分地区甚至降到了海平面以下。

英国的伦敦、俄罗斯的莫斯科、匈牙利的德布勒森、泰国的曼谷、委内瑞拉的马拉开波湖、德国沿海以及新西兰和丹麦等国家和地区也都发生了不同程度的地面沉降(表 6-1)。

2. 我国地面沉降的分布

目前，我国已有上海、天津、江苏、浙江、陕西等 16 个省(区、市)共 46 个城市(地段)、县城出现了地面沉降问题，总沉降面积达 $48.7\times10^4km^2$(表 6-2)。

从成因上看，我国地面沉降绝大多数是因地下水超量开采所致。从沉降面积和沉降中心最大累积降深来看，以天津、上海、苏锡常、沧州、西安、阜阳、太原等城市较为严重，最大累积沉降量均在 1m 以上；如按最大沉降速率来衡量，天津(最大沉降速率 80mm/a)、安徽阜阳(沉降速率 60～110mm/a)和山西太原(114mm/a)等地的发展趋势最为严峻。

表 6-1 世界各地部分地区地面沉降情况统计表

国家及地区	沉降面积/km^2	最大沉降速率/($cm \cdot a^{-1}$)	最大沉降量/m	发生沉降的主要时间	主要原因
日本					
东京	1000	19.5	4.60	1892—1986年	开发地下水
大阪	1635	16.3	2.80	1925—1968年	
新潟	2070	57.0	1.17	1898—1961年	
美国					
加利福尼亚州圣华金流域	9000	46.0	8.55	1935—1968年	开采石油
加利福尼亚州洛斯贝诺斯·开脱尔曼市	2330	40.0	4.88	?—1955年	
加利福尼亚州长滩市威明顿油田	32	71.0	9.00	1926—1968年	
内华达州拉斯维加斯	500	—	1.00	1935—1963年	
亚利桑那州凤凰城	310	—	3.0	1952—1970年	
得克萨斯州休斯敦·加尔维斯顿	10 000	17	1.50	1943—1969年	
墨西哥					
墨西哥城	7560	42.0	7.50	1890—1957年	
意大利					开采石油
波河三角洲	800	30.0	>0.25	1953—1960年	
中国					
上海		10.1	2.667	1921—1987年	抽取地下水
天津市区	8000	21.6	1.76	1959—1983年	
宁波	91	—	0.30	1965—1986年	
台北	100	2.0	1.7	1955—1971年	

表 6-2 全国地面沉降情况统计说明表

省(区、市)	地面沉降数量/处	面积/km^2	发育分布简要说明
上海	1	850	上海市地面沉降始于1920年，至1964年已发展到最严重的程度，最大降深2.63m，以后逐步控制，现处在微沉和反弹的状态
天津	1	10 000	自1959年始，除蓟县山区外，1万多平方千米的平原区均有不同程度的沉降，形成市区，塘沽、汉沽3个中心，最深达2.916m，最大速率80mm/a
江苏	4	379.5	自20世纪60年代初苏州、无锡、常州三市分别出现，到20世纪80年代末累计沉降量分别达1.10m、1.05m、0.9m，目前已连成一片。现最大沉积速率达40～50mm/a、15～25mm/a、40～50mm/a

续表 6-2

省（区、市）	地面沉降数量/处	面积/km²	发育分布简要说明
浙江	2	262.7	宁波、嘉兴两市自20世纪60年代初开始，到1989年累计沉降量最大分别达0.346m、0.597m，现最大速率分别达18mm/a、41.9mm/a
山东	3	52.6	菏泽（1978年发现）、济宁（1988年发现）、德州（1978年发现）三市累计沉降量分别达0.077m、0.063m、0.104m。最大速率分别达9.68mm/a、31.5mm/a、20mm/a
陕西	7	177.2	自20世纪50年代后期开始西安市及近郊出现7个地面沉降中心，最大累计降深达1.035m。最大沉降速率达136mm/a
河南	4	59	许昌（1985年发现）、开封、洛阳（1979年发现）、安阳，最大沉降量分别为0.208m、不详、0.113m、0.337m，安阳为区域性沉降，速率65mm/a
河北	10	36 000	整个河北平原自20世纪50年代中期开始沉降，目前已形成沧州、衡水、任丘、河间、坝州、保定—亩泉、大城、南宫、肥乡、邯郸10个沉降中心。沧州最甚，累计降深达1.131m，速率达25.5mm/a
安徽	1	360	阜阳市于20世纪70年代初出现沉降、1992年最大累计降深达1.02m，速率达60～110mm/a
黑龙江	4	—	哈尔滨、大庆、齐齐哈尔、佳木斯出现了房屋开裂、地面形变等地面沉降的前兆，它们均存在地下水超量开采等地面沉降主发因素
山西	4	200	太原市（1976年发现），最大沉降量1.967m，速率0.037～0.114m/a，大同市（1988年发现）、榆次、介休最大沉降量分别为0.06m、不详、0.065m，速率分别为31mm/a、10～20mm/a、5～7.5mm/a
北京	1	313.96	自20世纪50年代末开始沉降，中心位于东郊，最大累计沉降量达0.597m，目前趋势减缓
云南	1	—	昆明市火车东站地段发现地面下沉
广东	1	0.25	自20世纪六七十年代湛江市出现地面沉降，最大降深0.11m，后由于控制地下水开采已基本控制
海南	1	—	自20世纪90年代发现海口市出现地面沉降，最大沉降量达0.07m，目前还没造成危害
福建	1	9	1957年开始，福州市发现地面沉降，目前，最大累计沉降量达678.9mm，速率2.9～21.8mm/a
合计	45	48 655.21	全国基本上发育在长江下游三角洲平原、河北平原、环渤海、东南沿海平原、河谷平原和山间盆地等几类地区，年均直接经济损失1亿元以上

我国地面沉降的地域分布具有明显的地带性，主要分布在以下几类地区：①长江下游三角洲平原区，如上海、苏锡常（苏州、无锡、常州三市）地区等；②河北平原，如沧州等地；③环渤海地区，如天津等地；④东南沿海平原，如宁波、嘉兴、湛江等地；⑤河谷平原和山间盆地，如西安、太原等地。

6.1.6 地面沉降的危害

地面沉降的危害是多方面的，包括：①损失地面标高，造成雨季地表积水，防洪能力下降；②沿海城市低地面积扩大，海堤高度下降，海水倒灌；③海港建筑物破坏，装卸能力降低；④地面运输线、地下管线扭曲断裂；⑤城市建筑物基础下沉脱空开裂；⑥桥梁净空减小，影响通航；⑦深井井管上升，井台破坏，供水排水系统失效；⑧农田低洼地区洪涝积水，农作物减产。

我国地面沉降发现最早的上海市在这几个方面的危害都比较严重，如地表积水、外滩防洪墙不断加高、建筑物地基变形、桥梁错断、桥下净空减小等。地面沉降最严重的天津市，不仅和上海一样存在前述几项危害，而且由于地面标高的损失，在塘沽还加重了风暴潮的危害，塘沽沉降中心的地面标高已不足 1m，而遇风暴时海水上涨 5～6m，现有防潮堤不足以阻挡海水，造成大面积入侵。如 1985 年 8 月 2 日和 19 日，潮位达 5.5m、新港造船厂、东大沽一带被海水淹没，直接经济损失达 1.2 亿元；1993 年 9 月 1 日，潮位达 5.93m，天津港前方库房、码头、客运站等全部被海水淹没，新港造船厂、北塘修船厂、救助站、部分村庄、万亩虾场、农田也受淹，直接经济损失达 3 亿元。虽然风暴潮是气象方面的因素引起的，但塘沽若不是由于地面沉降而损失近 3m 的地面标高，再加上防潮堤的阻挡，是不会造成如此巨大的经济损失的。其他地面沉降的城市或地区均已出现了不同程度的危害，其中主要危害是雨季地表积水和加重洪水危害。因此，地面沉降灾害的防治十分重要。

6.2 地面沉降勘查要点

6.2.1 地面沉降勘查的目的任务

地面沉降勘查有两种情况，一是勘查地区已发生了地面沉降；一是勘查地区有可能发生地面沉降。两种情况的勘查内容是有区别的。

（1）对于已发生地面沉降的地区，地面沉降勘查应查明其原因和现状，并预测其发展趋势，提出控制和治理方案。

（2）对于可能发生地面沉降的地区，应预测发生的可能性，并对可能的沉降层位做出估计，对沉降量进行估算，提出预防和控制地面沉降的建议。

6.2.2 地面沉降岩土工程勘察主要内容

对于地面沉降的原因,应调查下列内容。

(1)场地的地貌和微地貌。

(2)第四纪堆积物的年代、成因、厚度、埋藏条件和土性特征,硬土层和软弱压缩层的分布。

(3)地下水位以下可压缩层的固结状态和变形参数。

(4)含水层和隔水层的埋藏条件和承压性质,含水层的渗透系数/单位涌水量等水文地质参数。

(5)地下水的补给、径流、排泄条件、含水层间或地下水与地面水的水力联系。

(6)历年地下水位、水头的变化幅度和速率。

(7)历年地下水的开采量和回灌量,开采或回灌的层段。

(8)地下水位下降漏斗及回灌时地下水反漏斗的形成和发展过程。

概括起来讲,地面沉降原因的调查内容包括 3 个方面,即场地工程地质条件、场地地下水埋藏条件和地下水变化动态。

国内外地面沉降的实例表明,发生地面沉降地区的共同特点是它们都位于厚度较大的松散堆积物,主要是第四纪堆积物之上。沉降的部位几乎无例外地都在较细的砂土和黏性土互层之上。当含水层上的黏性土厚度较大,性质松软时,更易造成较大沉降。因此,在调查地面沉降原因时,应首先查明场地的沉积环境和年代,清楚冲积、湖积或浅海相沉积平原或盆地中第四纪松散堆积物的岩性、厚度和埋藏条件。特别要查明硬土层和软弱压缩层的分布。根据这些地层单元体的空间组合,分出不同的地面沉降地质结构区。例如,上海地区按照 3 个软黏土压缩层和暗绿色硬黏土层的空间组合,分成 4 个不同的地面沉降地质结构区,其产生地面沉降的效应也不一样。

从岩土工程角度研究地面沉降,应着重研究地表下一定深度内压缩层的变形机理及其过程。国内外已有研究成果表明,地面沉降机制与产生沉降的土层的地质成因、固结历史、固结状态、孔隙水的赋存形式及其释水机理等有密切关系。

抽吸地下水引起水位或水压下降,使上覆土层有效自重压力增加,所产生的附加荷载使土层固结,是产生地面沉降的主要原因。因此,对场地地下水埋藏条件和历年来地下水变化动态进行调查分析,对研究地面沉降来说至关重要。

6.3 地面沉降勘查技术手段

6.3.1 收集资料

在城市建设进程中,我们在地面沉降方面积累了丰富的资料。地面沉降调查评价要重视以下两个方面资料的收集。

1. 地形测量资料

城市中无论是公共设施建设(煤气、自来水管线铺设,道路桥梁修建等),还是其他建设,都积累了不同时期的测量资料。收集整理这些资料,并进行分析比较,就能得出地面沉降的速度和幅度。

2. 水文地质、工程地质资料

城市是水文地质、工程地质工作程度很高的地区,以下资料有助于地面沉降成因机制的分析评价。

(1)第四纪地层岩性资料。由于地面沉降的地质条件是具有较高压缩性的厚层松散沉积物,因此必须首先搞清第四纪地层岩性厚度、分布(包括第四纪地层等厚度图)和松散堆积物的物理力学参数(含水量、渗透系数、液限、塑限、承载力等)。

(2)地下水的储量、开采量、补给量资料。以此确定地下水开采的合理和不合理程度。

(3)地质背景资料。包括地层岩性、地质构造及其与区域地质构造的关系、第四纪地质发展史和新构造运动情况。

(4)人类经济活动情况和发展趋势资料。查明人类经济活动情况和未来发展趋势,以评价人类活动对地面沉降的影响。

(5)建筑物破坏、地表开裂资料。收集建筑物破坏、地表开裂情况的资料,分析其与地面沉降的关系。

(6)查明地面沉降等级,提出防治地面沉降方案。根据地面沉降幅度,地面沉降的等级可划分为地面沉降危害较大、地面沉降危害中等、地面沉降危害轻微和地面沉降无害险 4 个级别。

地面沉降危害较大:沉降中心地带,累计沉降幅度>1.0m。

地面沉降危害中等:沉降中心地带,累计沉降幅度 0.3~1.0m。

地面沉降危害轻微:沉降中心地带,累计沉降幅度 0.05~0.3m。

地面沉降无害险:沉降中心地带,累计沉降幅度<0.05m。

6.3.2 工程地质测绘与勘探

地面沉降危害较大或重要的城市,应进行大比例尺工程地质测绘。测量坐标系统宜采用 1954 年北京坐标系,高程系统宜采用 1956 年黄海高程系。地形图上须表示的内容按《工程测量标准》(GB 50026—2020)中的相应规定及《1:500、1:1000、1:2000 地形图图示》执行。

查明地表水入渗情况、产流条件、径流强度、冲刷作用,以及地表水的流通情况、灌溉、库水位及升降。开展渗水试验,提供渗透系数。查明地下水水位,提交地下水等水位线图。

对于地面沉降调查未及或不确切的重要沉降区可施以简单的钻探与物探,探测隐伏断裂、松散堆积层的厚度等(如音频大地电场仪),开展抽注水试验。

6.3.3 地面沉降的监测

地面沉降的危害十分严重，且影响范围大，给城市建筑、生产和生活带来极大的损失。在必须开采利用地下水的情况下，监测地面沉降是非常重要的。目前，我国地面沉降严重的城市，几乎都制定了控制地下水开采的管理法令，同时开展了对地面沉降的系统监测和科学研究。

地面沉降的监测项目主要有大地水准测量、地下水动态监测、地表及地下建筑物设施破坏现象的监测等。

监测的基本方法是设置分层标、基岩标、孔隙水压力标、水准点、水动态监测网、水文观测点、海平面预测点等，定期进行水准测量和地下水开采量、地下水位、地下水压力、地下水水质监测及地下水回灌监测，同时开展建筑物和其他设施因地面沉降而破坏的定期监测等。根据地面沉降的活动条件和发展趋势，预测地面沉降速度、幅度、范围及可能产生的危害。地面沉降量的观测是以高精度的水准测量为基础的。由于地面沉降的发展和变化一般都较缓慢，用常规水准测量方法已满足不了精度要求，因此地面沉降观测应满足专门的水准测量精度要求。

进行地面沉降水准测量时一般需要设置三种标点：基准标，也称背景标，设置在地面沉降所不能影响的范围，作为衡量地面沉降基准的标点；地面沉降标用于观测地面升降的地面水准点；分层沉降标，用于观测某一深度处土层沉降幅度的观测标。

地面沉降水准测量的方法和要求应按现行国家标准《国家一、二等水准测量规范》(GB 12897—2006)规定执行。一般在沉降速率大时可用二等精度水准，缓慢时要用一等精度水准。

6.4 地面沉降预测

虽然地面沉降可导致房屋墙壁开裂、楼房因地基下沉而脱空和地表积水等灾害，但其发生、发展过程比较缓慢，属于渐进性地质灾害，对地面沉降灾害只能预测其发展趋势。目前，地面沉降的预测评价可采用统计模型、土水模型、生命旋回模型等。

6.4.1 统计模型

大量开采地下水引起地下水位持续下降，进而引起隔水层失水固结是地面沉降的根本原因，可通过统计方法建立开采量 Q(或含水层水位 h)与地面沉降量 s(mm)之间的统计关系。该方法简单明了，但有弱点，带有人为性，难以了解沉降机制。

6.4.2 土水模型

它包括水位预测模型、土力学模型两部分，可利用相关法、解析法和数值法等进行地下水位预测分析。土力学模型包括含水层弹性计算模型、黏性土层最终沉降量模型、太沙基固结模型、流变固结模型、比奥(Biot)固结理论模型、弹塑性固结模型、回归计算模型及半理论半经验模型(如单位变形量法等)和最优化计算方法等。

1. 含水层的沉降计算方法

一般采用弹性公式：

$$S=\Delta hE\gamma_w H \tag{6-1}$$

式中：Δh 为含水层水位变幅(m)；E 为含水层压缩或回弹模量(常采用反算值)(MPa)；γ_w 为水容重(kN/m^3)；H 为含水层厚度(m)；S 为含水层变形量(mm)。

2. 黏性土层沉降变形的计算方法

黏性土层的固结是一个缓慢的过程，分为瞬时沉降、主固结沉降、次固结沉降。总沉降量 S 计算公式如下：

$$S=S_d+S_c+S_s \tag{6-2}$$

式中：S_d 为瞬时沉降，指加载瞬间土体孔隙中的水来不及排出，孔隙体积尚未变化，地基土在荷载作用下仅发生剪切变形时产生的地基沉降(mm)；S_c 为主固结沉降，指荷载作用在地基上后，随着时间的延续，外荷不变而地基土中的孔隙水不断排除过程中所发生的沉降，它起于荷载施加之时，止于荷载引起的孔隙水压力完全消散之后，是地基沉降的主要部分；S_s 为次固结沉降，指土中超静孔隙水压力已消散(固结度达到100%)，有效应力增长基本不变之后变形随时间缓慢增长所引起的沉降。这种变形既包括剪应变，又包括体积变化，并与孔隙水排出无关，而是取决于土骨架本身的蠕变性质。

通常人们讨论的沉降主要为主固结沉降 S_c(下文用符号 S 替代)。主固结沉降量通常采用分层总和法进行计算，分为不考虑应力历史及考虑应力历史，计算公式如下。

1)不考虑应力历史($e-p$ 曲线)

$$S=\sum_{i=1}^{n}\frac{e_{0i}-e_{1i}}{1+e_{0i}}h_i=\sum_{i=1}^{n}\frac{a_i}{1+e_{0i}}\Delta p_i h_i=\sum_{i=1}^{n}\frac{1}{E_{si}}\Delta p_i h_i \tag{6-3}$$

式中：S 为土层最终沉降量(mm)；e_0 为土层自重压力对应孔隙比(原始孔隙比)；e_1 为土层自重压力+附加应力对应孔隙比；Δp 为附加应力(有效应力增量)(kPa)；a 为土层压缩系统(MPa^{-1})；E_{si}为压缩模量(MPa)。

2)考虑应力历史($e-\lg p$ 曲线)

考虑应力历史沉降量计算公式见表6-3。

需要提出的是主固结沉降并非瞬时完成，而是随着超静孔隙水压力的消散而逐步完成的，某时刻的主固结沉降量 S_t 计算公式如下：

$$S_t=SU \tag{6-4}$$

$$U=1-\frac{8}{\pi^2}\left(l^{-N}+\frac{1}{9}l^{-9N}+\frac{1}{25}l^{-25N}+\cdots\right)\approx 1-0.811e^{-N} \tag{6-5}$$

表 6-3　考虑应力历史的分层总和法($e-\lg p$ 曲线)

<table>
<tr><th colspan="2">应力历史</th><th>沉降量计算公式</th><th>重要参数</th></tr>
<tr><td colspan="2">正常固结土
OCR≈1</td><td>$S=\sum_{i=1}^{n}\frac{h_1}{1+e_{0i}}C_{ci}\lg\left(\frac{p_{cz}+p_z}{p_{cz}}\right)_i$</td><td rowspan="4">$e_0$ 为土层天然孔隙比；p_{cz} 为土层平均有效自重压力(kPa)；p_z 为土层平均附加压力(kPa)；p_c 为土层平均先期固结压力(kPa)；C_c 为土层的压缩指数；C_e 为土层的回弹指数</td></tr>
<tr><td colspan="2">欠固结土
OCR<1</td><td>$S=\sum_{i=1}^{n}\frac{h_1}{1+e_{0i}}C_{ci}\lg\left(\frac{p_{cz}+p_x}{p_c}\right)_i$</td></tr>
<tr><td rowspan="2">超固结土
OCR>1</td><td>$p_z+p_{cz}\leqslant p_c$</td><td>$S=\sum_{i=1}^{n}\frac{h_1}{1+e_{0i}}C_{ci}\lg\left(\frac{p_{cz}+p_z}{p_{cx}}\right)_i$</td></tr>
<tr><td>$p_z+p_{cz}>p_c$</td><td>$S=\sum_{[m]}^{n}\frac{h_1}{1+e_{0i}}\left[C_{ci}\lg\left(\frac{p_c}{p_{cz}}\right)_i+C_{ci}\lg\left(\frac{p_{cz}-p_z}{p_c}\right)_i\right]$</td></tr>
</table>

$$N=\frac{\pi^2 C_v}{4H^2}t \tag{6-6}$$

式中：S_t 为某时刻后沉降量(mm)；U 为固结度，以小数表示；t 为时间（月）；N 为时间因素；C_v 为固结系数(mm^2/月)；H 为土层的计算厚度，两面排水时取实际厚度的一半，单面排水时取全部厚度(mm)。

该法曾用于对日本东京、中国上海、常州等进行了地面沉降预测，与实测结果基本吻合。

6.4.3　生命旋回模型

该模型直接由沉降量与时间的相关关系构成，如泊松旋回模型，Verhulst 生物模型和灰色预测模型等。

6.5　地面沉降防治

地面沉降与地下水过量开采紧密相关，只要地下水位以下存在可压缩地层就会因过量开采地下水而出现地面沉降，而地面沉降一旦出现则很难治理，因此地面沉降防治主要在于预防。

大量实践表明，限制地下水开采或向含水层人工注水，可以控制或减缓地面沉降，表明地表沉降具有可控制性。地面沉降的控制与防治措施有：

(1)加强宣传，增强防灾意识：不断提高全民的防灾减灾意识，依法严格管理地下水资源，合理开发利用地下水资源。

(2)限制或减少地下水开采量：可以地表水代替地下水资源，以人工制冷设备代替地下水资源，实行一水多用，充分综合利用地下水。

(3)采用地表水人工补给地下水:上海市自1966年采用了“冬灌夏用”控制地面沉降,冬季大量人工补给地下水,使水位大幅度回升,常年沉降转为“冬升夏沉”。

(4)调整地下水开采层次:地面沉降的主要原因是地下水的集中开采(开采时间集中、地区集中、层次集中),因此适当调整地下水的开采层和合理支配开采时间,可以有效地控制地面沉降。

6.5.1 已发生地面沉降的地区

对已发生地面沉降的地区,建议根据工程地质和水文地质条件,采取下列控制和治理方案。

(1)减少地下水开采量和水位降深,调整开采层次,合理开发,当地面沉降发展剧烈时,应暂时停止开采地下水。

(2)对地下水进行人工补给,回灌时应控制回灌水源的水质标准,以防止地下水被污染。

(3)限制工程建设中的人工降低地下水位。

6.5.2 可能发生地面沉降的地区

对可能发生地面沉降的地区应预测地面沉降的可能性和估算沉降量,并采取下列预测和防治措施。

(1)根据场地工程地质、水文地质条件,预测可压缩层的分布。

(2)根据抽水压密试验、渗透试验、先期固结压力试验、流变试验、载荷试验等的测试成果和沉降观测资料,计算分析地面沉降量和发展趋势。

(3)提出合理开采地下水资源,限制人工降低地下水位及在地面沉降区内进行工程建设应采取措施的建议。

国内外预防地面沉降的主要工程技术措施大同小异,主要包括建立健全地面沉降监测网络,加强地下水动态和地面沉降监测工作;开辟新的替代水源、推广节水技术;调整地下水开采布局、控制地下水开采量;对地下水开采层位进行人工回灌;实行地下水开采总量控制、计划开采和目标管理。

6.6 地面沉降勘查报告的编写

地面沉降调查工作完成后,要对调查过程中所取得各类资料进行整理、分析,并编写报告。

地面沉降成果资料包括调查资料、工程地质测绘资料、钻探物探资料和监测资料。

地面调查资料整理内容包括:第四纪地层岩性资料;地下水的储量、开采量、补给量资料;基岩地层岩性、地质构造及其与区域地质构造的关系资料;第四纪地质发展史和新构造运动情况资料;建筑物破坏、地表开裂资料;人类经济活动情况和经济发展趋势等资料。同时提交地面沉降调查报告，评价地面沉降危害等级，提出防治方案。

工程地质测绘资料包括：设计书；测绘方法；使用仪器；工程进度；地形图；地表水入渗、产流、径流、冲刷以及地表水的流通、灌溉、库水位及升降资料；渗水试验、渗透系数、地下水位等深线图等资料。

钻探与物探资料包括：勘探点线的布置；钻孔编录和钻孔柱状图资料；物探方法、仪器及成果（平剖面图及物探解译）资料；第四纪地层资料；隐伏断裂资料；抽注水试验资料和地下水基本特征资料。

监测资料整理的内容包括：分层标、基岩标、孔隙水压力标、水准点、水动态监测网、水文观测点、海平面预测点的设置；水准测量和地下水开采量、地下水位、地下水压力、地下水水质监测及地下水回灌监测资料；建筑物及其他设施因地面沉降而破坏的定期监测资料和地面沉降速度、幅度、范围资料等。

地面沉降勘察报告的主要内容包括：序言；所处地貌单元；第四纪地层岩性及发展史；新构造运动；水文地质条件；经济发展现状及经济发展趋势；地面沉降危害等级及成因机制；地面沉降防治方案。附图包括地形图；地貌图；第四系地质图；水文地质图；地下水等水位线图；钻孔柱状图；地质剖面图；隐伏断裂横剖面图；物探平剖面图；基岩等高线图和地面沉降危害分区图（图 6-4）等。

附件包括调查报告、工程地质测绘报告、勘探与物探报告和监测报告。

A. 地面沉降危害较大区；B. 地面沉降危害中等区；C. 地面沉降危害轻微区；D. 地面沉降危害无害险区。

图 6-4　北京市平原区地面沉降危害分区评价图

6.7 地面沉降勘查实例——京沪高速铁路沿线地面沉降勘查简报

6.7.1 线路概况

1. 地理位置

京沪高速铁路位于中国东部的华北和华东地区，两端连接环渤海和长江三角洲两个经济区域，全线纵贯北京、天津、上海三大直辖市和河北、山东、安徽、江苏四省。

2. 线路走向

线路走向与既有京沪铁路大体平行，正线全长约1318km，较既有京沪线缩短约140km。线路自北京南站西端引出，沿既有京山线，经天津市西部设华苑站并与天津两站间修建联络线连接；向南沿京沪高速公路东侧行进，在京沪高速公路黄河桥下游3km处跨黄河，在济南市两侧设济南西站；经徐州、蚌埠，过滁河，在南京长江火桥上游20km的大胜关越长江后设南京南站，东行经镇江、常州、无锡、苏州。终到上海虹桥站。

3. 正线主要技术标准

(1)铁路等级：高速铁路。
(2)正线数目：双线。
(3)设计速度：350km/h，初期运营速度300km/h。跨线列车运营速度200km/h及以上。
(4)最小曲线半径：7000m。
(5)最大坡度：20‰。
(6)线间距：5.0m。
(7)牵引种类：电力。
(8)列车类型：动车组。
(9)到发线有效长度：650m。
(10)列车运行控制方式：自动控制。
(11)行车指挥方式：综合调度。

4. 工程设置

京沪高速铁路全线优先采用以桥代路方式，最大限度节约东部地区十分宝贵的土地资源。桥梁长度约1140km，占正线长度86.5%；隧道长度约16km，占正线长度1.2%；路基长度162km，占正线长度的12.3%。全线实现道1∶3的全立交和线路的全封闭；除个别地段使用有砟轨道外，均采用无砟轨道。

6.7.2 沿线工程地质条件

1. 地形地貌

线路经过我国华北和华东地区，以平原地貌为主，其中北京—济南属冀鲁平原，徐州—蚌埠为黄淮平原，丹阳—上海为长江三角洲平原；济南至泰安、蚌埠—南京—丹阳为低山丘陵及丘间平原区。沿线经过海河、黄河、淮河、长江四大水系。天津团泊洼一带为全线最低处，地面高程 0.1m；济南至泰安间的西渴马隧道是全线海拔最高的地段，最高点地面高程达 330.8m。

2. 工程地质条件

平原区地层以第四系黏性土、粉土和砂类土为主，山前倾斜平原和河流区分布有卵石土和圆砾土；丘陵区大部分有覆盖层，少部分地段基岩裸露，三大岩类均有揭露，主要岩性为砂岩、石灰岩、花岗片麻岩、花岗岩、千枚岩等。天津至沧州、丹阳至上海平原区分布大面积软土，济南以南有次生的新黄土，长江高阶地出露下蜀黏土。北京东部—济南普遍分布松软层，局部存在软土、地震可液化层，松软层底板埋深一般在 6～18m 范围内，尤以天津及附近地区的海相层土质最差。济南至徐州段地表以剥蚀为主，部分地段基岩裸露，土层埋深多小于 30m，松软层底板埋深小于 10m。徐州至蚌埠段地层岩性以粉质黏土、淤泥质粉质黏土为主，间夹粉砂、粉土。蚌埠至丹阳段一级阶地由粉质黏土、粉土、粉细砂及黑色淤泥质粉质黏土组成，厚约 35m，强度低；二级阶地以黏土为主，长江高阶地地区广泛分布下蜀黏土，具弱膨胀性。丹阳至上海段分布淤泥质土，最大厚度达 38m，软土强度低，压缩性高，为全线工程地质条件最差的地区。由于工后沉降量的控制，桥梁基础大量采用桩基，多选择密实砂砾石或较完整岩石作为持力层；路基采用换填、水泥粉煤灰碎石桩（CFG 桩）或预应力管桩进行地基处理。

6.7.3 区域地面沉降

华北平原区，由于大量开采地下水，造成地下水位逐年下降，地层压密，产生地面沉降，修建高速铁路就会产生不平顺现象，带来运营安全的隐患。经开展专题研究和科研攻关，采用离心模型试验及数值模拟对比分析地面沉降的过程，对抽水引起局部不均匀沉降做出更详细的研究与刻画，现场抽水测试地下水开采影响半径，提出封闭部分浅水井、控制深井开采和长期监测预防等技术方案。

1. 区域地面沉降现状

北京至济南自北向南依次经过北京大兴—榆垡，河北廊坊，天津杨村、杨柳青、静海，河北青县、沧州—东光，山东德州等地面沉降区，其中尤以廊坊、天津、沧州最严重。丹阳至上海段也存在不同程度的地面沉降，趋势渐缓，其中清明山至查桥较为严重。

2. 区域地面沉降的危害

区域地面沉降主要表现在地面高程的降低，具有不均匀性、不确定性和缓变性，对铁路的影响有以下3个方面。

(1)影响河流泄洪，城市防洪地面沉降直接导致地面高程的降低，虽然立交桥的净空相对没有变化，但是河流水位相对提高，造成低洼处积水现象增多，影响河流泄洪、城市防洪。地面沉降已经给城市防洪带来巨大压力。

(2)改变轨面高程和原有设计坡度，影响工程结构物的稳定性。线路轨面绝对高程随着地面沉降发生变化，直接影响线路的纵断面，达不到原有的铁路设计坡度，影响轨道的平顺性和运营舒适度。如果局部小范围出现不均匀沉降，形成很小的局部起伏，将会影响列车运行安全。高速铁路运营安全的突出问题是轨道平顺性，下部结构有轨道和桥梁、路基。如果地面沉降产生的是大面积均匀性沉降，则不会对结构物的安全使用产生影响，反过来，若产生了局部不均匀沉降，势必对既有结构物施加应力，尤其是连续梁容易出问题。

(3)浅层地下水开采引起的局部不均匀沉降影响列车高速行驶。不但应考虑区域地面沉降产生的不均匀变形，更应重视浅层地下水的开采，它将产生更大的不均匀变形。北京—济南段沿线分布有浅层地下水开采井，井深多在30～80m之间，由于浅部地层更松散，地层结构是黏性土层与砂层交互成层，多属中等压缩性地层，为双面排水的地层结构，在相同的水位下降条件下，同样厚度的地层，浅部地层引起的局部不均匀沉降比深部地层更严重一些。因此，浅层地下水的开采，对地面沉降的影响更应引起关注。

3. 区域地面沉降研究分析

离心模型试验及数值模拟对比分析研究结果表明，区域地面沉降的发展变化与地下水开采历史一致；地面沉降范围和主要地下水开采层漏斗分布范围基本一致；地面沉降速率与地下水位关系密切；地下水开采量与地面沉降量之间具有良好的相关关系。发生地面沉降的主要原因是长期过量开采地下水，使地下水位持续下降，破坏了地层内原有的应力状态，使地层内原有的孔隙水压力减小，土粒间有效应力增加，导致含水层固结排水和被压密，从而引起地面沉降。

4. 区域地面沉降地段采取的工程措施

因为区域地面沉降是长期变形的结果，较短时间内不会对高速铁路产生明显影响，可以先采用无砟轨道，在设计中应采取的工程措施如下。

首先，通过控制地下水开采量减缓地面变形，对线路两侧距离较近、出水量较大且可能引起不均匀沉降的取水井予以关闭。

其次，轨道工程采用大调高量扣件、适应性强的无砟轨道结构型式。桥梁工程采用可调高支座。

另外，要建立区域地面沉降监测网。对沿线存在区域性地面沉降的地区，布设地面沉降观测网进行长期监测，预测区域地面沉降的发展变化趋势，以便采取相应对策。

7　采空区勘查

7.1　采空区的定义、分类及其特征

7.1.1　定义

人们在地下大面积采矿或为了各类目的在地下挖掘后遗留下来的矿坑或洞穴，称为采空区。

采空区形成后，自顶板岩层向上可能形成“三带”——垮落带、导水裂隙带和弯曲带，由此诱发地表沉陷，产生连续或非连续变形，可能带来一系列环境岩土工程问题，如平地积水、道路裂缝、房屋倒塌、耕地减少、农田减产等，给采空区工程建设留下了很大隐患。

7.1.2　分类及其特征

根据采空程度的不同，采空区可分为小型采空区和大型采空区。

1. 小型采空区的分类及特征

（1）小型采空区的分类见表7-1。

（2）小型采空区的地表变形类型及特征。地表变形类型为地表塌陷和开裂。小型采空范围狭窄，多呈巷道式，地表不会产生移动盆地，但由于开采深度浅，又任它自由坍落，地面变化剧烈。地表裂缝的分布常与开采工作面方向平行，且随开采工作面的推进而不断向前发展。除极浅的采空外，裂缝一般上宽下窄，无显著位移。

2. 大型采空区的地表变形和特征

大型采空区的变形主要是在地表形成移动盆地，即位于采空区上方，当地下采空后，随之产生地表变形，开始形成凹地，随着采空区不断扩大，凹地不断发展，形成凹陷盆地，此盆地称为移动盆地。

（1）根据地表变形值的大小和变形特征，自移动盆地中心向边缘在水平上可分为3个区。

表 7-1 小型采空区分类表

名称	含义	分布及特征
掏煤洞	是指小型手工开挖的煤洞，一般有古窑和现代小窑两类	多分布于埋藏浅、易于开采的含煤地层中，以平洞及斜井为多。煤洞长，有岔洞，洞口多有弃渣堆的痕迹
掏砂洞	在含卵石的地层中开采卵石、砾石，用以覆盖耕地表面，以减少水分蒸发，用来保墒。卵石、砾石被掏后遗留的空洞俗称掏砂洞	在甘肃、青海一带，黄河及其支流的各级阶地上分布较多，洞口及其采空形态，因卵石层埋藏深度不同而异。横断面一般宽 1～2m，高 1～2m。在有掏砂洞地区，地表常有塌陷碟地、陷落漏斗及洞口等，但由于掏砂洞历史较久，有的洞口堵塞，地表状态变迁，至今已毫无痕迹
掏金洞	掏取砂金而遗留下来的洞穴	主要分布在接触变质岩和有大量侵入岩脉（石英脉）地区河流两岸，含有金砂的沉积阶地的卵石层底部。掏金洞埋深大，断面小，延伸长，支洞多，洞口多分布于阶地边缘斜坡上
坎儿井	为利用山前洪积平原的潜水而开挖的地下引水渠道	分布在新疆天山南北的山前洪积平原上，哈密—托克逊一带较多，其长度和深度取决于山前洪积平原地下水的埋藏条件和水量大小。在平面上，每隔一定距离即有一个开挖的竖井，竖井口周围有环形弃土堆
其他	如古墓穴、大型地窖、大型窑洞等，有时对铁路建设有一定影响	

A. 均匀下沉区（中间区）：即移动盆地的中心平底部分。

B. 移动区：又称内边缘区或危险变形区，区内变形不均匀，对建筑物破坏作用较大。

C. 轻微变形区：外边缘区，地表变形值较小，一般对建筑物不起损坏作用，以地表下沉值 10mm 为标准来划分其外围边界。

（2）从垂直方向上讲，地下矿层大面积采空后，矿层上部失去支撑，平衡条件被破坏，采空区上方岩体随之变形。采空区上方岩体的变形，总的过程是自下而上逐渐发展的漏斗状沉落，其变形情况可分为 3 个带（图 7-1）。

A. 冒落带（崩落带），采空区顶板破碎坍落形成，其厚度一般为采矿厚度的 3～4 倍。

B. 裂隙带（破裂弯曲带），处于冒落带之上，并产生较大的弯曲和变形，其厚度一般取采矿厚度的 12～18 倍（从矿层顶板向上的厚度）。

C. 弯曲带（不破裂弯曲带），裂隙带顶面至地面的厚度。

上述 3 个分带适于水平状岩层，根据采空区大小、采矿厚度和开采深度的不同，上述 3 个带不一定同时存在。

其中：缓倾层，$\alpha<25°$；倾层，$25°\leqslant\alpha\leqslant45°$；急倾层，$\alpha>45°$。

（3）非充分采动：当采空区面积的长度和宽度均小于开采深度时，地表移动盆地呈碗状、地表不出现应有的最大下沉值。

（4）充分采动：当采空区面积的长度和宽度分别等于或大于开采深度时，地表移动盆地呈盘状，地表出现应有的最大下沉值。

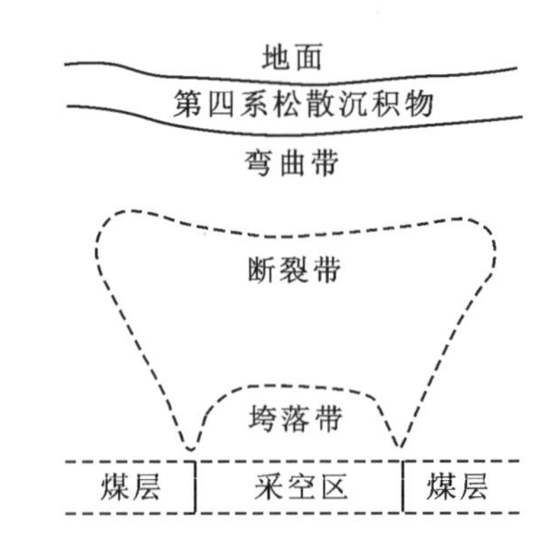

图 7-1　煤层采空区塌陷垂直“三带”示意图

(5)超充分采动：当采空区面积的长度和宽度继续增大使最大下沉值和其他最大移动、变形不再增大。

开采的主要影响：在采空区正上方及其周围的地表发生移动和变形。也就是说，出现在采空区正上方及其周围地表的开采影响为开采主要影响；离采空区较远地表的开采影响为开采次要影响。

重复开采时，下沉速度将增加 10%～30%，移动平稳后，实际仍有少量残余下沉量，在老采空区建筑时，要充分考虑。

地表变形分为两种移动和三种变形。两种移动为垂直移动(下沉)和水平移动，三种变形为倾斜变形、弯曲(曲率)和水平变形(伸张或压缩)。

7.2　采空区勘查方法及程序

采空区的工程地质勘查工作，主要是搜集资料、调查访问、地质测绘，必要时辅以物探、钻探工作。勘查工作的全过程见图 7-2。

总结以往工作经验，在多种多样的勘查技术中，工程地质调查、采矿调查是采空区勘查工作的基础，以往的采空区勘查忽视这方面工作或对此重视不够，往往使物探和钻探工作陷入盲目状态。

应进行详细的工程地质调查、采矿调查，大概确定采空区部位及范围，然后根据测区地形、地质、地球物理条件，结合勘查工作不同阶段的要求，有目的地选用几种物探方法进行探测；再根据调查及物探结果布设钻孔进行验证；最后综合分析地质、物探和钻探资料，圈定采空区范围、形态，经济准确地查清沿线的采空区分布及赋存状况。

目前，国内采空区勘查工作中确定勘查范围主要以采空区地表移动盆地分布范围为准。采空区勘查深度一般要求至少深入采空区底板若干米，根据工程实践，一般深入采空区底板 2m 以上。

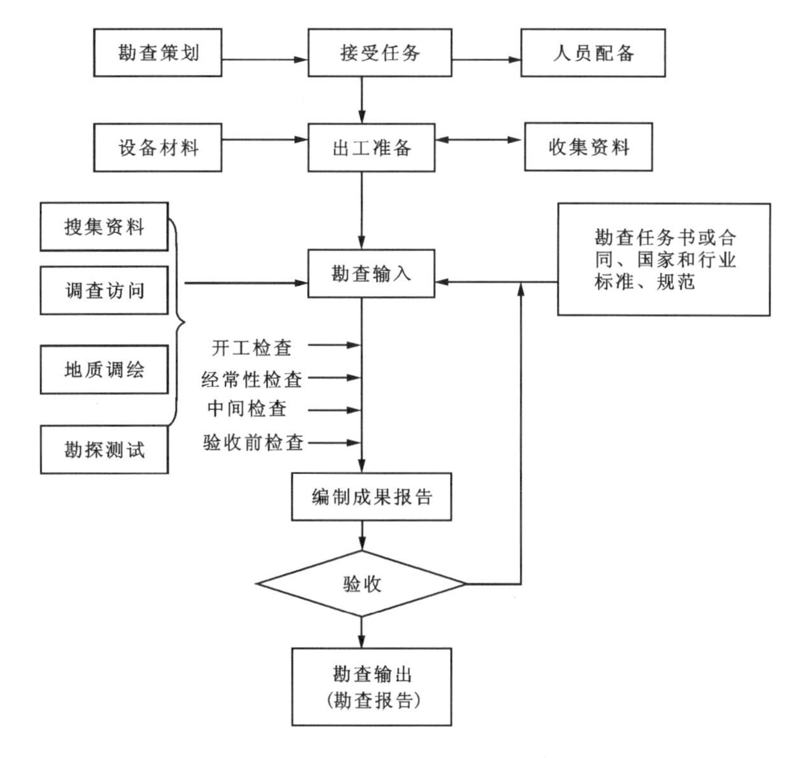

图 7-2 采空区工程地质勘查设计流程图

7.2.1 小型采空区

1. 搜集资料

小型采空区一般没有专门勘查，开采也无规划，搜集资料十分困难，主要调查访问当事者或当地居民和有关方面负责人，可以单独访问，也可以群访，以群访为好。其内容详见表 7-2。

2. 地质调绘

(1)坑洞的分布、位置、断面大小、延伸方向及其相应的地表位置。

(2)因采空而产生的陷坑、裂缝的位置、形状、大小、深度、延伸方向及其与采空区和地质构造的关系。

(3)了解采空区附近工农业抽水和水利工程建设情况及其对采空区的影响。

3. 勘探

(1)简易勘探：螺钻、钎探、洞探等，适用于埋深浅，覆盖层为第四系沉积物。

(2)综合物探：采用电法、地震、地质雷达等综合物探方法。

表 7-2　小型采空区调查表

<table>
<tr><td>访问对象</td><td colspan="5"></td></tr>
<tr><td rowspan="2">矿区名称</td><td rowspan="2"></td><td>矿产权</td><td></td><td>开矿日期</td><td></td></tr>
<tr><td>开采方式</td><td></td><td>闭矿日期</td><td></td></tr>
<tr><td rowspan="2">矿区平面示意图</td><td rowspan="2"></td><td>矿井坐标位置</td><td colspan="3"></td></tr>
<tr><td>矿区边界（坐标）</td><td colspan="3"></td></tr>
<tr><td rowspan="11">工程地质及水文地质条件</td><td colspan="2">地层层序及岩性</td><td colspan="3"></td></tr>
<tr><td colspan="2">矿层分布范围</td><td colspan="3"></td></tr>
<tr><td colspan="2">矿层的采深、厚度、代号、产状、时代</td><td colspan="3"></td></tr>
<tr><td colspan="2">矿层的开采方式、回采率</td><td colspan="3"></td></tr>
<tr><td colspan="2">矿井形态及矿层开采情况</td><td colspan="3"></td></tr>
<tr><td colspan="2">巷道空间形态、大小、断面尺寸、衬砌情况</td><td colspan="3"></td></tr>
<tr><td colspan="2">采空范围</td><td colspan="3"></td></tr>
<tr><td colspan="2">洞壁、洞顶情况（稳定、支护、回填、塌落、充水）</td><td colspan="3"></td></tr>
<tr><td colspan="2">地下水及有害气体</td><td colspan="3"></td></tr>
<tr><td colspan="2">周围建筑物变形情况</td><td colspan="3"></td></tr>
<tr><td colspan="2">地表变形情况</td><td colspan="3"></td></tr>
</table>

（3）钻探：根据调查访问的资料、地质测绘以及物探的成果资料，综合分析，确定钻孔的数量及深度，以进一步验证物探结果，钻孔深度应钻至最低层洞底地层以下不少于 2m。布孔应结合工程和坑洞展布情况以及物探异常点，经综合分析研究后进行布置。

4. 小型采空区的稳定性评价

（1）地表产生裂缝和塌陷发育地段，属于不稳定地段，不适于建筑。在附近建筑时，需有一定的安全距离，安全距离的大小按建筑物的性质而定，一般应大于 5m。

（2）小型采空区顶板的稳定性：

$$Q=G-2f=\gamma H[B-H\tan\varphi\tan^2(45°-\varphi/2)] \tag{7-1}$$

当 H 增大到某一深度，使顶板岩层呈自然平衡（即 $Q=0\text{kN/m}$），此时的 H 称为临界深度 H_0。

$$H_0=\frac{B}{\tan^2\left(45°-\frac{\varphi}{2}\right)\tan\varphi} \tag{7-2}$$

当 $H<H_0$ 时，顶板不稳定；当 $H_0\leqslant H\leqslant 1.5H_0$ 时，顶板稳定性差；当 $H>1.5H_0$ 时，顶板稳定。

（3）当建筑物已建在影响范围内时，可按式（7-3）验算地基的稳定性：

$$Q=G+BP_0-2f=\gamma H[B-H\tan\varphi\tan^2(45°-\varphi/2)]+BP_0 \quad (7-3)$$

式中：Q 为采空段顶板上的压力(kN/m)；P_0 为建筑物基底单位压力(kN/m^2)；G 为巷道单位长度顶板上岩层所受的总应力(kN/m)；B 为巷道宽度(m)；φ 为岩层的内摩擦角(°)；f 为巷道单位长度侧壁的摩阻力(kN/m)；γ 为上覆岩层的重度(kN/m^3)；H 为巷道顶板的埋藏深度(m)。

当 H 增大到某一深度，使顶板岩层呈自然平衡(即 $Q=0$kN/m)，此时的 H 称为临界深度 H_0。当 $H<H_0$ 时，地基不稳定；当 $H_0\leqslant H\leqslant 1.5H_0$ 时，地基稳定性差；当 $H>1.5H_0$ 时地基稳定。

(4)次要建筑物，在避开地表裂缝和塌陷地段，且 $H>30$m，地表已经稳定时，可不进行稳定性评价。

(5)稳定性分区评价，见表 7-3。

表 7-3 稳定性分区评价表

稳定性分区	顶板基岩厚度/m	处理原则
Ⅰ.可能塌陷区	<30	所有工程均处理
Ⅱ.可能变形区	30～60	重点工程应予处理
Ⅲ.基本稳定区	>60	一般工程均不处理，重大工程结合工程重要性，单独研究确定

注：当采空区坑洞顶板为第四系覆盖层时，则按 1/3 换算为基岩厚度。

5. 对小型采空区的处理措施

(1)小型采空区隐患较大，易发生突然变形，对铁路、公路危害严重。因此线路一般以绕避为宜。若必须通过，也必须尽可能查明情况，彻底处理，不留后患。

(2)地下水位的变化对小型采空区影响较大，因此要将小型采空区附近的工农业抽水以及水库水位变化作为重要因素，慎重考虑。

(3)用洞探的方法查清线路基底的坑洞，进行回填处理，回填材料一般用毛石混凝土或粉煤灰。

(4)采用桥梁跨越小型采空区，使桥梁基础置于坑洞底板之下。

(5)采用探灌结合的方法进行处理，但坑洞较大时，灌注数量难以估计，钻探量大，质量不好控制。

(6)以隧道通过小型采空区时，应慎重查明其下的小型采空情况。对有突然陷落可能的采空应进行回填处理，并留净空，增加沉降缝，加强衬砌和基底的结构强度。若情况难以查明时，线路应予绕避。

(7)加强建筑物基础及上部结构刚度。

7.2.2 大型采空区

1. 搜集资料

大型采空区以搜集以下资料为主。

(1)搜集各种地质图及区域地质资料,借以了解地层构成、产状和构造以及水文地质条件等。

(2)搜集矿床分布图,以了解矿床分布范围、层次、开采深度、厚度及埋藏特征和上覆岩层的岩性、构造等。

(3)搜集巷道图、采矿图、远景规划图,以了解采空区的位置、开采历史、计划、开采方法、开采边界、顶板处置管理方法、工作推进方向和速度、巷道平面展布方向、断面尺寸及相应的地表位置、顶板的稳定情况、塌落、支撑回填、积水情况、洞壁完整性和稳定程度以及远景开采规划等。

(4)搜集地表变形与有关变形的观测、计算资料,包括地表最大下沉值、最大倾斜值、最小曲率半径,陷坑、台阶、裂缝的位置,形状、大小、深度、延伸方向及其与地质构造、开采边界、工作面推进方向等的关系。

2. 调查访问

利用区域地质资料分析、实地调查、访问知情人或群访为主要手段,调查如下内容。

(1)矿区的分布范围,矿层的开采范围、深度、层数。

(2)开采方法和顶板管理,巷道宽度、高度、延伸方向,采空区的塌落情况。

(3)采空区开采历史及规划发展情况。

(4)采空区地下水发育情况,排水、抽水情况及对采空区稳定的影响。

(5)建筑物变形情况和防治措施。

(6)有条件时,可进行实地测量。

3. 地质调绘

(1)地层层序、岩性、地质构造、矿层的分布范围、开采深度、厚度等。

(2)不良地质现象的类型,分布位置与规模。

(3)地下水位变化幅度,了解采空区附近工农业抽水和水利工程建设情况及其对采空区稳定的影响。

(4)地表变形情况,塌陷、裂缝、台阶的分布位置,形状,大小,深度,延伸方向,发生时间,发展速度以及它们与采空区、岩层产状主要节理、断层、开采边界、工作面推进方向等的相互关系,移动盆地的特征、边界。

(5)建筑物变形情况,变形的类型(倾斜、下沉、开裂),发生的时间,发展速度,裂缝分布规律、延伸方向、形状大小,建筑物结构类型,所处位置及长轴方向与采空区地质构造、开采边界、工作面推进方向的相互关系及地基加固处理的经验和教训。

(6)有害气体的类型、分布特征、压力及危害程度。

4.勘查与测试

(1)综合物探。采用电法、地震、地质雷达，必要时采用综合测井等综合物探手段，其方法可参考表7-4。

表7-4 采用物探方法参照表

地形情况	地形平坦				地形起伏较大	
埋深	0～10m	10～40m	40～100m	100～200m	0～40m	40～200m
平面物探	微重力法		折射波	瞬变电磁法	射气法	瞬变电磁法
剖面物探	地质雷达	瑞雷波	高密度电法	高分辨地震	瑞雷波	井间CT法 (电磁波、弹性波)

采空区物探测线应根据线路纵、横断面方向，并结合工程性质，采空区的埋深、延伸方向进行布置，以查明采空区的范围，埋深，采空区的空间大小，上覆岩、土层厚度。

(2)触探。有条件时也可以采用，如埋深较浅、覆盖层为土层等。

(3)钻探与测试。

A.钻探。根据搜集的图纸资料、调查测绘以及物探的成果资料，综合分析，确定钻孔的数量及深度，以进一步验证物探结果，钻孔深度应钻至最低层洞底地层以下不少于2m。布孔应结合工程和坑洞展布情况以及物探异常点，经综合分析研究后进行布置。

B.测试。①对上覆不同性质的岩、土层，应分别取代表性试样进行物理力学性质试验，提供稳定性检算及工程设计所需参数。②分别取地表水及地下水样做水质分析。③对煤层或可能储气部位，必要时进行有害气体含量及压力的现场测试。

5.地表变形的观测

线路通过大型采空区，当缺乏资料且勘探难以查明采空区的基本特征时，应进行定位观测，直接查明地表变化特征、变化规律和发展趋势。

(1)观测线宜平行或垂直矿层走向成直线布置，其长度应超过移动盆地的预计变形范围，走向观测线(即观测线平行矿层走向)，应有一条测线通过预计最大下沉值的位置；倾向观测线(即观测线垂直矿层走向)不宜少于2条。

方法是先确定矿层走向，然后根据矿区已有的地表移动资料，确定走向观测线和倾向观测线。且观测线上的观测点间距应大致相等(表7-5)。

表 7-5　定位观测点间距表

开采深度 H/m	观测点间距 L/m	开采深度 H/m	观测点间距 L/m
≤50	5	200＜～300	20
50＜～100	10	300＜～400	25
100＜～200	15	＞400	30

(2)观测周期 T 可根据地表变形速度和开采深度用式(7-4)计算或根据表 7-6 确定。

$$T=\frac{\sqrt{2}}{s}kn \tag{7-4}$$

式中：T 为观测周期(月)；k 为系数(一般为 2～3)；n 为水准测量平均误差(mm)；s 为地表变形的月下沉量(mm/月)。

表 7-6　观测周期表

开采深度 H/m	观测周期 T/月	开采深度 H/m	观测周期 T/月
≤50	1/3	250＜～300	2
50＜～150	1/2	400＜～600	3
150＜～250	1	＞600	4

(3)在观测地表变形的同时，应观测地表裂缝、陷坑、台阶的发展和建筑物的变形情况。

(4)观测资料的整理。①绘制下沉曲线图，下沉等值线图，水平变形分布图。②根据有关变形值，划分地表变形区的范围。如根据建筑物对地表变形区的容许极限值，确定移动区范围(内边缘区)，根据地表下沉 10mm 的下沉值，确定轻微变形区，即移动盆地的范围。③计算盆地内有关地点的地表下沉值、倾斜值、曲率、水平移动值和水平变形值。④对正在开采和将来开采的采空区，应预算其最大变形(最大下沉值、最大倾斜值、最大曲率、最大水平移动值和最大水平变形值)对缓倾岩层或地表变形平缓连续时，可按后文中“地表移动和变形的预测”有关方法计算最大变形值。⑤原始测量记录。

6. 地表移动和变形的预测

地表变形分为两种移动和三种变形。两种移动为垂直移动(下沉)和水平移动。三种变形为倾斜变形，弯曲(曲率)和水平变形(伸张或压缩)。

国内通用的预测计算方法为概率积分法。

1)地表最大下沉值

(1)首次采动时，充分采动情况下的最大下沉值计算：

$$W_{\max}=\eta m\cos\alpha \tag{7-5}$$

式中：W_{max}为最大下沉值（mm）；m 为矿层的真厚度（m）；α 为矿层倾角（°）；η 为下沉系数（mm/m）（表 7-7）。

表 7-7 下沉系数参数值表

顶板管理方法	下沉系数 η/（mm·m^{-1}）
全面隙落（初次采动）	0.7（0.6～0.8）①
全面隙落（重复采动）	0.85
带状充填	0.55～0.70
干式全部充填	0.4～0.5
风力和机械干式充填	0.3～0.4
水砂充填	0.1～0.12
加压水砂充填	0.05～0.08
条带式开采（回采 50%～60%）	0.03～0.10
条带式开采（回采 50%～60%）水砂充填	0.015～0.03

注：①括号内数值为范围值。

（2）首次采动时，非充分采动情况下的下沉值计算：

$$W=\eta m\cos\alpha\sqrt{n_1 n_2} \tag{7-6}$$

式中：W 为下沉值（mm）；n_1、n_2 分别为矿层倾斜方向与走向方向的采动程度系数。

$$\begin{cases} n_1=0.9D_1/H_0 \\ n_2=0.9D_2/H_0 \end{cases} \tag{7-7}$$

式中：H_0 为平均开采深度（m）；D_1、D_2 分别为采空区沿倾斜方向与走向方向的实际尺寸（m）。

（3）重复开采时，非充分采动情况下的下沉值计算：

$$W=\eta m\cos\alpha\sqrt{n_1 n_2}\left(1+0.5\frac{H_1}{H}\right)\quad（缓倾斜时） \tag{7-8}$$

式中：H_1 为前次采动的上覆岩层厚度（m）；H 为本次开采深度（m）。

2）地表最大倾斜、最大曲率、最大水平移动和变形的预测

$$\begin{cases} T_{max}=W_{max}/R \\ K_{max}=\pm 1.52W_{max}/R^2 \\ U_{max}=bW_{max} \\ E_{max}=\pm 1.52W_{max}/R \end{cases} \tag{7-9}$$

式中：T_{max}为最大倾斜值（mm/m）；K_{max}为最大曲率（mm/m^2）；U_{max}为最大水平移动值（mm/m）；E_{max}为最大水平变形值（mm/m）；R 为地面影响半径，$R=H/\tan\beta$（m）；H 为开采深度（m）；b 为水平移动系数；β 为移动角（°）。

3)移动盆地

上山移动边界角 $\gamma_0=\gamma-15°$,下山移动边界角 $\beta_0=\beta-15°(1°-0.01\alpha)$,走向移动边界角 $\delta_0=\delta-15°$,γ、δ、β 查阅相关资料获取。

用上述边界角,反求移动盆地边缘:即从采空区边界做与水平线成边界角的斜线,此线与地表的交点为边界点。连续做多个边界点,可大致找出移动盆地的边界,如图 7-3 所示。

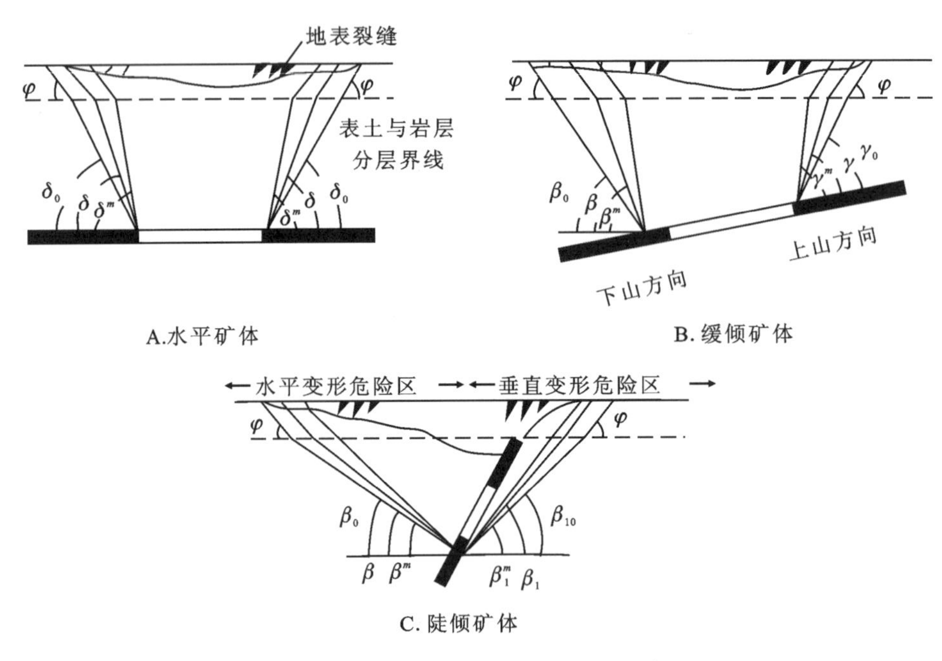

图 7-3　移动角、破坏角与边界角示意图

4)地表最大下沉速度按式(7-10)计算:

$$V_{max}=2cW_{max}/H \tag{7-10}$$

式中:V_{max} 为最大下沉速度(mm/d);c 为工作面推进速度(m/d)。

7. 稳定性评价

1)采空区稳定性分区

根据采空区地表变形的评价标准,综合考虑以下因素的影响:

(1)采空区自身顶板、煤柱及底板的稳定性。

(2)采矿地质条件等。

(3)特殊构筑物的要求,如桥梁等。

(4)地表变形计算分析成果。

按采空区残余沉降量大小将采空区划分为 3 个区:

(1)稳定区。

(2)基本稳定区。

(3)不稳定区。

工程性质不同,分区参数亦不同,选取参数时应按具体工程性质的要求而定。

2)稳定性评价(以铁路工程为例)

(1)下列地段不宜作为建筑场地。

A. 在开采过程中可能出现非连续变形地段(地表产生台阶、裂缝、塌陷坑等)。

$H/m<30$(H/m 为采深采厚比,以下同),或 $H/m\geqslant30$ 但地表覆盖层很薄且采用高落式等非正规开采方法或上覆岩层受地质构造破坏时,地表将出现大的裂缝或塌陷坑,易出现非连续的地表移动和变形。

B. 处于地表移动活跃地段。

C. 特厚矿层和倾角大于 55°的厚矿层露头地段(易造成矿层抽冒)。

D. 由于地表移动和变形,可能引起边坡失稳和山崖崩塌的地段。

E. 地下水位深度小于建筑物可能下沉量与基础埋深之和的地段。

F. 地表倾斜大于 10mm/m,地表水平变形大于 6mm/m 或地表曲率大于 0.6mm/m^2 的地段。

(2)下列地段作为建筑场地时,其适应性应专门研究。

A. 采空区采深采厚比 $H/m<30$ 的地段。

B. 采深小(H 小于 50m 的地段),上覆岩层极坚硬,并采用非正规开采方法的采空地段。

C. 地表倾斜为 3~10mm/m,地表曲率为 0.2~0.6mm/m^2 或地表水平变形为 2~6mm 的地段。

D. 老采空区可能活化或有较大残余影响的地段。

(3)下列地段为相对稳定区,可以做建筑场地。

A. 已达充分采动,无重复开采可能的地表移动盆地的中间区。

B. 预计的地表变形值小于以下数值的地段:地表倾斜<3mm/m;地表曲率<0.2mm/m^2;地表水平变形<2mm/m。

8. 采空区勘察剩余空洞体积计算

1)采空区的塌陷变形对工程的影响范围的确定

采空区对工程横向的影响宽度,是以工程两侧为起点,向两侧第四系松散沉积层按移动角 θ 考虑,基岩走向方向移动角按 δ 考虑(图 7-4)。

采空区影响工程的长度,是以采空区范围和煤层上山、下山方向上影响范围为界的(图 7-5)。

2)剩余空洞体积计算

煤层被采后形成的采空区经过冒落后,其剩余空洞体积估算方法为

$$V=V_a-\Delta V \tag{7-11}$$

式中:V_a 为采空区总体积,其值为 $V_a=S\times M\times K$;S 为采空塌陷区面积(m^2);M 为煤层厚度(m);K 为煤层采取率;ΔV 为截至目前已经沉降变形的冒落岩石碎胀所充填体积(m^3)。

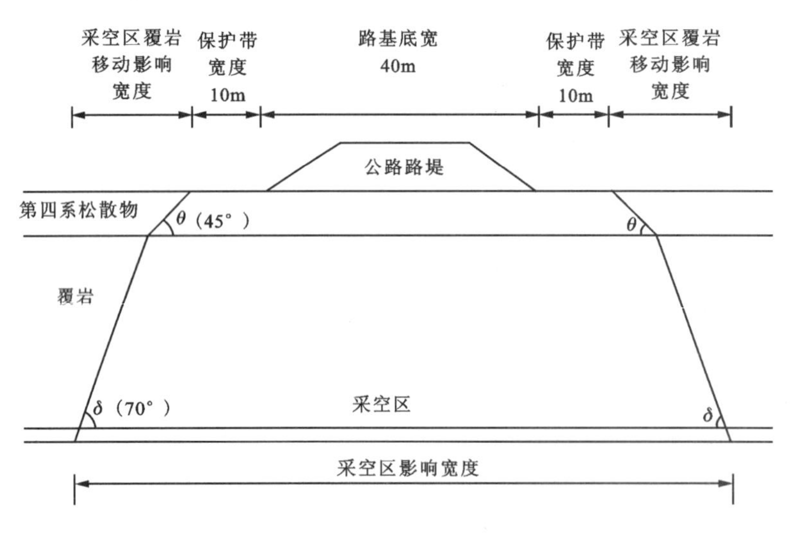

图 7－4 采空区横向影响宽度计算示意图(以公路工程为例)

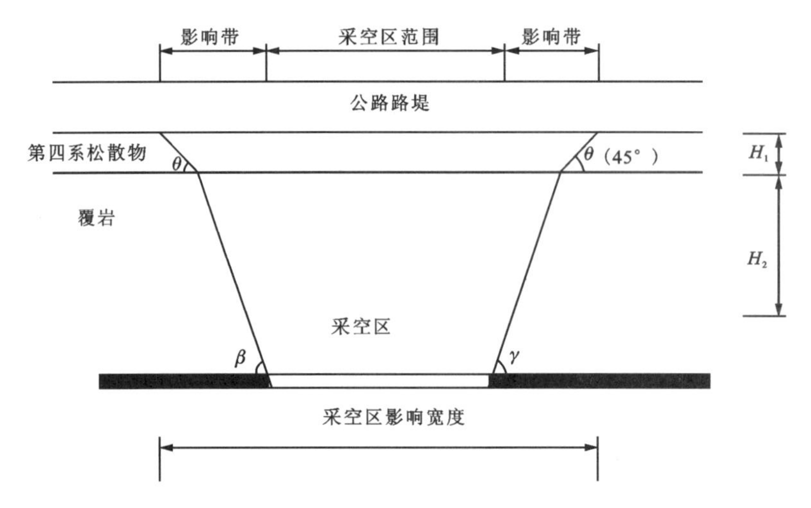

H_1. 第四系松散物厚度(m)；H_2. 覆岩厚度(m)；θ. 第四系松散层移动角；β. 基岩上山方向移动角；γ. 基岩下山方向移动角。

图 7－5 采空区公路轴向影响长度计算示意图(以公路工程为例)

9. 采空区处理一般工程措施建议

(1)建筑选址时，以尽量避开采空区为宜，尤其是矿层急倾斜的矿区更应如此。

(2)在已有建筑物的地下开采，或建筑物要通过正开采的矿区时，常采取以下保护措施，防止地表和建筑物变形。

A. 留设保护矿柱。

B. 改变开采工艺，减小地表下沉量。如：

(a)采取充填法处理顶板,及时全部充填或两次充填,以减少地表下沉量。

(b)减少开采厚度或采用条带法(房柱式)开采,使地表变形值不超过建筑物的容许极限值。

(c)增大采空区宽度,使地表移动充分和建筑物处于盆地中部的均匀下沉区。

(d)控制开采的推进速度,合理进行协调开采。

C. 加强建筑物基础刚度和上部结构强度。

D. 加强维修养护,在地表变形期,特别是变形活跃期,应加强巡道,对建筑物加强观测,发现变形及时维修。

E. 松土坑洞已坍塌成陷坑,空洞小时,仅做地表夯实,可不做其他处理。

F. 坑洞埋深较深,可用试坑和分段拉槽的方法,用普通土或卵石土灌注回填夯实。

G. 对建筑有影响且埋深较浅的采空,可用开挖回填方法处理。

H. 埋深较深,面积较大的采空区可用钻孔压力注浆处理。

I. 根据洞穴变形的预测值,选择相应的和允许变形的建筑结构形式。

7.3 采空区勘查应提交的成果报告

采空区两阶段勘查成果报告编制及提交见表 7-8。

表 7-8 应交资料成果报告表

		初测(初步勘查)	定测(详细勘查)
综合资料	(1)工程地质报告	应阐明采空区的自然地理位置,区域地质条件及主要开采层位,坑洞分布范围、类型,地表变形的分布规律,论证变形发展阶段,预测变形发展趋势,评价场地稳定性和布设线路的适宜性,并根据采空区地表特征和变形大小,对场地进行分区,评述由于地表塌陷或变形可能引起的斜坡失稳、山体崩塌等不良地质现象,给路基、桥梁、隧道等工程构造物造成的危害,论述地下水位的变化,对坑洞稳定性的影响,评价各线路方案;提出方案比选意见及采取的整治措施,对定测工作的建议	应阐明沿线采空区的分布范围、埋深、采空区地表及建筑物变形范围、分布规律、变形特点和变形发展阶段,以及对工程建筑物的影响,评价建筑场地的稳定性,提出工程措施,施工注意事项和环境保护意见。确定线路压矿数量,提出将来开采矿体采取的工程保护措施或对已有建筑物应采取的保护措施
	(2)全线工程地质图 1∶10 000~1∶200 000	应填绘采空区分布范围,地表裂缝、塌陷、台阶的位置及地表移动盆地的范围	补充修改初测内容

续表 7-8

综合资料	(3)详细工程地质图 1∶2000～1∶10 000	除标示一般规定的内容外，还应标示出线路的位置，填绘采空区分布范围界线，地表裂缝、塌陷、台阶的位置及地表移动盆地的范围界线及不同路段的变形特征和变形大小	补充修改初测成果
	(4)工程地质分段说明	应阐明采空区范围，地表变形的类型及分布规律、特征，可能对线路造成的危害，工程措施意见	补充修改初测成果
	(5)工程地质纵断面图	—	横 1∶10 000，竖 1∶100～1∶1000，有标注条件时，应填绘采空区的洞穴位置、空洞大小
工点资料	(1)工程地质说明，应阐明采空区工程地质条件及危害，评价场地稳定性及需要采取的工程处理措施意见。 (2)工程地质图，比例 1∶2000～1∶5000，应填绘采空区的分布范围，地面塌陷、裂缝的位置。 (3)工程地质纵、横断面图，比例为 1∶200～1∶500，应填绘采空区的空间分布特征、洞穴位置、地下水位等资料。 (4)原始资料，勘探、测试、观测点、照片等资料		(1)补充初测工点，修改既有资料。 (2)新增工点应满足初测要求

7.4 采空区治理工程设计技术

7.4.1 采空区治理技术

构筑物下伏采空区处治方案主要有以下三类。

(1)地面构筑物抗变形结构设计措施，采用柔性设计原则、刚性设计原则或综合措施，以吸收和抵抗变形。

(2)采空区地基处理措施，预防和控制地表残余沉陷的发生。此类方法可细分为四种：

A.全部充填采空区支撑覆岩，以彻底消除地基沉陷隐患，采用注浆充填、水力充填和风力充填等方法，其中，以注浆法的应用最广泛、效果最好。

B.局部支撑覆岩或地面构筑物，减小采空区空间跨度，防止顶板的垮落，常用的方法有注浆柱、井下砌墩柱和大直径钻孔桩柱或直接采用桩基法等。

C.注浆加固和强化采空区围岩结构，充填采动覆岩断裂带和弯曲带岩土体离层、裂缝，使它们形成一个刚度大、整体性好的岩板结构，有效抵抗老采空区塌陷的向上发展，使地表只产生相对均衡的沉陷，以保证地表构筑物的安全。

D. 采取措施释放老采空区的沉降潜力法，在采空区地表未利用前，采取强制措施加速老采空区活化和覆岩沉陷过程，消除对地表安全有较大威胁的地下空洞，在沉陷基本稳定后再开发利用地表土地，常用方法有堆载预压法、高能级强夯法和水诱导沉降法等。

(3)对公路也可采取绕避方案或修筑过渡路段或营运后的维修方案。结合高速公路工程自身特点与要求，如公路工程为线性工程；路堤属于柔性基础承受路面结构；不均匀沉降量容易造成路基、路面结构开裂等，其下伏采空区的治理，理论上可以采取上述各种方法，但基于技术及经济原因，某些方法应用较少或缺少试验，国内目前已处理公路下伏采空区治理情况见表 7－9。

表 7－9　国内公路下伏采空区治理情况一览表

工程名称	采空区规模/m		分层情况	治理方法	材料选择
	采深	采厚			
晋焦高速公路山西段	20～100	2.0～6.0	1层，局部2层	注浆充填	水泥粉煤灰浆液
乌奎高速公路乌市西四道岔段	30～50	0.7～3.0	1层	注浆充填	水泥黄土浆液
包西线神木北至延安段	20～30	0.7～1.5	1层	注浆充填	水泥黄王砂浆液
石太公路柏井、冶西采空区	60～140	4～8	1层	洞内干砌或浆砌片石，注浆充填	水泥黏土浆液，水泥粉煤灰浆液
河北保阜公路	25～48	3.8	2层	注浆充填	水泥粉煤灰浆液
京福高速公路徐州东段	33～89	1.0～2.0	多层	注浆充填	水泥粉煤灰浆液

由此可见，目前国内公路下伏采空区的治理，以注浆全充填法为主，注浆材料以水泥粉煤灰为主，也有水泥黏土或水泥黄土浆材，因地而异。

7.4.2　具体治理措施的选择方法

1. 采空区埋深较小时的处理

(1)对于埋深很小的采空区，可采用从地表开挖，一直挖至采空区，再分层回填夯实的方法。该方法工艺简单，操作简便，施工质量容易检查和控制。

(2)开挖后用浆切片(或干切片)分层砌筑、填塞，上面加盖钢筋混凝土盖板。

(3)开挖后，用碎石充填后灌注水泥砂浆。

(4)高能量强夯法处理采空区上方松散地基。当采空区埋深较浅，而上方为松散地基且厚度较大时，可采用高能量强夯法处理松散破碎岩体，提高松散破碎岩体的地基承载力。

2. 采空区埋深较大时的处理

(1)充填注浆法。注浆技术是一项实用性强、应用广泛的工程技术。它的实质是在地面钻孔至老采空区,采用液压、气压或电化学方法,将采空区所有空洞和覆岩裂隙用由水泥、粉煤灰、砂子等混合而成的浆液全部充填和加固,使整个采空区恢复至接近原始岩体状态,彻底消除采动破碎岩体的移动变形空间。为了避免浆液流至地基控制边界以外,需要在地基以外的控制边界处钻孔至采空区,再灌粗骨料填充,注浆固结,以封堵住采空区两端。

(2)覆岩结构加固补强法。采用注浆加固技术对上覆岩层结构进行结构补强,增强覆岩结构的长期稳定性。具体做法是从地面打钻孔,然后压力灌浆,使浆液渗入岩层裂隙,并胶结而使破碎岩体形成一强度高、刚度大、类似于“大板结构”的完整岩体,达到类似于跨越的目的,避免地表塌陷的发生。这种方法具有工程量小、工程费用低、岩体结构稳定、效果好等显著特点,实践表明效果良好。

(3)灌注桩法。在采空区上方地表布置大直径钻孔,注入填料和浆液,用浆液固结填料和破碎岩体,在岩层中形成灌注柱,承受上方建筑荷载。

(4)设计高架桥跨越采空区。当采空区分布面积过大,充填注浆法造价过高时,可考虑采用高架桥跨越采空区,或者采用处理与高架桥结合的方法处理采空区。

(5)综合治理方法。根据实际工程情况,结合以上两种或两种以上的方法处理采空区。

7.5 采空区勘查实例剖析——高速公路下伏浅层小煤窑采空区勘查

7.5.1 引言

当高速公路穿越采空区时,地表的沉降、变形、折曲及塌陷可造成路基的拉伸变动,使路面产生裂缝及出现无规则的坡度变化等,易发生交通事故,造成社会损失和经济损失。

为准确查明采空范围或采空塌落影响范围的分布情况,为设计提供准确资料,本书以南宁外环初设 k23+200—k23+900 段下伏小煤窑采空区为研究对象,对其勘查方法进行了试验,通过现场踏勘测量、高密度电法与浅层地震方法相结合的综合物探法进行采空区勘查推测,并在相应位置钻探对综合物探法推测结果进行查证,勘查质量良好。

7.5.2 测区概况及勘查目的

1. 测区地形地貌

国家高速公路网广州至昆明公路南宁外环段两阶段初步设计 k23+200—k23+900 段

采空区，位于南宁至宾阳公路左侧，伍塘变电站附近，路基段内地形较开阔平坦，有简易公路可通行，交通较便利。

测区属剥蚀残丘地貌，残丘呈波状连绵起伏，丘体比较矮小，地势较低，地形起伏较小，丘顶高程在92～98m之间，低洼地段高程在87～90m之间，自然坡度较小，较开阔平坦。沿设计路中线及两侧有多处小煤窑竖井及塌陷坑，塌陷坑主要是由废弃的煤窑井坍塌造成的，勘查期间可见多处坑内积水。地表没有发现大范围的塌陷、错落或显著下沉。测区第四系残积层和冲积层发育，残积层分布于山丘山体、坡脚及平原洼地，冲积层主要分布于低洼地段。地表植被发育，农作物主要为玉米、花生及水稻等。

2. 勘查目的

勘查目的：查明采空区地形地貌、地层岩性、地质构造、不良地质现象的分布及工程地质特征等；查明采空区的空间分布范围、覆盖层及基岩风化层厚度、煤层埋深及厚度、岩体风化程度、软弱夹层和地下水状态；确定测区内竖井数量和坐标，查明巷道大小、延伸方向、顶板厚度等。

7.5.3 采空区勘查方法

1. 现场踏勘

通过地质调查，并结合访问调查，开展采空区影响范围内的地质踏勘工作。据访问调查，矿区开采历史久远，确切的开采时间已难以查清，历经多次复采，1995年后停采，采空区仅进行简易支护。通过地面地质调查，测区为老的小煤窑采空区，在地表发现有多个小煤窑竖井及煤窑塌陷坑等。煤窑早期以竖井或露天形式开采，现在煤层基本开采完毕，煤窑及竖井均已废弃和坍塌填埋。竖井S01为废弃竖井，可见被岩土及垃圾掩埋至洞口1～2m的位置；其他竖井均已坍塌或被掩埋，在地表表现为直径1～3m塌陷坑，勘查期间可见多处塌陷坑内有积水。

2. 测量

采用全站仪依据物探勘测设计线放样进行，以20m间距布设控制点（打入竹桩标志），同时采用皮尺配合加密的方法以5.0m布设物探测点。布设控制点的同时测量各测点高程，竖井和塌坑位置以实地测量坐标来确定。

3. 高密度电法＋浅层地震综合物探

采空区勘查关键是要查明各采空区空间分布情况，物探是当前最有效果的勘查手段。本次采用高密度电法和浅层地震相结合进行勘测。

高密度电法测量仪器使用WDJD－3多功能数字直流激电仪，工作中选择对称四极装置进行剖面测量，电极极距为5.0m，电极数有60个。

浅层地震仪器为SE2404EP型综合工程探测仪，地震剖面选择共偏移距地震(COD)反射波法(或称映像法)观测，经现场噪声调查试验，确定选取偏移距5.0m，点距2.0m，时窗500ms的观测系统进行观测，在所有剖面线上进行工作。

采用高密度电法和工程地震进行初步勘测，勘查时沿路基中心线布置2纵(Ⅰ、Ⅱ)3横(Ⅲ～Ⅴ)共五条物探勘测线。完成的物探工作量见表7-10。

表7-10 物探工作量统计表

工作方法	剖面数/条	点距/m	物理点/点	剖面长/m
断面测量	5	20.0	109	2040
高密度电法	5	5.0	416	2045
浅层地震	5	2.0	933	1882

注：物理点即为测深点COD。

4. 钻探

工程勘查钻探是从钻孔中取得岩芯、土样进行物理性质分析从而判断其地基基础是否满足工程建设的承载重力和稳定性及工程地质情况。针对采空区进行相关地质钻探，通过相关钻探资料了解测区的岩层性质。由于本段采空区路线长，为了保证勘查的质量，同时考虑经济上的合理性，在现场勘查及综合物探初步判断有采空区的典型位置进行钻探，以验证物探初勘的结果。

7.5.4 物探推断分析与验证

1. 覆盖层厚度的推断

初勘采空区的覆盖层厚度可利用高密度电法视电阻率等值线剖面图、浅层地震的共偏移距映像反射波形在相同地层连续性好的反射相位进行综合划定。现各选取一典型高密度电法图(图7-6)及地震映像图(图7-7)进行分析。因测区为第四系覆盖层黏土，结构相对下伏基岩松散，在图7-6高密度电法视电阻率等值线剖面图上相对下伏新近系泥岩表现为相对高阻，高低阻视电阻率等值线的分界面与基岩面相对应；不含水的采空区与周围的围岩存在很大的波阻抗，因此在图7-7地震时间剖面上100～110断面会出现明显波场异常特征，顶部出现绕射现象，中间反射波会缺失或者非常紊乱(局部塌陷区)。结合图7-6及图7-7可知覆盖层厚度为6～8m。

2. 采空区的推断

初勘采空区的范围根据高密度电法的视电阻率等值线在垂向及水平上变化规律、共偏移距映像反射波形在垂向及水平上波幅、波长及反射相位的变化规律综合确定。具体分述如下。

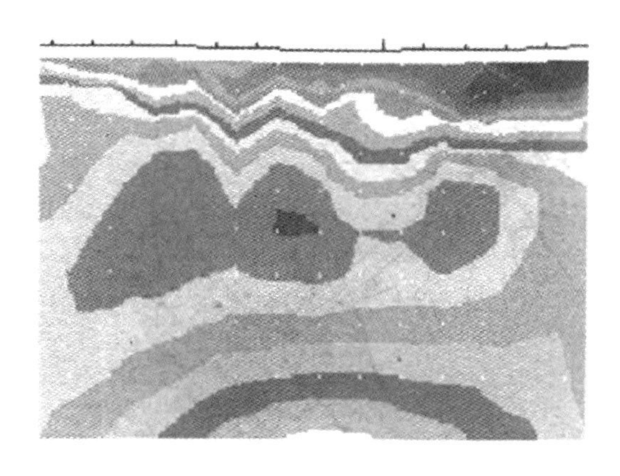

图 7-6 密度电法图

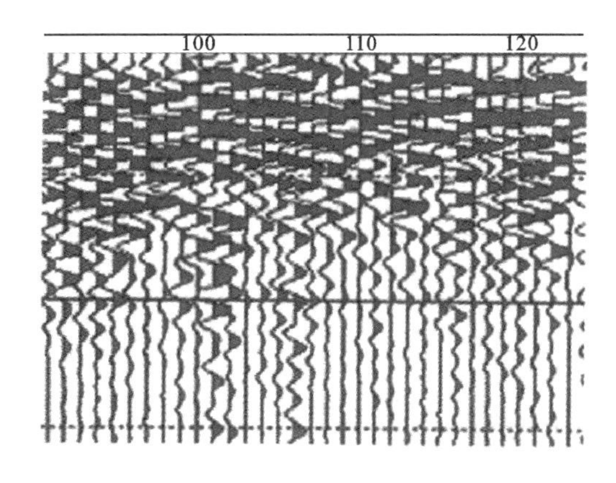

图 7-7 地震映像图

(1)高密度电法视电阻率等值线剖面图。没有充填物的采空区，在高密度电法视电阻率等值线剖面图上表现为等值线突变的闭合圈或半闭合圈的高阻；已经充填的采空区，如充填水或其他流质物的，视电阻率等值线突变、变稀疏，等值线呈闭合圈或半闭合圈低阻；塌陷的采空区，因被塌落的岩土体充填，塌落的岩土体相对松散，含水相对丰富，视电阻率等值线剖面图上表现为视电阻率等值线变稀疏，梯度变化小些，等值线呈闭合圈或半闭合圈的相对低阻区域(带)。

(2)共偏移距映像反射在采空区界面，能量被大量吸收及形成多次反射，造成波幅减小和波长变短，在波形图上表现为同相轴波形在水平方向的凌乱和不一致，在垂向上的幅值较低、多次反射的波形特征。

对比图 7-6 及图 7-7 可以看出，在地震波波形发生畸变的位置，对应的高密度电法视电阻率等值线剖面图也呈现低阻；而电阻率等值线剖面图反映为高阻的部位，地震反射波也出现频率增高、低频同相轴减少的现象，两种物探方法所利用的物性参数虽然不同，但其结果可以相互印证，两种探测方法具有互补性。结合图 7-6 及图 7-7，可以初步推断出采空区位置及范围如图 7-8 所示。

3. 钻探验证

在物探初定为采空区的典型位置进行钻探。钻探结果表明：测区地层主要由第四系覆盖层(Q)及新近系(N)基岩组成，其中第四系覆盖层主要为第四系残积层和第四系冲积层，地层岩性如下。

(1)第四系残积层(Q^{el})：黏土，灰黄色、褐黄色，硬塑状，干强度及韧性中等，混少量角砾。

(2)第四系冲积层(Q^{al})：黏土，褐黄色，可塑状，混少量角砾，表层为耕植土。

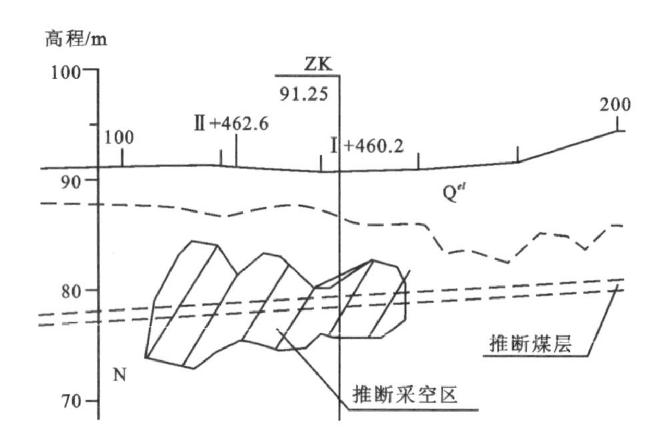

图 7-8　采空区位置及范围推断图

(3)新近系(N):泥岩,灰色、青灰色—灰黄色,泥质结构,中厚层状构造,半成岩,呈坚硬黏土状。局部夹煤层,灰黑色—黑色,煤层品位较差,厚度较薄,以薄层状结构的泥煤为主。

第四系松散覆盖层和下伏新近系基岩的不同岩性及不同风化程度,煤窑采空区或采空区的坍塌及塌陷造成岩土的松散,致使地下介质在密度、电性参数(如介电常数,电导率等)等存在明显的差异,形成明显的电性界面或波阻抗界面,为该区开展物探勘探提供了良好的地球物理前提。

为了验证物探结果,选取一绘制好的钻孔柱状图(图 7-9)。从图 7-9 可以看出,在 7.30～8.80m 位置有煤层,这与物探推断出的采空区位置及范围结果符合较好。

地层代号	层底深度/m	分层厚度/m	层底标高/m	柱状剖面(1∶200)	所通过地层描述
Q^{el}	3.40	3.40	87.85		黏土：浅黄色，韧性及干强度高，土质均匀
	7.30	3.90	83.95		泥岩、粉砂质泥岩，深灰色、灰绿色。前者泥质结构，后者粉砂泥质结构，层状构造。上部含少量贝壳，半成岩，岩质极软，钻进快，岩芯呈短—中柱状
	8.80	1.50	82.45		孔深7.30～8.80m为采空区，充填粉砂质泥岩，含竹片，顶部夹褐煤
N					

图 7-9　钻孔柱状图

7.5.5 勘查成果

1. 覆盖层厚度

初勘采空区的覆盖层厚度可利用高密度电法视电阻率等值线剖面图、共偏移距映像反射波形在相同地层连续性好的反射相位，结合地质调绘及钻探成果资料进行综合划定。勘查区段第四系覆盖层解释厚度多在3.0～6.0m之间。

2. 采空区的范围及特征

根据高密度电法的视电阻率等值线在垂向及水平上的变化规律、共偏移距映像反射波形在垂向及水平上的波幅、波长及反射相位的变化规律，结合地质调绘及钻探成果资料综合确定采空区物探勘测情况。

(1)煤窑开采主要在浅部的煤层，开挖的范围不大，以葫芦底式的采空范围为主。主要的采空和采空影响范围约在k23＋350和k23＋650的两低矮山丘间。

(2)k23＋288—k23＋435段采空区段，煤窑竖井均已废弃，塌陷坑C01～C6地表均可见积水，高密度电法视电阻率等值线呈闭合圈或半闭合圈的相对低阻区域，推断煤窑竖井已塌落填埋，为采空区域的塌落影响范围。其中采空区域塌落影响范围以8～18m的深度为主，局部稍深些，Ⅲ＋060—100段的深度为20m。

(3)k23＋614—k23＋732段采空区段，煤窑竖井亦均废弃，高密度电法视电阻率等值线呈闭合圈或半闭合圈的相对低阻区域，梯度变化稍小，推断采空范围已坍塌且被岩性相似的岩土完全充填，相对比基岩松散些，坍塌影响范围多在深度4～16m之间。其中k23＋685—k23＋715、V＋120—150的范围为露天开采，煤窑废弃后经推土回填，回填土较松散些；I＋435—456段高密度电法视电阻率等值线呈半闭合圈的相对低阻区域，坍塌影响较深，深度达30～35m，主要在路中线右侧10～30m的范围。

3. 综合勘查方法讨论

(1)现场踏勘。现场踏勘可以了解采空区的地形地貌及开采基本情况，确定采空区的大致范围，为综合物探提供基础。

(2)浅层地震。不含水的采空区与周围的围岩存在很大的波阻抗，在地震映像照相图上出现明显波场异常特征，顶部出现绕射现象，中间反射波会缺失或者非常紊乱(局部塌陷区)。如果含有水，波场异常特征相对弱一些，绕射现象不是特别明显。同时由于地震勘探纵横分辨率有极限，当地质体达到一定几何尺寸时才能在地震剖面上出现。可见浅层地震勘探深度虽大，但勘探深度越大，分辨率越低，勘探深度和分辨率不能兼顾。

(3)高密度电法。高密度电法剖面为视电阻率成像图。高阻区代表岩体致密，完整性好，含水量小；低阻区代表岩体含水、松散破碎或裂隙含水带。空洞采空区表现高阻区，填充黏土和水的采空区呈低阻区。采空区为部分填充，上部为空洞，下部为松散填充，上部表现为高阻，下部为低阻，构成断续的串珠状组合异常区。用高密度电法不仅能查明浅部采空区分布，还能够很好地判断采空区是否有水。

(4)钻探。因物探勘查结果多为推断，必须对物探推测结果进行钻探查证工作，以便更详细地查明采空范围或采空塌落影响范围的分布情况，为设计提供准确资料。

8 地裂缝勘查

8.1 地裂缝的定义、分类及其特征

8.1.1 定义

地裂缝是地表岩、土体在自然或人为因素作用下产生开裂，并在地面形成裂缝的地质现象。如果这种地质现象发生在有人类活动的地区，则可能会对人类生产与生活构成危害，称之为地裂缝灾害。

地裂缝与断裂不同，属裂隙的一种特殊形态，常常是一些地质作用（如地震或断裂活动，地面沉降或塌陷等）的附属产物。地裂缝成因多种多样，出露于地表张开成缝，宽度变化大，存在时间较短，时隐时现，且裂隙隐伏于地下，宽度窄，稳定延伸，在岩土体中永存而不消失；而断裂深入地下，延伸长，规模大，是较强构造运动的结果。同时，构造地裂缝与断裂活动也存在一定关系，它们有时是活动断裂在地表的露头。

地裂缝灾害是一种地质灾害，在许多国家都发生过，其发生频率和灾害程度逐年加剧，已成为一个新的、独立的自然灾害类型，并引起国际地学界的极大兴趣和关注。我国是地裂缝分布最广的国家之一，仅对河北、山西、山东、江苏、陕西、河南、安徽七省的不完全统计，已有 200 多个县（市）发现地裂缝，共有 700 多处。出现地裂缝的城市有西安、大同、邯郸、保定、石家庄、天津、淄博等，其中以西安最为典型和严重。这些地裂缝穿越城镇民居、厂矿、农田，横切道路、铁路、地下管道和隧道等，造成大量建筑物破损、农田毁坏、道路变形、管道破裂等，严重影响了人民生活、厂矿生产和安全。每年因地裂缝灾害造成的经济损失达数亿元之多。

8.1.2 分类及其特征

地裂缝按其成因分为构造地裂缝、非构造地裂缝和混合成因地裂缝三类。构造地裂缝由内动力地质作用产生，包括地震地裂缝（也称构造速滑地裂缝）、构造蠕变地裂缝和区域微破裂开启型地裂缝三种。非构造地裂缝是指由外动力地质作用和人类活动作用引起的岩土层裂缝，如膨胀土地裂缝、黄土地裂缝、冻土地裂缝、盐丘地裂缝、干旱地裂缝、地面塌陷地裂

缝、地震次生地裂缝、人工洞穴塌陷地裂缝等。实际上，有许多地裂缝是几种因素综合作用的结果，称为混合成因地裂缝。表8-1列举了一些常见地裂缝的成因类型及其特征。

表8-1 常见地裂缝的成因类型及其特征

类别	主导原因	动力类型	种别	地裂缝特征
构造地裂缝	内动力地质作用	断裂活动	地震地裂缝	1.规模大，延伸远，有明显的方向性； 2.不同方向的地震断层往往呈有规律的组合，反映了震区主要的构造方向和控制地质构造的区域应力场或局部应力场； 3.裂隙两侧在水平方向和垂直方向上都有明显的位移，位移量的大小取决于震级； 4.不受岩性和其他边界条件的影响
			构造蠕变地裂缝	1.裂缝与蠕滑断层活动方式相同； 2.裂缝活动是断层活动的表现； 3.裂缝发生时间不受季节限制； 4.裂缝时隐时现，时强时弱，时断时续； 5.规模较大，延伸长。长几千米至十几千米，裂缝带宽度几米到几十米
		区域微破裂开启活动	区域微破裂开启型地裂缝	1.多组共生，各地区地裂缝相互对应，具有区域性发育特征； 2.共轭的剪切地裂缝常构成网络状； 3.单条地裂缝延伸较短，常成群成片出现； 4.初期地裂缝常隐伏于地表层之下，降雨或浇地后显露出来； 5.常伴生陷坑、陷穴，多呈串珠状
非构造地裂缝	自然外动力地质作用	特殊土	膨胀土地裂缝	1.数量多，分布广，危害大； 2.规模小，长度一般在数十米之内，超过100m者极少见； 3.一般以竖向开裂为主，尤其在地面以下2m之内最为常见，往下斜交剪切裂隙发育，并将土体切割成菱形小块，裂隙间距小而密集； 4.膨胀土地裂缝常以暗裂形式发育
			黄土地裂缝	1.地裂缝常常环绕着洼地周围，或者呈向心展布，或者呈环形展布； 2.延伸短，且无一定方向； 3.裂面粗糙、直立，上宽下窄，延伸小
			冻土地裂缝	1.与冻胀丘有关，个体较大的冻胀丘常伴随放射状地裂缝；坡度较缓的冻胀丘常常被地裂缝切割成块状；多个冻胀丘呈线列排列时，则主干地裂缝呈现断续的雁列式； 2.规模一般较小，单条裂缝长数米，宽几厘米，深数十米

续表 8-1

类别	主导原因	动力类型	种别	地裂缝特征
非构造地裂缝	自然外动力地质作用	特殊土	盐丘地裂缝	1. 受盐丘形状、大小所控制。一般平顶状盐丘可产生平行地裂缝；穹窿状、蘑菇状盐丘，多产生放射状地裂缝；近似直立圆柱体盐丘的边缘常形成弧状或者环状的地裂缝；顶部低凹的盐丘，形成向心状地裂缝； 2. 盐丘地裂缝平面范围一般限制在盐丘范围内，盐丘直径一般在数千米之内
			干旱地裂缝	1. 主要在土层的表层，切割深度一般在 1m 左右，个别也有深达 4～5m 的情况； 2. 一般规模较小，不规则，没有明显的方向性和组合关系，常表现为龟裂形式； 3. 只见于松散沉积物内，裂缝两侧没有明显的相对位移，裂缝呈楔形，宽度随深度和沉积层的湿度增大而减小，至含水层即消失； 4. 在松散沉积物中，裂缝也只发生在地势较高的低丘和波状平原高处的脊部和前缘，而不在接近地下面的低洼地带出现； 5. 出露范围小，仅 $1km^2$ 至几平方千米
		自然重力作用	地面塌陷地裂缝	1. 地裂缝与局部塌陷经常同时突然发生； 2. 与原岩构造有关，分布有一定规律； 3. 裂缝的宽度和深度较大；其两侧常见大幅度的垂直位移，而水平位移极少见； 4. 局限于易溶岩分布地区； 5. 裂缝形态为弧形、直线形、封闭圆形或同心圆形。裂面倾角陡，一般在 70°～80°之间
非构造地裂缝	人类活动作用	次生重力或动荷载	滑坡地裂缝	1. 在滑坡的孕育和滑移过程中，一般沿着山坡等高线开裂或呈弧形开裂； 2. 裂缝走向与其在滑体上所处的部位有关。一般滑体前后缘的裂缝基本平行于滑动方向，中部的裂缝垂直于滑动方向，两侧的裂缝与滑动方向斜交，其中垂直于滑动方向的裂缝最常见； 3. 裂缝两侧有明显的垂直位移，垂直于滑动方向的裂缝，常将滑坡切成阶梯状； 4. 因滑坡往往是缓慢地、间歇性地移动，故其地裂缝通常是反复多次形成的

续表 8-1

类别	主导原因	动力类型	种别	地裂缝特征
非构造地裂缝	人类活动作用	次生重力或动荷载	地震次生地裂缝	1. 多呈树枝状，少数为管状、蘑菇状、袋状。线型裂缝连续性好，且边界齐整； 2. 常以垂直错动为主，兼有水平错动； 3. 多呈张性； 4. 规模和分布面积与地震大小有关，分布面积可达几万平方千米； 5. 裂缝一般出现在地震烈度 6 度以上的地区
			人工洞室塌陷地裂缝	1. 规模受人工洞室规模和洞室上覆岩土厚度及性质等控制； 2. 规模大小不等，一般长达十几米至几十米，最长可达几百米；一般宽度在 1m 以内； 3. 几何形态有直线状、折状、弧状、分叉状

在我国，除地震裂缝外，以构造蠕变地裂缝的规模和危害最大，一般分布在活动构造带（区）中，如汾渭盆地等。这种地裂缝具有明显的方向性，并且在水平、垂直方向上均有位移，以西安地裂缝、大同地裂缝最典型。隐伏裂缝和开启裂缝在分布上具有一定的方向性，规模不大，以陕西泾阳、山西万荣和河北邯郸、正定等地为典型。地面塌陷裂缝多呈环状，在各类矿区、岩溶塌陷区和地面沉降区等均有发育。其余各种类型的地裂缝规模较小，但分布范围广，一般不具有规则的方向性。松散地层潜蚀地裂缝以河南黄泛区和河北、山东等地为主。黄土地区、膨胀土和软土地区、滑坡地带则分别发育黄土地裂缝、胀缩土地裂缝和滑坡地裂缝。地震裂缝常与地震活动同时产生，我国各个地震区，如唐山、澜沧-耿马、炉霍等地，在地震中均产生了大量的地裂缝。

8.1.3 地裂缝成灾条件及主要特点

1. 地裂缝成灾条件

地裂缝与地裂缝灾害并不完全等同，它们是两个既有联系又有区别的概念，各有其特定的内涵。前者是地表岩土层中发生的一种自然现象，后者则是前者在一定条件下对人类社会所造成的破坏或危害。因此对人类而言，地裂缝有可能产生影响和灾害，也可能不产生灾害，灾害程度也是有区别的。地裂缝是否对人类及社会造成灾害，主要取决于下列条件。

（1）当地裂缝具有足够的规模和活动度时，才可能对人类生产和生活产生影响或破坏。地裂缝灾害调查结果表明，造成灾害的地裂缝长度绝大多数在百米以上；长度小于百米的地裂缝对建筑物破坏或危害小，基本构不成灾害；微小的地裂缝对人类生产和生活的影响很小。

例如，京津冀地区出现地裂缝201处共449条，其中给建筑物造成破坏的只有17处36条，仅占全部地裂缝的8%。造成建筑严重破坏的有4处：一是邯郸地裂缝，累计长10km，1963—1986年反复活动8次，损坏楼房25幢、平房162栋、墙18堵、厂厅库8座，估算经济损失共9870万元；二是辛安深饶地裂缝西段，长9km，1988—1994年伴随中小地震开裂4次，破坏民房18栋、墙23堵、路3处，波及3个村庄，估算经济损失1000万元；三是天津宝坻万家村地裂缝，累计长4020m，损坏民房2000间、水井6口，估算经济损失4600万元；四是北京昌平南新村地裂缝，长150m，1962—1976年间地面先后开裂5次，原建17幢二层楼房，因地裂缝有13幢改为平房，估算经济损失约1300万元。

(2)地裂缝灾害通常发生在有人类生活和生产的区域，否则即使是一条伴随强震的宽大地裂缝，如果发生在远离人们生存的地方，如渺无人烟的山区、沙漠或高寒地区，也不会直接给社会造成损失。

例如，1951年11月18日伴随藏北高原当雄8级地震而产生的NW50°、总长100多千米的反“多”字形地裂缝带，宽数米至20m，右旋水平错距12m，尽管其规模很大，但由于沿线荒无人烟，所以没有造成人类伤亡和财产损失。而1971年前后产生在渭河盆地南缘的华山汽修厂的两条地裂缝，合计长度仅800m，但造成12幢楼房开裂，未竣工的住宅楼也出现裂缝和变形。为保证这些楼房的安全使用，每年虽耗资百余万元加固，但仍反复开裂，有的楼房被迫拆除，直接影响工厂生产和职工生活。此外，附近有许多民房也遭到了破坏，地面下沉，铁路路基下陷。估算经济损失不少于2400万元。

(3)人类活动不仅可以诱发地裂缝，而且还可促使或加剧地裂缝对人类生产及生活造成灾害。

例如，早在1958年西安就发现了地裂缝，1962—1964年、1972—1975年又出现多处，但因其稀疏、零星、分散、位移量微小而未造成灾害，也就没引起人们的注意。此后，随着抽取的地下水量骤增，西安地面沉降加剧，1983—1993年地面沉降量最大达到2m以上，引发未成灾的地裂缝对建筑物的破坏。

(4)地裂缝灾害是否出现，还取决于人们对地裂缝灾害的重视和防备程度高低。如果人们对地裂缝灾害有足够的重视程度，能够掌握其发生发展规律，并具有充分的避让和防治措施，即使地裂缝规模很大，而且发生在人口密集的城镇，也可以减轻或避免地裂缝灾害。

例如，西安小寨路地裂缝的医学院至省委段，1981年翠华路小学操场见到地裂缝，根据近几年活动趋势，地裂缝一直从西向东发展，未来必然向东延伸至原西安地质学院北家属院待建场地。据此预测，放弃在该场地拟建两栋住宅楼的计划，改建为电影放映场，从而避免了该场地上的地裂缝灾害。相反，西安大酒店建筑场地因未考虑地裂缝的最小安全避让距离而受灾严重，经济损失达上亿元。

2. 地裂缝灾害的主要特点

1)直接性

横跨地裂缝的建筑物，无论新旧、材料强度大小，以及基础和上部结构类型如何，都无一幸免地遭到破坏。地下管道只要是直埋式经过地裂缝带，在地裂缝活动初期，不管是什么材料，断面尺寸大小，很快均遭到拉断或剪断。

2）三维破坏性

地裂缝对建筑物的破坏具有三维破坏特征，以垂直差异沉降和水平拉张破坏为主，兼有走向上的扭动。它是建筑物不可抗拒破坏的重要因素。因此，仅采用一般结构加固措施，无法抗拒地裂缝的破坏作用。

3）三维空间有限性和不均衡性

地裂缝的破坏作用主要限于地裂缝带范围。它对远离地裂缝带的建筑物不具辐射作用，在地裂缝带内的灾害效应具有三维空间效应。横向上，主裂缝破坏最严重，向两侧逐渐减弱，上盘灾害重于下盘。在垂直方向上，地裂缝灾害效应自地表向下宽度递减，所以，在地面建筑、地表工程和地下工程遭受的破坏变形中，地表房屋破坏宽度最大，路面及基础次之，人防工程破坏宽度最小。地裂缝灾害具有走向分段性，这与地裂缝的形成机制、发育时间和活动强度等有关。在地裂缝强活动段上，建筑物均遭到严重破坏；在中等活动段上，建筑部分遭到破坏，且破坏程度较轻，破坏宽度较小；而在弱活动段或隐伏段，建筑物仅有轻微破裂或变形。不均衡性的另一个特点表现为，在地裂缝的直线段，建筑物破坏宽度较小，而在斜列区或会而不交地段，地裂缝破坏宽度大且破坏形式复杂。

4）渐变性

地裂缝成灾过程的渐变性包括以下 3 个方面：其一，单条地裂缝带上，地裂缝由隐伏期到初始破裂期，遵循萌生期→生长期→扩展期的发育过程，不断向两端扩展，因此建筑物的破坏也不是整条裂缝带上同时破坏，而是最先发育地裂缝的地段开始破坏，然后逐渐向两端发展，隐伏段经过一个时期也最终开始破坏。其二，对于一座建筑物的破坏也是逐渐加重的，最初的破坏表现为主地裂缝的沉降和张裂，且仅限于建筑物的基础和下部，之后向上部发展，最终形成贯穿于整个建筑物的裂缝或斜列式的破坏带。其三，各条地裂缝并非同时发展，而是有先有后。

5）群发性和区域性

受区域地质构造条件以及降雨、地震、地形、地壳应力活动等条件制约，地裂缝灾害具有群发性和区域性。例如 20 世纪 50 年代大华北区地裂缝活动密集区与强震活动区的交替变位，体现了地裂缝灾害的群发性和区域性特点。

6）随机性和周期性

地质灾害活动是在多种条件作用下形成的。它既受地球动力活动控制，又受地壳物质性质、结构和地壳表面形态等因素影响；既受自然条件控制，又受人类活动影响。因此，地质灾害活动的时间、地点、强度等往往具有不确定性，也就是说地质灾害活动是复杂的随机事件。此外，受地质作用周期性规律的影响，地质灾害又常常表现出周期性特征。地裂缝活动具有明显的周期性和波动性，例如华北区地裂缝近 30 年存在四五年一次的周期性活动。

8.2 地裂缝勘查与灾害评估

8.2.1 地裂缝勘查的原则

地裂缝勘查的重要内容包括地质环境、人类活动、发生地域、危害性、监测、预测和划分危险区等。一般应遵循以下原则。

(1)地裂缝的调查和勘查必须在已有地质环境资料基础上进行。地裂缝调查应特别重视资料收集工作,力求全面地在深层次上认识地裂缝的成因,为布置实物工作量打好基础。

(2)在地裂缝勘查工作中,应把现场调查访问置于特别重要的地位。

(3)地裂缝勘查工作的重点是目前已经造成直接经济损失或将要造成较大危害的地段。

(4)地裂缝勘查工作的布置,应考虑相应地区经济建设和社会发展的要求。

8.2.2 地裂缝勘查程序与方法

地裂缝勘查与防治是一项逐步深入的工作,一般应按下列步骤开展工作。

(1)调查访问。地裂缝的调查应特别重视对地质环境条件和人类工程经济活动的调查,这对于判定地裂缝的成因、规模和发展趋势至关重要。地裂缝调查的主要内容包括地质环境、人类活动、发生地域、危害性、监测、预测和划分危险区等。

(2)开展地裂缝的地质测绘。

(3)地球物理化学勘探。

(4)槽探、浅井或竖井钻探。

A. 槽探。揭示地裂缝空间展布特征、地裂缝与下部断层的关系及地裂缝所处的第四纪地层特征。槽探剖面应垂直于地裂缝走向。

取年龄测试样及土工测试样,分析形成时代。注意将槽探剖面与物探剖面相结合,尽量使两者位置一致,以便对比分析。

B. 浅井或竖井。对于问题复杂且典型的地点,应布置浅井或竖井,其深度应达下部断层,即裂缝消失而断层产生、位移稳定的地方。

C. 钻探。

(a)在地裂缝研究中,钻探主要用于第四纪地质条件、水文地质条件及工程地质条件的研究。

(b)钻探剖面线的布置也尽量做到与槽探、物探剖面线相一致,以便相互印证。

(c)施工中做好岩芯编录,特别注意观察沉积物的孔隙发育情况。

(d)采集必要的第四纪测龄、气候分析样品,采集测试弹模量、剪切模量、泊松比等力学性质指标的样品。

(e)室内整理资料,编制1∶100比例尺的钻孔柱状剖面图并附地质描述。

(5)进行必要的岩、土、水样品测试。

(6)根据需要设置地裂缝监测。

(7)最后进行综合分析,分阶段提出防治对策。

8.2.3 勘查内容要求

(1)区域自然地理—地质环境条件。

(2)单个地裂缝及群体地裂缝的规模、性质、类型及特点。

(3)地裂缝的形成原因及影响因素。

(4)地裂缝的发展规律。

(5)地裂缝的危害性、未来的危险性评价。

(6)地裂缝灾害的防治或避让工程方案。

8.2.4 调查范围和工作精度

根据地裂缝分布范围、规模和危害性大小确定调查范围和工作精度。不同地区产生的地裂缝,应采用不同精度进行勘查。对重要城市及重大工程场址进行1∶5000地质测绘,典型地段采用1∶1000～1∶2000,对县级等一般城市采用1∶10 000～1∶50 000精度布置地质测绘工作,对乡镇及农村可采用1∶50 000～1∶100 000或更小比例尺开展工作。

勘探工程量要与地质调查测绘精度相适应。

8.2.5 动态观测与发展趋势预测

(1)地裂缝动态观测是一项耗费人力、物力较大的监测工作,因此在有条件时可进行,且最好是结合地面沉降的监测工作进行。

(2)地裂缝发展趋势预测与评价工作包括:①建立地裂缝的计算机预测和评价系统;②建立地裂缝物理模拟的发展趋势预测和评价系统;③趋势会商;④时间序列分析。

8.2.6 地裂缝场地工程地质分析与评价内容

1.地裂缝场地工程地质分析与评价内容

(1)地裂缝的空间展布特征、成因类型和规模。

(2)地裂缝的活动特点及时空规律性。

(3)地裂缝场地土体结构及力学特征。

(4)地裂缝与活动断层的双重构造作用。

(5)地裂缝灾害的作用强度特点及规律。

(6)地裂缝与开采地下水产生的附加作用关系。

(7)地裂缝场地不同类型建筑工程的适应性。

2. 地裂缝特征

(1)地裂缝活动强度(根据西安市资料)分为弱(活动速度<2mm/a)、中等(活动速度2~<20mm/a)、强(活动速度20~<80mm/a)、超强(活动速度≥80mm/a)四种类型。

(2)地裂缝活动方式分为垂直升降、水平拉张和水平扭动三种类型。

(3)地裂缝的活动范围分为线状和片状两种,其中片状按比较连续或相关的分布范围细分为小范围(<1km^2)、中等范围(1~<10km^2)、大范围(10~<100km^2)和超大范围(≥100km^2)四种。按裂缝长度和影响范围分为小规模地裂缝(地裂缝累计长度小于100m,影响范围小于0.5km^2)、中等规模地裂缝(地裂缝累计长度100~1000m,影响范围0.5~5.0km^2)和大规模地裂缝(地裂缝累计长度大于1000m,影响范围大于5.0km^2)。

3. 历史考古分析

历史考古分析包括查阅史书、地方志,以及野外考古,包括探槽发掘文化层,调查古碑文和民间传说。

4. 成因分析

成因分析包括自然成因、人为因素及成因机制等方面。

5. 物理模拟与数值模拟

物理模拟即按一定比例尺制作物理模型,选用具有相似物理力学性质的材料,相似的几何边界条件和力学边界条件,施加相应的附加应力,测量模型的变形开裂过程,并进行多次反复模拟和测量,最后求出导致地裂缝活动的各种因素的量化指标。

数值模拟是利用计算机技术建立二维或三维模型,基于弹、塑、黏性或三者耦合的物理方程,把研究对象离散化,分一系列单元进行分析,最终组合成一个整体性的认识。

6. 地裂缝带强弱划分和破坏宽度确定

正确地进行地裂缝带强弱的划分和破坏宽度的确定,是确定地裂缝带建筑安全距离的前提。一般采用以下几种方法进行综合确定,并划分为强、中、弱破坏带。

(1)调查地表建筑物损坏,确定破坏宽度。地表建筑物的破坏是地裂缝灾害效应的最直接标志。

(2)进行地裂缝场地宏观破坏宽度分带。主要依据槽探、人防工程等土体中发育的次级裂缝条数、张开度、连续性等进行统计,划分出强破坏带、中等破坏带和弱破坏带。

(3)根据土体工程地质性质变异分带性确定破坏宽度,划分强破坏带、中等破坏带、弱破坏带。

(4)根据土体渗透变异分带性确定破坏宽度。

(5)根据物探、化探测试异常宽度确定破坏宽度。

(6)将以上各种方法得出的不同数据进行综合对比,为确定地裂缝建筑安全距离提供依据。

采用各种方法得出的数据常常不尽相同,一般由地下工程破坏和探槽揭露的土体破坏宽度较小,不能代表地裂缝带的实际宽度。而波速测试、阻尼测试、甚低频、"α"卡、测氡仪测试的结果显示出的土体破坏宽度较大,它们反映的破坏宽度除包括土体宏观破坏宽度外,还包括土体内微破裂和变形影响,其异常边界可视为弱破坏与安全带的边界。

7. 地裂缝灾害危险性评估

地裂缝灾害危险性评估工作内容包括破坏损失调查与统计,地裂缝场地的岩土工程分析评价,以及对建筑物、生命线工程、地下工程、交通工程、农业生产和水利工程等的危害性评价。

由于地裂缝活动中的构造应力对建筑物地基基础和上部结构都具有应力传递作用,加上建筑物上部自重应力作用,致使建筑物拉裂、剪断而破坏。如果楼房、平房、墙体、大厅库房、厂房、路基、窑洞、井渠等,其地基凡有地裂缝穿越者,都会遭到不同程度的损坏、破坏,乃至结构失效,建筑物报废拆除。根据西安地裂缝带地表至地下60～70m深度地层工程地质性质和地裂缝带上建筑物的结构特点,依据工业与民用建筑对地基基础变形的要求,将地裂缝周围地带划分为严重区、次严重区和轻微区(表8-2)。

表8-2 地裂缝灾害分区表

分区类别	最大差异沉降/($mm \cdot m^{-1}$)	建筑物破坏程度
轻微区	<4	墙身无裂缝或有少量宽不超过4mm的裂缝,可正常使用
较严重区	4～7	墙身出现宽度4～<10mm的裂缝,门窗倾斜,梁支撑处稍有差异,需小修
严重区	>7	墙身出现宽度10～<20mm及以上的裂缝,门窗严重歪斜,墙身倾斜、外鼓、内凹、局部破碎,梁头有抽出,需大修或拆除

8.3 地裂缝灾害防治

地裂缝给我国造成了严重的危害,各级政府、部门对此极为重视,为减轻灾害损失做了大量工作,如加强地裂缝区的工程地质勘查工作,限制地下水的过量开采等,有些省(区、市)还制定了相应的条例,这些措施都收到了良好的效果。但不同成因的地裂缝,由于其发育特征不同,产生的灾害也不同。有些地裂缝灾害可以根除,有些不能根除,只能预防或避让。下面介绍几种地裂缝的防治措施。

8.3.1 地震地裂缝灾害和构造蠕变地裂缝灾害的防治

1. 灾害防治原则

地裂缝灾害防治除应符合地质灾害缓减与防御的系统性和社会性原则外，由于地裂缝灾害具有衡生性，跨越地裂缝的建筑无一幸免地会遭受破坏，因此防止地裂缝破坏和减轻地裂缝灾害最根本的原则是坚持以避让为主，特别是对那些高层建筑和重大工程尤其重要，城市有关部门应加强管理，认真负责。

2. 确定建筑安全距离

减轻地裂缝灾害的途径和效果主要依赖于对地裂缝带的正确划分和建筑安全距离的确定。破坏损失评价与建筑安全距离的确定，目的是确定地裂缝的破坏带、影响带和安全带的具体参数。

(1)地裂缝带建筑安全距离的确定，应建立在多种手段调查、试验、测试和监测结果的基础上，大致对应地裂缝破坏宽度分布的划分，以建筑物重要程度为依据，将地裂缝场地划分为不安全带(又称破坏带或避让带)、次不安全带、次安全带和安全带 4 个带(表 8-3)，次不安全带和次安全带统称为影响带或设防区，安全带也称安全区。

表 8-3 地裂缝场地避让安全距离及建筑物类型

分带		宽度/m		容许建筑类型	建筑物适应性
		上盘(SE)	下盘(NW)		
避让区	不安全带	0～6	0～4	简易建筑或露天场地，如公园、停车场等	避让场地
设防区	次不安全带	6＜～15	4＜～9	三层以下民用建筑或单层厂房	有条件适应性场地
	次安全带	15＜～25	9＜～15	24m 高度以下民用建筑或跨度小于 18m 的厂房	有条件适应性场地
安全区	安全带	＞25	＞15	高层建筑及特殊建筑，如水塔或桥梁等	常规建设场地

(2)在确定地裂缝场地建筑避让安全距离时，还应注意以下问题。

(a)区域地震活动强弱会影响地裂缝带的破坏强度，因此，应根据区域地震活动性，对安全带距离及各带宽度做必要调整。

(b)未来地下水开采及水利建设将极大地影响地裂缝的活动，因此，应对未来地下水开采和水利建设做出预测，对安全带距离及各带宽度做必要调整。

(c)为有效地利用宝贵的土地资源，在强调安全的前提下，对各带提出容许建筑物类型，并给出相应的评价。

3.建筑物减灾防灾对策

建筑物的减灾防灾主要分为两个方面：一是对已有建筑的减灾防灾；二是对规划拟建建筑的减灾防灾。地裂缝带上的建筑物不同程度地都遭受到破坏和变形，如不采取有效措施，局部的损坏会危及整体。因此，应认真研究地裂缝造成建筑物破坏的规律，提出有效的治理对策。除上述避让措施外，一般还可采取以下对策。

1）适当加固法

对于地裂缝两侧的建筑，只要位于不安全带以外，局部的变形可采取加固的方法，如高压喷射注浆加固地基法、钢筋混凝土梁加固上部结构等。

2）部分折除法

对于横跨或斜跨地裂缝的建筑物，虽然采取加固措施暂时可以起到一定作用，但最终还是避免不了遭受破坏。这种情况最有效的方法是尽早地拆除局部，以保留整体，从而减轻地裂缝灾害损失。在拆除前，应该查明地裂缝的准确位置，参考建筑物与地裂缝的产状及建筑物的最大破坏宽度，做到既能保证安全，又合乎最佳使用效益，拆除后保留部分可采加固措施，以确保安全使用。

3）地基的特殊处理方法

（1）断裂置换法。与许多物理过程一样，断裂的传播遵循费马原理（即能量最小原理），为挽救坐落在地裂缝附近的建筑，可以在其近旁设置一条“人工地裂缝”，只要把原建筑进行一般性加固，就可以使原来的地裂缝段成为不活动的“死地裂缝”，起到断裂置换的作用。这种方法最适用于建筑走向与地裂缝走向近于一致的情况。

（2）局部浸水法。位于不安全带内，靠近地裂缝的建筑物，除可能会发生破裂外，还可能会发生整体倾斜。故既要进行加固，还应警惕倾斜。但在黄土地区，利用黄土的湿陷性及其下沉稳定较快的特点，可进行有控制地局部浸水（必要时还可加压），使下沉量较小的一边得到一个人工补偿下沉量，以便使整个基础达到均匀下沉的目的。

4）建筑工程措施

次不安全带和次安全带为有条件的适应性建筑区，特别是次不安全带内如果无法避让，需采取一些具体工程措施防止或减缓地裂缝对建筑物的危害。具体措施有以下两种。

（1）加强地基的整体性。对于高防带内的框架结构，其地基要做成“井”字型交叉地基梁，构成封闭式的框架基础，即使靠近地裂缝带近侧的场地土体发生沉降，该基础和上部框架也可靠强度形成悬壁式建筑。对于下盘上的建筑物可考虑使用桩基，因为桩的长度越长，则距地裂缝的距离越远。

（2）加强建筑物上部结构刚度和强度，抵抗差异沉降产生的拉裂。

5）生命线工程的防灾对策

生命线工程是指城市或工业区维持生活及工业生产的煤气、天然气、饮用水等管道工程，以及通信电缆、道路、桥梁等工程。由于这些工程呈网状分布，无法避免地跨越地裂缝，因此可采取以下对策。

(1)管道工程分地面管道和地下管道。对于一般管道工程,如上、下水管道,在地面上主要是防止管道与地表土体一起运动,一般可做跨越地裂缝的简单处理,如做预应力拱梁,将管道置于拱顶上,或在管道底部铺设一定厚度的碎石垫层。其他管道可在地裂缝带挖设槽沟,在槽沟中设置活动式支座或收缩式接头,还可设置弹性支座。管道接口要采用橡胶等柔性接头。对重要的管线工程,如供气、供油等管道,除采取工程措施外,还应安装简易的观测装置,定期观测。

(2)对于道路,一般只要在裂缝及影响带内,改整体铺设为预制块体铺设,其下部铺碎石层,即能保证道路的安全使用。对于立交桥工程,可用伸缩缝、活动支座等方法减轻地裂缝活动的影响。对于铁路,则应填平地表,调整道砟,防止积水。

8.3.2 区域微破裂开启型地裂缝防治对策

区域微破裂开启型地裂缝虽然分布范围广,数量多,但因其展布分散稀疏,延伸较短,又都是浅表层破裂,基本无位移,所以其破裂致灾作用是有限的,单条地裂缝灾害损失较轻。对这种地裂缝的防治对策有以下八种。

(1)在进行城镇、居民点和流域规划,以及工业点的布局、水利设施的布置时,一定要避开区域微破裂开启型地裂缝曾反复再现、又由第四系土层覆盖的地壳应力活跃区带。如陕西泾阳和河北平原的区域微破裂开启型地裂缝灾害多发区,就分别处于裂谷区的汾渭地震带和河北平原地震带上。

(2)城乡居民点、建设区不宜布置在黄土台地、河流黄土高阶段地、山区与平原过渡区和山间洼地的易于积水的低洼地带。若必须在这些地方建设,应改善地表性质,如将松散的土层表面进行夯实,铺填黏土等不透水层或坡面种植草皮,平整坡面与地面,消除坑洼,减少地表水的积聚渗透。

(3)在区域微破裂开启型地裂缝的多发区,尤其是在区内城乡居民点和农灌区,经常开展巡查工作。对于可能产生地裂缝及其伴生陷穴的地带,例如平原或者黄土塬洼地、地形略有起伏变形的坡折处、谷坡、谷底、谷岸地等,要进行定期的巡查,如发现地裂缝和陷落形迹,应及时处理,防止地裂缝和陷穴的发生和发展。

(4)对于现有地裂缝,应填土掩埋、回填、夯实,要搞好排水防止复活。如陕西泾阳镇—龙泉地区地裂缝多次在原地重复出现,农田开裂甚至出现串珠状坑穴,经农民及时填土掩埋,在原地仍能耕种农作物,可维持几年,地裂缝再次出现时可再次挖土填实。保定电校新教学楼(四层)和蓄电池厂小学教学楼(二层明廊明柱)都是横跨地裂缝的建筑,在建成后疏通了地面排水,铺设了排水管道,使用 6～10 年没有发生开裂等问题,也说明区域微破裂开启型地裂缝灾害是可以预防的。此外,还应采用平整土地、消除洼地、搞好排水等措施,防止区域微破裂开启型地裂缝复生再现,以保护耕地和农田水利工程。

(5)对于宽度大、沿线多串珠状陷穴的地裂缝应进行处理。具体方法:对地裂缝及小而直的陷穴,可用干砂灌实方法处理;当洞身和裂缝不宽,但洞壁和缝壁曲折起伏较大的地裂缝和陷穴,或离建筑物和工程较远的裂缝和小陷穴,用泥浆重复多次灌注,有时为了封闭地下水流，也可用水泥砂浆；对于直接影响各类工程建筑和较大的沿地裂缝串珠洞穴，应根据其洞情况，设计开挖回填，一般用黏性土分层夯实，为提高回填质量和工效，可采用坯砖回填方法。

(6)区域微破裂开启型地裂缝因一般无水平位移和垂直位错，在其带上的永久性建筑物，若不能避让，应用抗拉整体性较强的基础，建筑物也应采用钢筋混凝土结构。

(7)对于工农业生产影响大而且反复出现的地裂缝，如长十余千米的山西万荣地裂缝、位于城市居民区的榆次地裂缝和临汾地裂缝，应建立观测站，进行地裂缝发展和建筑物的变形监测。

(8)对于可能有隐伏地裂缝通过的重要工程建筑地段，应采用物探、槽探相结合的办法进行勘探，根据隐伏地裂缝特征，采取治理对策，确保工程建筑安全和正常使用。

8.3.3 膨胀土地裂缝防治措施

防治膨胀土地裂缝对生产建设的危害，长期以来还没有得到根本的解决，但有一些经验可供参考。

1. 防水保湿措施

由于膨胀土地裂缝的发育及其灾害与水的作用有关，因此，其防治应抓住治水这个关键性问题。一方面应防止水的渗透，以免土体吸水后发生膨胀；另一方面应尽可能保持膨胀土的原来湿度，以免它在减水后产生干裂。

2. 地基处理方法

我国膨胀土分布范围很广，在一些地区几乎不可能避开，尤其在尚未认识它是膨胀土以前，也许已在其上建造了建筑物，为此需要对其进行处理。目前处理膨胀土地基的常用方法有换填垫层法、深挖基础法等。

3. 工程结构措施

膨胀土地区建筑物，应注意使建筑结构适应膨胀土的胀缩变形特点，一般要求建筑物的体型要简单，设置滑动接头或者采用伸缩缝等。

除上述外，还应注意下列事项：场地要平整，减少微地形影响；建筑物不能跨越不同的地貌单元、不同土层，也不要修建在山坡、谷坡之上；要避免地基半填半挖；建筑物边缘不要种植吸水量大的阔叶树木；等等。

8.3.4 矿山开采地裂缝防治措施

在矿山开采条件下应最大限度地减少地裂缝产生的机会，下面两点可供矿山开采防治地裂缝灾害参考。

1. 采用回填采矿法

目前，一些发达国家已采用了这种方法，开矿弃渣不运出矿井或洞，而将其充填到采空区，从而保证采空区围岩的稳定性，可避免产生地裂缝。

2. 治理地裂缝，消除隐患

对于一些老矿区，特别是已闭坑的矿区，对已发育的地裂缝进行治理是非常必要的。治理前，应先调查其几何特征、成因。对于沉降盆地边缘的地裂缝，可采用灌浆方法治理。对于采空塌陷地裂缝，治理方法也较多，条件具备时甚至可改造成地下水库等。

8.4 地裂缝勘查实例——西安某场地地裂缝勘查

8.4.1 前言

受×××的委托，我×××对×××项目场地进行了专门的地裂缝勘查工作。

1. 勘查目的

根据业主的要求，为对拟建场地进行总图规划设计，本次勘查的主要目的如下。
(1)查明拟建场地内地裂缝的平面位置。
(2)查明拟建场地内地裂缝带的分布范围。
(3)查明主裂缝的产状。
(4)提供拟建建筑物的合理避让距离。
(5)提供建筑物地基处理及工程设防措施建议。

2. 勘查工作依据

本次勘查主要根据建设方提供的总平面图并按如下技术标准执行。
(1)《西安地裂缝场地勘察与工程设计规程》(DBJ 61/T 182—2021)。
(2)《岩土工程勘察规范》(GB 50021—2009)。
(3)《湿陷性黄土地区建筑规范》(GB 50025—2008)。

3. 勘查工作量完成情况

由于场地中、西部地裂缝活动产生的地表破裂已被人类工程活动掩埋，场地东部地裂缝产生的地表破裂较明显，因此，本次勘查采用了野外钻探和地面调查相结合的工作方法。具体完成工作量如下。
(1)地面调查3人合计6个工作日，调查地面点10余处。

(2)完成勘探线 4 条。

(3)钻孔 28 个,孔深 12.00～21.40m,合计进尺 465.10m。

(4)测放点 28 个。

(5)坐标及标高测算点共计 46 个。

完成的勘探点数据见表 8 - 4。

表 8 - 4　勘探点数据一览表

勘探点编号	孔口标高/m	钻探深度/m	北坐标 X/m	东坐标 Y/m
a1	398.49	21.00	11 855.26	11 297.56
a2	398.59	20.00	11 860.76	11 298.08
a3	398.66	21.00	11 864.24	11 297.93
a4	398.68	15.00	11 867.16	11 297.63
a5	398.71	15.00	11 869.79	11 297.82
a6	398.78	15.00	11 874.74	11 297.82
a7	398.99	15.00	11 884.47	11 298.03
b1	398.65	20.00	11 848.63	11 322.27
b2	398.61	19.00	11 855.92	11 321.55
b3	398.88	18.00	11 860.47	11 320.96
b4	398.80	14.00	11 863.73	11 322.06
b5	398.82	12.00	11 865.79	11 322.12
b6	398.88	12.00	11 870.06	11 322.54
b7	399.03	12.00	11 875.88	11 322.57
c1	399.16	21.40	11 851.66	11 341.09
c2	398.64	21.00	11 856.71	11 343.03
c3	398.87	18.00	11 859.97	11 344.88
c4	398.86	15.00	11 862.17	11 345.32
c5	398.88	15.00	11 864.56	11 345.30
c6	398.93	15.00	11 867.90	11 344.04
c7	398.70	15.00	11 882.57	11 343.99
d1	398.90	21.00	11 849.26	11 363.70
d2	398.75	18.20	11 858.26	11 363.59
d3	398.80	15.00	11 860.88	11 364.36
d4	398.85	15.00	11 864.24	11 363.88
d5	398.85	15.00	11 868.46	11 363.83
d6	398.93	15.00	11 874.26	11 364.52
d7	399.40	16.50	11 883.26	11 364.50
合计	—	465.10	—	—

8.4.2 拟建场地工程地质条件

1. 场地位置与地形地貌

拟建场地位于西安市北郊红庙坡村兴中路路北，南邻陕西省军区教导一队(陕西省人民武装学校)，东邻西安市客车厂。场地地形较平坦，总体略呈北高南低之势，勘探点地面标高介于 398.49～399.40m 之间。地貌单元属皂河Ⅲ级阶地。

2. 地层结构

根据本次勘查，场地勘探深度范围内地基土主要由填土、黄土及古土壤组成。地层特征自上而下简述如下。

填土①Qp_4^{ml}：主要为杂填土，含砖块、混凝土块、灰渣等建筑垃圾。局部为素填土，黄褐色，含少量砖渣、灰渣等杂质。层厚 0.80～4.40m，层底标高为 394.30～398.60m。

黄土(粉质黏土)②Qp_3^{eol}：褐黄色。土质均匀，针状孔隙及大孔发育，偶见蜗牛壳及植物根系。层厚 0.20～12.40m，层底深度为 3.20～14.70m，层底标高为 384.46～395.79m。

古土壤(粉质黏土)③Qp_3^{el}：褐红色—棕褐色。团块状结构，含大量白色钙质条纹及钙质结核，局部钙质结核富集成层。因地裂缝的错断和牵引作用，地裂缝附近古土壤层倾向南，且地裂缝南北两侧古土壤层有较大差异，呈北薄南厚。层厚 1.90～6.20m，层底深度为 6.50～19.50m，层底标高为 379.66～392.70m。

黄土(粉质黏土)④Qp_2^{eol}：褐黄色。土质均匀，针状孔隙较发育，见零星小钙质结核，偶见蜗牛壳。该层未钻穿，最大揭露厚度 9.80m，最大钻探深度 21.40m，钻至最低处的标高为 377.49m。

8.4.3 场地地裂缝勘查与评价

1. 地裂缝场地类别

拟建场地较平坦，场地内大部分地段地裂缝活动产生的地表破裂已被人类工程活动掩埋，且场地内埋藏有更新世红褐色古土壤。仅场地东侧局部有因地裂缝活动产生的地表及建筑物破裂。根据《西安地裂缝场地勘察与工程设计规程》(DBJ 61/T 182—2021)有关条文判定，拟建场地地裂缝场地类别为二类。

2. 地裂缝的区域展布特征

根据本次勘查结果并结合有关资料，拟建场地内发育“西安地裂缝”，编号 f2。f2 地裂缝位于西安市龙首塬黄土梁的南侧陡坡下，出露在坡脚或陡坎南侧。该地裂缝总体走向为 NEE，各段走向变化较大。f2 地裂缝西起龙首北路与西二环路口东南，经红庙坡、联志村南、含元殿遗址南侧、西安钟表元件厂、东现场村，穿过东元路、西安锅炉总厂至浐河西，全长约 14km。

3. 勘查手段

拟建场地为地裂缝二类场地，本次地裂缝勘查除场地东侧采用现场调查的方法外，其余地段主要采用钻探方式，揭露更新世古土壤层底面错断的位置，推测地裂缝的地表出露位置。

4. 地裂缝勘查资料分析

本次勘查对拟建场地及其附近进行了地裂缝破坏形迹的地面调查。调查发现，拟建场地大部分地段现为荒地，场地内原有建筑物已被拆除，场地已被基本整平，地裂缝活动迹象已被掩埋，因此场地内无法根据地裂缝的变形形迹确认其位置。根据对场地东侧及其周边进行的调查发现，该地裂缝从西安市客车厂通过，地裂缝通过区域地面及建筑物破坏痕迹明显，建筑物墙体开裂严重，因地裂缝影响，局部地面被错断呈明显的台阶状(图 8－1)，主裂缝两侧地面高差 10～40cm。

图 8－1　地表裂缝清晰(镜头向东)

本次勘查通过地面调查及钻探方式，自西向东确定了 A、B、C、D、E、F 共 6 个地裂缝坐标点，地裂缝的平面位置详见“勘探点及地裂缝平面位置图”。该段地裂缝总体走向约为 NW84°，表现为主裂缝南盘(上盘)下降，北盘(下盘)上升，断面南倾，倾角统一采用 80°。

1—1′工程地质剖面反映出因地裂缝的活动造成其附近地层出现向南倾斜现象，在 a3＃和 a4＃钻孔之间更新世褐红色古土壤层厚度出现明显变化，古土壤底界标高出现突变，相差 5.5m，应为地裂缝错断所致，按地裂缝南倾 80°的倾角上推，其在地面的位置对应在 a4＃钻孔北侧的 A 点(图 8－2)。

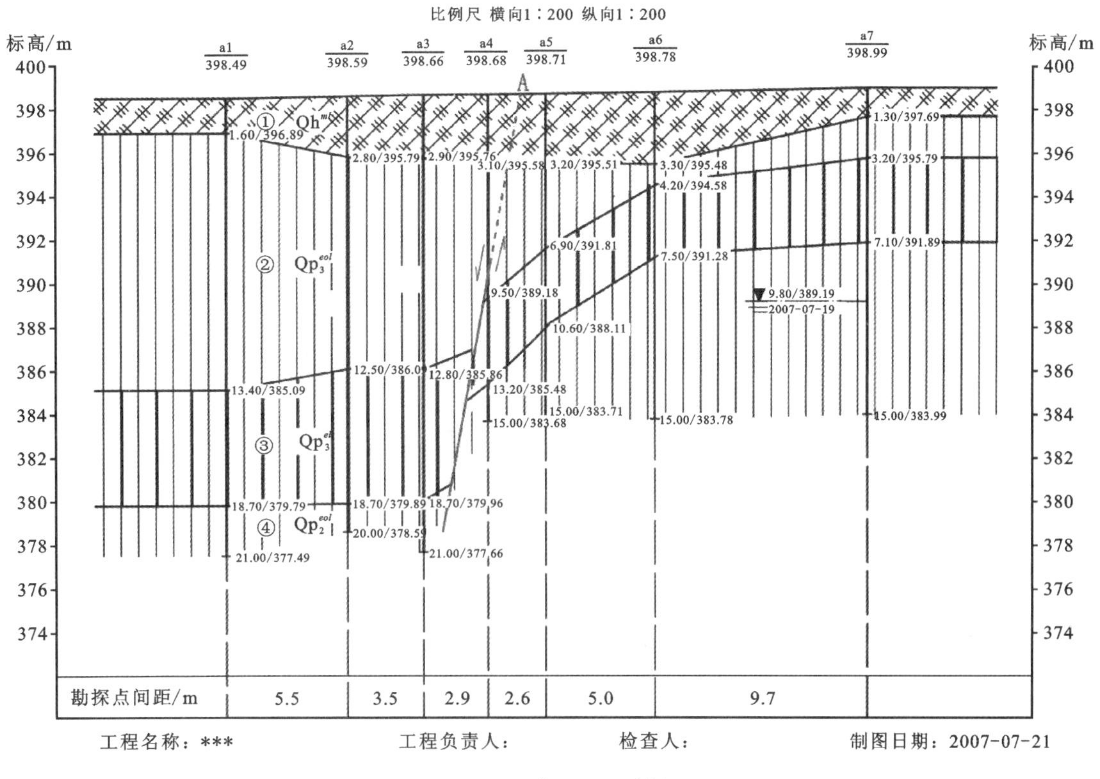

图 8－2　1—1′工程地质剖面图

2—2′工程地质剖面反映出因地裂缝的活动造成其附近地层出现向南倾斜现象，在b3＃和 b4＃钻孔之间更新世褐红色古土壤层厚度出现明显变化，古土壤底界标高出现突变，相差 4.7m，应为地裂缝错断所致，按地裂缝南倾 80°的倾角上推，其在地面的位置对应在 b4＃钻孔北侧的 *B* 点。

3—3′工程地质剖面反映出因地裂缝的活动造成其附近地层出现向南倾斜现象，在c3＃和 c4＃钻孔之间更新世褐红色古土壤层厚度出现明显变化，古土壤底界标高出现突变，相差近 3m，应为地裂缝错断所致，按地裂缝南倾 80°的倾角上推，其在地面的位置对应在 c4＃钻孔北侧的 *C* 点。

4—4′工程地质剖面反映出因地裂缝的活动造成其附近地层出现向南倾斜现象，在d2＃和 d3＃钻孔之间更新世褐红色古土壤层厚度出现明显变化，古土壤底界标高出现突变，相差近 3m，应为地裂缝错断所致，按地裂缝向南 80°的倾角上推，其在地面的位置对应在 d3＃钻孔北侧的 *D* 点。

位于现场地东侧水泥路东侧的围墙(图 8－3)，墙面破坏，北高南低，南北高差约 15cm，裂缝从上向下延伸至地面，倾向北，地面裂缝宽 5～8mm，表明地裂缝从此通过，确定此位置为 *E* 点。

位于场地以东西安客车厂车间东墙（图 8－4），墙面破损，裂缝从上向下延伸至地面，倾向北，地面裂缝宽 5～8mm，表明地裂缝从此通过，确定此位置为 F 点。

图 8－3　地裂缝破坏点 E 点
（镜头向东）

图 8－4　地裂缝破坏点 F 点
（镜头向西）

通过实地测量确定的拟建场地地裂缝地面控制点的坐标见表 8－5。

表 8－5　地裂缝勘查地面控制点的坐标一览表

坐标点编号	X 坐标/m	Y 坐标/m	修正值 Δk/m
A	11 868.438	11 297.704	2.0
B	11 864.696	11 322.235	2.0
C	11 864.560	11 345.300	2.0
D	11 861.870	11 364.218	2.0
E	11 865.993	11 381.317	0
F	11 863.515	11 422.213	0

8.4.4　拟建场地建筑适宜性评价

根据《西安地裂缝场地勘察与工程设计规程》（DBJ 61/T 182—2021）的有关规定，地裂缝场地的建筑基础底面外沿（桩基时为桩端外沿）至地裂缝的最小避让距离应不小于规程规定值。本次勘查的地段建筑物避让距离如下。

f2 地裂缝下盘（北盘）：多层建筑的合理避让距离为 4m；高层建筑（高度不超过 100m）的合理避让距离为 12m。

f2 地裂缝上盘（南盘）：多层建筑的合理避让距离为 6m；高层建筑（高度不超过 100m）的

合理避让距离为 20m。

注:①建筑物至地裂缝的距离指基础外沿至主裂缝的垂直距离。②上述建筑如采用桩基础时,合理避让距离按桩端平面计算(地裂缝倾角统一采用 80°)。③底部框架砖砌体结构、框支剪力墙结构建筑物的避让距离应按上述数值的 1.2 倍采用。

根据本次勘查确定的地裂缝位置,场地内拟建的 27 层建筑地面距离 f2 地裂缝最近处(C~D 段)为 17.0m,按桩端埋深 40m、地裂缝南倾 80°倾角估算,基础底面(桩端)距离地裂缝的最近距离为 10m,不能满足《西安地裂缝场地勘察与工程设计规程》(DBJ 61/T 182—2021)规定的合理避让距离(20m)要求,应对其进行调整,至少向南移动 10m。

拟建的 32 层建筑地面距离 f2 地裂缝最近处(C~D 段)为 19.0m,按桩端埋深 40m、地裂缝南倾 80°倾角估算,基础底面(桩端)距离地裂缝的最近距离为 12m,不能满足《西安地裂缝场地勘察与工程设计规程》(DBJ 61/T 182—2021)规定的合理避让距离(20m)要求,应对其进行调整,至少向南移动 8m。

拟建的其他多层建筑(裙房)避让距离均满足《西安地裂缝场地勘察与工程设计规程》(DBJ 61/T 182—2021)的要求,适宜建筑。

地裂缝附近的建筑物应加强适应不均匀沉降的能力,避免地表水浸入地下,诱发和加强地裂缝的发展。

采取地基处理方案时,不得采用振冲等用水量较大的地基处理方法。

8.4.5 结论及建议

(1)勘探深度范围内地基土由填土、黄土及古土壤组成。地貌单元属皂河Ⅲ级阶地。

(2)f2 地裂缝通过拟建场地的具体平面位置详见"勘探点及地裂缝平面位置图"。

(3)按 6 个控制点确定的地裂缝总体走向为 NW84°,倾向南,南侧为上盘(下降盘),北侧为下盘(上升盘),倾角统一采用 80°。

(4)场地内拟建建筑物的平面布置应按《西安地裂缝场地勘察与工程设计规程》(DBJ 61/T 182—2021)的规定进行避让。

(5)地裂缝附近场地应加强防水排水措施,避免地表水浸入地下,诱发和加强地裂缝的发展。采取地基处理方案时,不得采用振冲等用水量较大的地基处理方法。

9　场地和地基的地震效应勘察

9.1　概述

9.1.1　地震的概念

地震是指由内力地质作用和外力地质作用引起的地壳振动现象的总称。我国是地震灾害极为严重的国家之一，主要原因有：

(1)地震活动区域的分布范围广。基本烈度在 7 度和 7 度以上地区的面积达 312 万 km^2，占全部国土面积的 32.5%，如果包括 6 度的地震区，则达到 60%。

(2)地震的震源浅。我国地震总数的 2/3 发生在大陆地区，这些地震绝大多数属于二三十千米深的浅源地震，因此地面振动的强度大，对建筑物的破坏比较严重。

(3)地震区内的大中城市数量多。我国三百多个城市中有一半位于基本烈度为 7 度或 7 度以上的地区。特别是一批重要城市，像北京、银川、西安、兰州、太原、拉萨、呼和浩特、乌鲁木齐、包头、汕头、海口等城市都位于基本烈度为 8 度的高烈度地震区。

2008 年 5 月 12 日 14 时 28 分在四川省汶川县发生的里氏 8.0 级强烈地震，死 69 197 人，失踪 18 222 人，伤 374 176 人，直接经济损失约 8451 亿元，是中华人民共和国成立以来发生的最强烈的地震。震区房屋大面积倒塌，交通、通信中断，数千万人无家可归。地震诱发的严重滑坡、崩塌、泥石流等次生地质灾害在震后数年间一直持续不断。

9.1.2　地震成因

地震按其发生的原因可分为构造地震、火山地震和陷落地震。此外，还有因水库蓄水、深井注水、采矿和核爆炸等导致的诱发地震。由地壳运动引起的构造地震，是地球上数量最多、规模最大、危害最严重的一类地震。本章研究的即是这类地震。

9.1.3　震级和烈度

地震的震级和烈度，是衡量地震强度的指标，即地震大小和对建筑物破坏程度的标准尺度。震级越大代表地震释放的能量越多，烈度越高代表建筑物遭受地震影响越大，同一次地震中震级只有一个，而烈度在不同地点的大小可以是不一样的。一般来说，震源深度和震中距越小，地震烈度越大。受龙门山断裂带分布影响，汶川地震的震中烈度高达 11 度，以四川省汶川县映秀镇和北川县县城两个中心呈长条状分布，烈度南北不对称，呈现为 NE 向的不规则椭圆形，且相同烈度的区域在北部比南部大，显示出断层破裂向 NE 方向传播。

由中国科学院地球物理研究所于 1957 年所制定的我国第一个地震烈度表，将地震烈度划分为 12 度。本章后文所指的烈度为抗震设防烈度。抗震设防烈度：按国家规定的权限批准作为一个地区抗震设防依据的地震烈度。一般情况下，取 50 年内超越概率 10%的地震烈度。我国规定抗震设防烈度为 6 度及以上地区的建筑，必须进行抗震设计，同时应进行场地和地基地震效应的岩土工程勘察。另根据《建筑工程抗震设防分类标准》(GB 50223—2008)规定，建筑工程应分为 4 个抗震设防类别，详见表 9-1。

表 9-1 抗震设防类别

类别名称	具体规定	设防要求
特殊设防类(甲类)	使用上有特殊设施，涉及国家公共安全的重大建筑工程和地震时可能发生严重次生灾害等特别重大灾害后果的建筑	特殊设防
重点设防类(乙类)	指地震时使用功能不能中断或需尽快恢复的生命线相关建筑，以及地震时可能导致大量人员伤亡等重大灾害后果的建筑	提高(1 度)烈度设防标准
标准设防类(丙类)	大量的除甲、乙、丁类以外的建筑	按标准烈度设防
适度设防类(丁类)	使用上人员稀少且震损不致产生次生灾害的建筑	适度降低(1 度)烈度设防标准，6 度时不降

9.1.4 地震破坏作用

从破坏性质和工程对策角度，地震对结构的破坏作用可分为两种类型：场地、地基的破坏作用和场地的震动破坏作用。

(1)场地、地基的破坏作用一般是指造成建筑破坏的直接原因是由场地和地基稳定性引起的。场地和地基的破坏作用大致有地面破裂、滑坡、坍塌等。这种破坏作用一般是通过场地选择和地基处理来减轻地震灾害的。

(2)场地的地震破坏动作用是指由强烈地面运动引起地面设施振动而产生的破坏作用。减轻它所产生的地震灾害的主要途径是合理地进行抗震和减震设计及采取减震措施。

9.2 抗震有利地段、一般地段、不利地段和危险地段的划分

9.2.1 划分原则

根据工程需要，考虑地震活动情况、工程地质和地震等各种因素及影响程度不同，场地地段划分为对建筑抗震有利地段、一般地段、不利地段和危险地段。

9.2.2 划分方法及内容

有利地段、一般地段、不利地段和危险地段的划分详见表9-2。

表9-2 有利地段、一般地段、不利地段和危险地段的划分

地段类别	地质、地形、地貌
有利地段	稳定基岩，坚硬土，开阔、平坦、密实、均匀的中硬土等
一般地段	不属于有利、不利和危险的地段
不利地段	软弱土，液化土，条状突出的山嘴，高耸孤立的山丘，陡坡，陡坎，河岸和边坡的边缘，平面分布上成因、岩性、状态明显不均匀的土层(含古河道、疏松的断层破碎带、暗埋的塘浜沟谷和半填半挖地基)，高含水量的可塑黄土，地表存在结构性裂缝等
危险地段	地震时可能发生滑坡、崩塌、地箔、地裂、混石流等及发震断裂带上可能发生地表位错的部位

在不利地段中，应提出避开要求，当无法避开时，应采取有效措施；在危险地段中，不应建造甲、乙、丙类建筑，除非特殊需要，不得在抗震危险地段上建造工程结构，同时常规勘察往往不能解决问题，应提出进行专门研究的建议。

9.3 场地土的类型划分

9.3.1 剪切波速测量

土层剪切波速的测量，应符合下列要求。

(1)在场地初步勘察阶段，对大面积的同一地质单元，测试土层剪切波速的钻孔数量不宜少于3个，同时应为控制性钻孔数量的1/5～1/3。

(2)在场地详细勘察阶段,对单幢建筑,测试土层剪切波速的钻孔数量不宜少于2个,测试数据变化较大时,可适量增加;对小区中处于同一地质单元内的密集建筑群,测试土层剪切波速的钻孔数量可适量减少,但每幢高层建筑和大跨空间结构的钻孔数量均不得少于1个。

(3)对丁类建筑及丙类建筑中层数不超过10层、高度不超过24m的多层建筑,当无实测剪切波速时,可根据岩土名称和性状,按表9-3划分土的类型,再利用当地经验在表9-3的剪切波速范围内估算各土层的剪切波速。场地土处于中硬土与中软土、中软土与软弱土界线附近的,宜布设波速测试孔。对于大面积勘察、较大的小区、重要工程(廉、公租房),应布设波速孔。

(4)《建筑工程抗震设防分类标准》(GB 50223—2008)中所规定的重点设防类的建筑(简称乙类,诸如幼儿园、中小学教学用房及学生宿舍、食堂,大跨度空间结构、学校体育场馆、县级以上的疾控中心等),应布设适量的波速测试孔。处于同一地质单元的密集建筑群,每栋高层建筑下不得少于1个波速孔。

表9-3 土的类型划分和剪切波速范围

土的类型	岩土名称和性状	土层剪切波速范围/($m \cdot s^{-1}$)
岩石	坚硬、较硬且完整的岩石	$v_S>800$
坚硬土或软质岩石	破碎和较破碎的岩石或软和较软的岩石,密实的碎石土	$800\geqslant v_S>500$
中硬土	中密、稍密的碎石土,密实、中密的砾、粗砂、中砂,$f_{ak}>150$的黏性土和粉土,坚硬黄土	$500\geqslant v_S>250$
中软土	稍密的砾、粗砂、中砂,除松散外的细砂、粉砂,$f_{ak}\leqslant150$的黏性土和粉土,$f_{ak}>130$的填土,可塑新黄土	$250\geqslant v_S>150$
软弱土	淤泥和淤泥质土,松散的砂,新近沉积的黏性土和粉土,$f_{ak}\leqslant130$的填土,流塑黄土	$v_S\leqslant150$

注:f_{ak}为由载荷试验等方法得到的地基承载力特征值(kPa);v_S为土层剪切波速。

9.3.2 覆盖层厚度确定

堆积于基岩面之上的土层统称为覆盖层。许多震害调查资料表明,在深厚的覆盖土层之上,建筑物的震害往往都比较严重,而覆盖土层较薄的场地,震害相对较轻。建筑场地覆盖层厚度的确定,应符合下列要求。

(1)在一般情况下,应按地面至剪切波速大于500m/s且其下卧各层岩土的剪切波速均不小于500m/s的土层顶面的距离确定。

(2)当地面5m以下存在剪切波速大于其上部各土层剪切波速2.5倍的土层,且该层及其下卧各层岩土的剪切波速均不小于400m/s时,可按地面至该土层顶面的距离确定。

(3)剪切波速大于500m/s的孤石、透镜体,应视同周围土层。

(4)土层中的火山岩硬夹层,应视为刚体,其厚度应从覆盖土层中扣除。

9.3.3 等效剪切波速计算

土层的等效剪切波速,应按下列公式计算:

$$v_{se}=d_0/t \tag{9-1}$$

$$t=\sum_{i=1}^{n}d_i/v_{si} \tag{9-2}$$

式中:v_{se}为土层等效剪切波速(m/s);d_0为计算深度(m),取覆盖层厚度和20m两者的较小值;t为剪切波在地面至计算深度之间的传播时间(s);d_i为计算深度范围内第i土层的厚度(m);v_{si}为计算深度范围内第i土层的剪切波速(m/s);n为计算深度范围内土层的分层数。

9.3.4 场地类别确定

建筑的场地类别,应根据土层等效剪切波速和场地覆盖层厚度按表9-4和图9-1分为四类,其中Ⅰ类分为I_0、I_1两个亚类。当有可靠的剪切波速和覆盖层厚度且其值处于表9-4所列场地类别的分界线附近时,应允许按插值方法确定地震作用计算所用的特征周期。

表9-4 各类建筑场地的覆盖层厚度

单位:m

岩石的剪切波速或土的等效剪切波速/($\mathrm{m\cdot s^{-1}}$)	场地类别				
	I_0	I_1	Ⅱ	Ⅲ	Ⅳ
$v_S>800$	0	—	—	—	—
$800\geqslant v_S>500$	—	0	—	—	—
$500\geqslant v_S>250$	—	<5	≥5	—	—
$250\geqslant v_S>150$	—	<3	3~50	>50	—
$v_S\leqslant 150$	—	<3	3~15	15~80	>80

表9-4中需注意的有:

(1)对于$500\geqslant v_S>250$m/s的场地,场地类别主要是Ⅱ类。只有当覆盖层厚度小于5m时,场地类别为Ⅰ类。所以重点是查清覆盖层厚度是否小于5m。

(2)对于$250\geqslant v_S>150$m/s的场地,除了当覆盖层厚度小于3m时,场地类别为Ⅰ类外,场地类别主要为Ⅱ类、Ⅲ类,这主要取决于覆盖层厚度是否小于50m。所以为确定覆盖层厚度而进行的波速试验深度只要略超过50m即可。

(3)对于$v_S\leqslant 150$m/s的场地,场地类别为Ⅰ类、Ⅱ类、Ⅲ类、Ⅳ类四种情况都有可能,主要取决于覆盖层厚度是否大于相应的界限值3m、15m和80m。

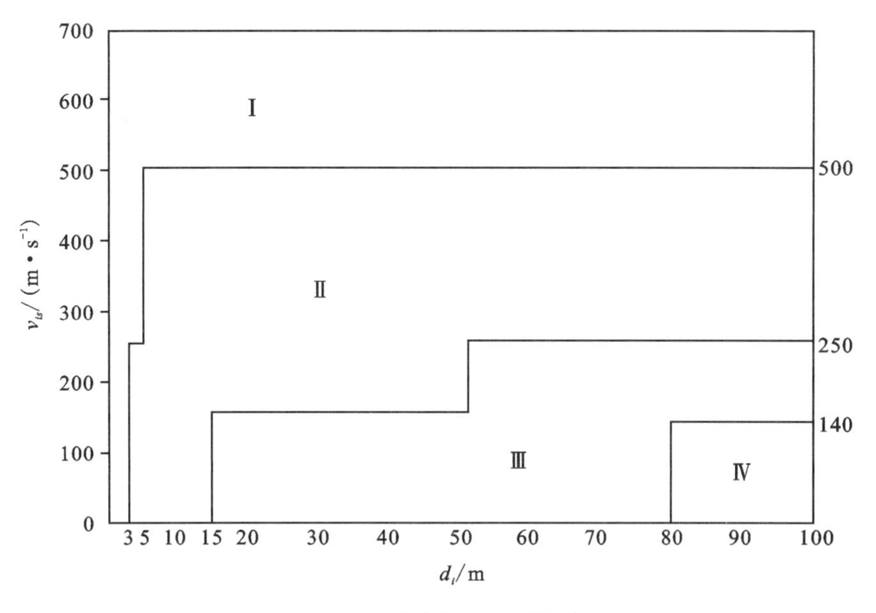

图 9-1 建筑场地类别划分

9.3.5 地震液化判别

地震液化现象是指地震时由于地震波的振动，埋深于地下水位以下的饱和砂土和粉土土的颗粒之间有变密的趋势，孔隙水不能及时地排出，土颗粒处于悬浮状态，呈现液体状，导致土体内的抗剪强度“瞬间”变为零，如果建筑物的地基土没有足够的稳定持力层，会喷水、冒砂，地基土即刻产生不均匀沉陷、裂缝、错位、滑坡等危害。

影响场地土液化的因素有很多，如地质年代、黏粒含量、上覆盖层非液化土层厚度和地下水位深度、地震烈度和震级等，需要根据多项指标综合分析，才能准确判别场地土是否发生液化现象。当某项指标达到一定值时，不论其他因素的指标如何，土都不会发生液化，也不会造成震害，这个指标数值称界限值。所以，了解影响液化因素及其界限值具有实际意义。

饱和砂土与饱和粉土(不含黄土)的液化判别和地基处理：抗震设防烈度为 6 度时，一般情况下可不进行判别和处理，但对液化沉陷敏感的乙类建筑可按 7 度的要求进行判别和处理；7～9 度，乙类建筑可按本地区抗震设防烈度的要求进行判别和处理。

当地面下存在饱和砂土与饱和粉土时，除抗震设防烈度 6 度以外，应进行液化判别；存在液化土层的地基，应根据建筑的抗震设防类别、地基的液化等级，结合具体情况采取相应的措施。

1)液化初判

饱和的砂土或粉土(不含黄土)，当符合下列条件之一时，可初步判别为不液化或可不考虑液化影响。

(1)当土层的地质年代为第四纪更新世晚期(Qp_3)及其以前时,7 度、8 度时可判为不液化。

(2)粉土的黏粒(粒径小于 0.005mm 的颗粒)含量百分率,7 度、8 度和 9 度分别不小于 10、13 和 16 时,可判为不液化土。

注:用于液化判别的黏粒含量系采用六偏磷酸钠作分散剂测定,采用其他方法时应按有关规定换算。

(3)浅埋天然地基的建筑,当上覆非液化土层厚度和地下水位深度符合下列条件之一时,可不考虑液化影响。

$$\begin{cases} d_u > d_0 + d_b - 2 \\ d_w > d_0 + d_b - 3 \\ d_u + d_w > 1.5d_0 + 2d_b - 4.5 \end{cases} \tag{9-3}$$

式中:d_w 为地下水位深度,宜按设计基准期内年平均最高水位采用,也可按近期内年最高水位采用(m);d_u 为上覆盖非液化土层厚度,计算时宜将淤泥和淤泥质土层扣除(m);d_b 为基础埋置深度(m),不超过 2m 时应采用 2m;d_0 为液化土特征深度(m),可按表 9-5 采用。

表 9-5 液化土特征深度

单位:m

饱和土类别	7 度	8 度	9 度
粉土	6	7	8
砂土	7	8	9

注:当区域的地下水位处于变动状态时,应按不利的情况考虑。

在式(9-3)的基础上,亦可按图 9-2 和图 9-3 进行初判。

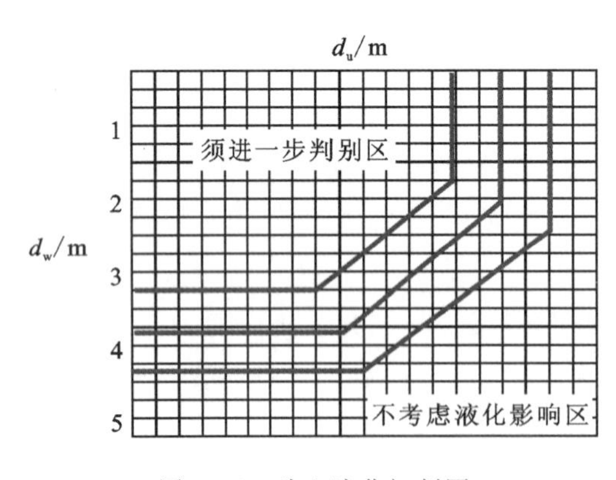

图 9-2 砂土液化初判图

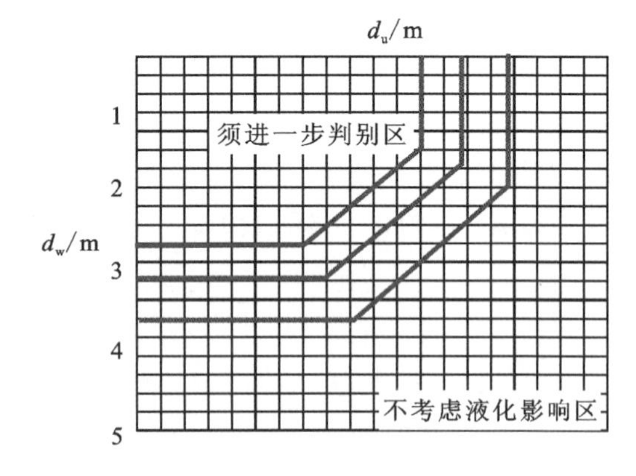

图 9-3 粉土液化初判图

2)液化复判

(1)标准贯入试验判别。当饱和土标准贯入锤击数(未经杆长修正)小于或等于液化判别标准贯入锤击数临界值 N_{cr} 时,应判为液化土。不进行天然地基及基础的抗震承载力验算的各类建筑的判别深度为 15m,其他为 20m,具体如下:

$$N_{cr} = N_0\beta[\ln(0.6d_S+1.5)-0.1d_w]\sqrt{3/\rho_c} \tag{9-4}$$

式中：N_{cr} 为液化判别标准贯入锤击数临界值；N_0 为液化判别标准贯入锤击数基准值，可按表 9－6 采用；d_S 为饱和土标准贯入点深度(m)；d_w 为地下水位(m)；ρ_c 为黏粒含量百分率，当小于 3 或为砂土时，应采用 3；β 为调整系数，设计地震第一组取 0.80，第二组取 0.95，第三组取 1.05。

表 9－6 液化判别标准贯入锤击数基准值 N_0

设计基本地震加速度(g)	0.10	0.15	0.20	0.30	0.40
液化判别标准贯入锤击数基准值(锤击数)	7	10	12	16	19

(2)静力触探试验判别。静力触探测试成果可用于对饱和粉土和饱和砂土进行地震液化趋势的微观判别，是根据唐山地震不同烈度区的试验资料，用判别函数法统计分析得出的，具体规定是：当实测计算比贯入阻力 p_S 或实测计算锥尖阻力 q_c 小于饱和土静力触探液化比贯入阻力临界值 p_{scr} 或液化锥尖阻力临界值 q_{ccr} 时，应判别为液化土。计算如下：

$$\begin{cases} p_{scr} = p_{s0}a_w a_u a_p \\ q_{ccr} = q_{c0}a_w a_u a_p \\ a_w = 1-0.065(d_w-2) \\ a_u = 1-0.05(d_u-2) \end{cases} \tag{9-5}$$

式中：p_{scr}、q_{ccr} 分别为饱和土静力触探液化比贯入阻力临界值及液化锥尖阻力临界值(MPa)；p_{s0}、q_{c0} 分别为地下水深度 $d_w=2$m，上覆非液化土层厚度 $d_u=2$m 时，饱和土液化判别比贯入阻力基准值和液化判别锥尖阻力基准值(MPa)，可按表 9－7 取值；a_w 为地下水位埋深修正系数，地面常年有水且与地下水有水利联系时，取 1.13；a_u 为上覆非液化土层厚度修正系数，对深基础，取 1.0；d_w 为地下水位深度(m)；d_u 为上覆非液化土层厚度，计算时应将淤泥和淤泥质土层扣除(m)；a_p 为与静力触探摩阻比有关的土性修正系数，可按表 9－8 取值。

表 9－7 比贯入阻力和锥尖阻力基准值 p_{s0}、q_{c0}

抗震设防烈度	7 度	8 度	9 度
p_{s0}/MPa	5.0～6.0	11.5～13.0	18.0～20.0
q_{c0}/MPa	4.6～5.5	10.5～11.8	16.4～18.2

表 9－8 土性修正系数 a_p 值

土类	砂土	粉土	
静力触探摩阻比 R_f	$R_f \leqslant 0.4$	$0.4 < R_f \leqslant 0.9$	$R_f > 0.9$
a_p	1.00	0.60	0.45

饱和砂土或粉土的实测计算锥尖阻力 q_c 建议按下述方法确定：

(a)当土层厚度大于1m时，取该层锥尖阻力的平均值。当土层厚度小于1m时，并且上下土层均为阻值较小的土层时，取其较大值作为实测锥尖阻力值。

(b)当土的厚度较大，力学性质显著不同，可明显分层时，应分别计算分层的平均贯入阻力值进行判别。

(3)剪切波速试验判别。地面下15m深度范围内的饱和砂土或饱和粉土，其实测剪切波速值 v_S 大于下列公式计算的土层剪切波速临界值 v_{scr} 时，可判别为不液化土。

$$v_{scr}=v_{S0}(d_S-0.0133d_S^2)^{0.5}\left[1-0.185\left(\frac{d_w}{d_s}\right)\right]\sqrt{3/\rho_c} \tag{9-6}$$

式中：v_{scr} 为饱和砂土或饱和粉土剪切波速临界值(m/s)；v_{S0} 为与地震烈度、土类有关的经验系数，取值见表9-9；d_S 为剪切波速测点深度(m)；d_w 为地下水文深度(m)。

表9-9　与地震烈度、土类有关的经验系数

土类	v_{S0}/(m·s^{-1})		
	7度	8度	9度
砂土	65	95	130
粉土	45	65	90

9.3.6　液化等级计算

为了定量化预估液化场地的危害程度以便采取相应的抗液化措施，需进行液化指数的计算，并使用液化指数划分地基液化等级。同时需注意的是，液化土层厚度越大，液化危害性越大；液化土层埋探接近地面，液化危害性较大，深度越深，危害性较小。

1)液化指数计算

$$I_{LE}=\sum_{i=1}^{n}\left(1-\frac{N_i}{N_{cri}}\right)d_i w_i \tag{9-7}$$

式中：I_{LE} 为液化指数；n 为在判别深度范围内每一个钻孔标准贯入试验点的总数；N_i、N_{cri} 分别为 i 点标准贯入锤击数的实测值和临界值，当实测值大于临界值时应取临界值，当只需要判别15m范围以内的液化时，15m以下的实测值可按临界值采用；d_i 为 i 点所代表的土层厚度(m)，可采用与该标准贯入试验点相邻的上、下两标准贯入试验点深度差的一半，但上界不高于地下水位深度，下界不深于液化深度；w_i 为 i 土层单位土层厚度的层位影响权函数值。当该层中点深度不大于5m时应采用10，等于20m时应采用零值，5～20m时应按线性内插法取值。

2)地基液化等级判定

地基液化等级的综合判定如表9-10所示。

表 9-10 地基液化等级判定表

液化等级	液化指数	地面喷水冒砂情况	对建筑物危害程度的描述
轻微	$0<I_{LE}\leqslant 6$	地面无喷水冒砂，或仅在洼地、河边有零星的喷冒点	液化危害性小，一般不致引起明显的震害
中等	$6<I_{LE}\leqslant 18$	喷水冒砂的可能性很大，从轻微到严重均有，大多数属中等喷冒	液化危害性较大，可造成不均匀沉降和开裂，有时不均匀沉降可能达到 200mm
严重	$I_{LE}>18$	一般喷水冒砂都很严重，地面变形很明显	液化危害性大，不均匀沉降可能大于 200mm，高重心结构可能产生不容许的倾斜

9.3.7 震陷

震陷是指在强烈地震作用下，由于土层加密、塑性区扩大或强度降低而导致工程结构或地面产生的下沉。抗震设防烈度等于或大于 7 度的厚层软土分布区，宜判别软土震陷的可能性和估算震陷量。

判别软土震陷的可能性需从以下 4 个方面进行。

(1)当地基承载力特征值 f_{ak} 或者等效剪切波速大于表 9-11 中的数值时，可不考虑震陷影响，否则需在专门的分析基础上进行综合评价后采取有效的抗震措施。

表 9-11 临界承载力特征值与等效剪切波速值

抗震设防烈度	7 度	8 度	9 度
承载力特征值 f_{ak}/kPa	>80	>100	>120
等效剪切波速 $v_{se}/(m\cdot s^{-1})$	>90	>140	>200

(2)当基础埋深小于 2m 的 6 层以下建筑物，7 度地震时可不考虑震陷问题。当 8 度、9 度地震时且满足表 9-12 中任一条件时，也可不考虑震陷影响。否则应采取必要的抗震措施。

表 9-12 不考虑软土震陷的条件

烈度	地基承载力/kPa	上覆非软弱土层厚度/m	软弱土层厚度/m	等效剪切波速/$(m\cdot s^{-1})$
8 度	≥80	≥10	≤10	≥120
9 度	≥100	≥15	≤2	≥150

(3)对于采用桩基的建(构)筑物，可按表 9-13 来考虑震陷影响。

表 9-13　桩基建(构)筑物震陷影响

建筑物类型	震陷量/cm	震陷影响
重要的建(构)筑物	<5	不考虑震陷影响
	≥5 且≤15	一般可考虑采取合适的上部结构措施，来减轻软土震陷对建(构)筑物的不利影响
	>15	需考虑震陷量对桩基带来的负摩擦力，必要时需增加桩长或桩数，避免过大的震陷量对建(构)筑物造成破坏
次要的建(构)筑物	<15	一般可不考虑震陷的影响
	≥15	可考虑采取合适的上部结构措施，以减轻软土震陷对建(构)筑物的不利影响

(4)地基中软弱黏性土层的震陷判别，可采用下列方法。饱和粉质黏土震陷的危害性和抗震陷措施应根据沉降和横向变形大小等因素综合研究确定，8 度(0.30g)和 9 度时，当塑性指数小于 15 且符合下式规定的饱和粉质黏土可判为震陷性软土。

$$\begin{cases} W_s \geqslant 0.9W_l \\ I_L \geqslant 0.75 \end{cases} \tag{9-8}$$

式中：W_s 为天然含水量；W_l 为液限含水量，采用液、塑限联合测定法测定；I_L 为液性指数。

9.4　场地和地基的地震效应勘察方法与内容

9.4.1　场地和地基地震效应岩土工程勘察的主要任务

(1)根据国家批准的地震动参数区划和有关的规范，提出勘察场地的抗震设防烈度、设计基本地震加速度和设计特征周期分区。

(2)在抗震设防烈度等于或大于 6 度的地区进行勘察时，应划分对抗震有利、不利和危险的地段，划分场地类别。《建筑抗震设计规范》(GB 50011—2010)根据土层等效剪切波速和覆盖层厚度把建筑场地划分为四类。当有可靠的剪切波速和覆盖层厚度值而场地类别处于类别的分界线附近时，可按插值方法确定场地反应谱特征周期。

(3)场地内存在发震断裂时，应对断裂的工程影响进行评价。

(4)对需要采用时程分析的工程，应根据设计要求，提供土层剖面、覆盖层厚度和剪切波速度等有关参数。当任务需要时，可进行地震安全性评估或抗震设防区划。

(5)进行液化判别。通过初判判别场地有无液化的可能性，再进一步综合判别评价液化等级。

(6)抗震设防烈度等于或大于 7 度的厚层软土分布区，宜判别软土震陷的可能性和估算震陷量。

(7)当场地或场地附近有滑坡、滑移、崩塌、塌陷、泥石流、采空区等不良地质作用时，应进行专门勘察分析评价在地震作用时的稳定性。

(8)提出抗液化措施的建议。

9.4.2　勘探工作量布置要求

场地和地基地震效应勘察以钻探、波速测试为主要勘探手段，以岩土工程地震测绘和调查为辅。其工作量布置一般应符合以下要求。

(1)为划分场地类别布置的勘探孔，当缺乏资料时，其深度应大于覆盖层厚度。当覆盖层厚度大于80m时，勘探孔深度应大于80m，并分层测定剪切波速。10层和高度30m以下的丙类和丁类建筑，无实测剪切波速时，可按国家标准《建筑抗震设计规范》(GB 50011—2010)的规定，按土的名称和性状估计土的剪切波速。

(2)在场地的初步勘察阶段，对大面积的同一地质单元，测量土层剪切波速的钻孔数量，应为控制性钻孔数量的1/3～1/5，山间河谷地区可适量减少，但不宜少于3个。在场地的详细勘察阶段，对单幢建筑测量土层剪切波速的钻孔数量不宜少于2个，数据变化较大时，可适量增加；对小区中处于同一地质单元的密集高层建筑群，测量土层剪切波速的钻孔数量可适当减少，但每幢高层建筑不得少于1个。

(3)地震液化的进一步判别应在地面以下15m的范围内进行；对于桩基和基础埋深大于5m的天然地基，判别深度应加深至20m。对判别液化而布置的勘探点不应少于3个，勘探孔深度应大于液化判别深度。

(4)当采用标准贯入试验判别液化时，应按每个试验孔的实测击数进行。在需要做判定的土层中，试验点的竖向间距为1.0～1.5m，每层土的试验点数不宜少于6个。

9.4.3　历史地震调查

历史上有关地震和地表错断的记载，一般来说，老的历史记载，往往没有确切的震中位置，又无地表错断的描述，所以只能用以证实有活断层存在，而难以确切判定活断层的位置。而较新的历史记载，震中位置、地震强度以及断裂方向、长度与地表错距等，都较具体、详细。因此，对历史记载要加以分析。

利用考古学的方法，可以判定某些断陷区的近期下降速率。这种方法主要的依据是古代文化遗迹被埋于地下的时间和深度等。

9.4.4　工程场地勘察

工程场地勘察的目的是查明工程场地范围内基岩埋深、风化程度、覆盖层厚度、地层结构、土层类型、层厚和埋深、土性变化及物理力学性质、地下水埋藏条件，特别要查明饱和砂土层与软弱土层(淤泥、淤泥质土、软黏土、冲填土)以及其他岩性、状态明显不均匀土层的分布规律和土的动力特性，以便为场地土层地震反应提供参数，并为评价地基地震效应提供依据。在进行边坡工程场地地震稳定性调查时，除应注意查清临空面覆盖土层基底的倾向与坡度外，也必须详细勘察土体中软弱夹层或透镜体的分布形状，以及与地下水的联系情况，以便为分析边坡地震滑移提供依据。

9.4.5 工程地震钻探

场地工程地震钻探，目的是查明场地土层结构、性状和地下水埋深，采取土样进行土动力性质实验，测试土层剪切波速，判定覆盖层厚度。

(1)为满足建筑场地类别划分和土层剪切波速测量，场地工程地震钻孔应符合下列要求。

(a)在场地初步勘察阶段，对大面积的同一地质单元，测量土层剪切波速的钻孔数量，应为控制性钻孔数量的1/3～1/5，山间河谷地区可适量减少，但不宜少于3个。

(b)在场地详细勘察阶段，对单幢高层建筑，测量土层剪切波速的钻孔数量不宜少于2个，数据变化较大时，可适量增加；对小区中处于同一地质单元的密集高层建筑群，测量土层剪切波速的钻孔数量可适量减少，但每幢高层建筑下不得少于1个。

(c)对于地下铁道、轻轨交通工程，每个车站、区间在同一地质单元内，其波速试验孔数不应少于4个；桥梁和高架桥线路每个墩台和桩基至少应布置1个波速试验孔。

(2)为了满足工程场地地震安全性评价和场地土层地震反应的需求，场地工程地震钻探应符合下列规定。

(a)工程场地地震安全性评价Ⅰ级工作钻探深度必须达到基岩或剪切波速大于700m/s处。

(b)Ⅱ级、Ⅲ级工作宜有不少于2个钻孔达到基岩或剪切波速大于等于500m/s处。若土层厚度超过100m，可终孔于满足场地地震反应分析所需要的深度处。

(c)Ⅱ级工作场地钻孔布置应能控制土层结构和场地内不同工程地质单元。

9.4.6 土层剪切波速测试

天然地基常常不是单一的匀质土体，而是具有多层结构的非匀质土体，为了解地基土层的空间变化情况，提供与波速有关的岩土参数，计算土层的动剪切模量 G_d 分析地基土类型与建筑场地类别，以及进行地基土层的地震反应计算等，必须利用土层的剪切波速资料。因此，对于重大工程建筑场地，应做土层波速测试。各类土的剪切波速值根据《铁路工程抗震设计规范》(GB 50111—2006)，大致范围如表9-14所示。

试验设备一般包含激振系统、信号接收系统(传感器)和信号处理系统。测试方法不同，使用的仪器设备也各不相同。测试的方法有单孔法(检层法)、跨孔法以及面波法(瑞利波法)等。三种方法的特点概括如表9-15所示。

1)单孔法

单孔法是在一个钻孔中分土层进行检测，故又称检层法，因为只需一个钻孔，方法简便，在实测中用得较多，但精度低于跨孔法。单孔法的现场测试如图9-4所示。

表 9－14　各类土剪切波速大致范围

岩土名称	岩土性质或基本承载力/kPa	剪切波速值 v_S/(m·s^{-1})
填土	—	100～200
淤泥、淤泥质土或软土	<100	90～140
黏土、粉质黏土	100～400	120～400
粉质黏土、粉土	100～400	100～380
黄土、黄土质土	—	130～300
粉砂、细砂	稍松	100～130
	中等密实	130～200
中砂、粗砂	稍松	110～160
	中等密实	160～250
粗砂、砾砂	—	200～350
粗、细圆砾土，粗、细角砾土，卵石土，碎石土	松散	200～300
	中等密实	300～400
	密实	>400
岩石	弱风化	500～1000
	未风化、微风化	>1000

注：①本表系10m以内的值，深度大于10m时，应适当加大；②根据土层深度、标贯击数、平均粒径、空隙比、液性指数等综合分析选择表中所列的剪切波速值。③黏土、粉质黏土、粉土可按内插取值。

表 9－15　三种波速测试方法的比较

测试方法	测试波形	钻孔数量	测试深度	激振形式	测试仪器	波速精确度	工作效率	测试成本
单孔法	P、SH	1	深	地面、孔内	较简单	平均值	较高	低
跨孔法	P、SV	2	深	孔内	复杂	高	低	高
面波法	R、	—	较浅	地面	复杂	较高	高	低

注：P为纵波；SH为水平极化剪切波；SV为垂直极化剪切波；R为瑞雷波。

准备工作的要求：

(1)钻孔时应注意保持井孔垂直，并宜用泥浆护壁或下套管，套管壁与孔壁应紧密接触。

(2)当剪切波振源采用锤击上压重物的木板时，木板的长向中垂线应对准测试孔中心，孔口与木板的距离宜为1～3m，板上所压重物宜大于400kg，木板与地面应紧密接触。

(3)当压缩波振源采用锤击金属板时，金属板距孔口的距离宜为1～3m。

(4)应检查三分量检波器各道的一致性和绝缘性。

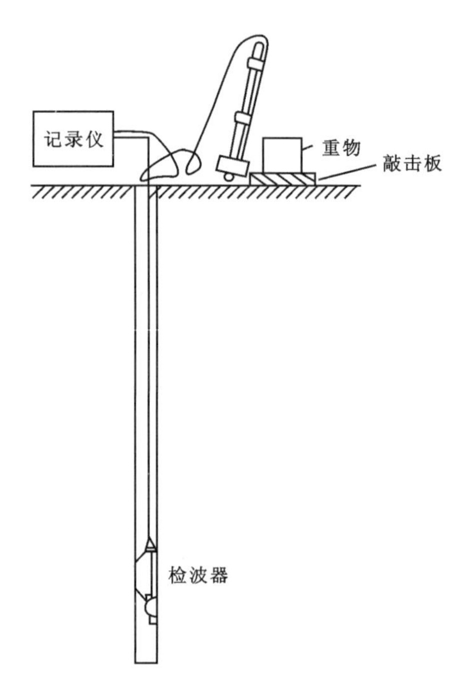

图 9－4　单孔法的现场测试图

测试工作的要求：

(1)测试时，应根据工程情况及地质分层，每隔1～3m布置1个测点，并宜自下而上按预定深度进行测试。

(2)剪切波测试时，传感器应设置在测试孔内预定深度处并予以固定；沿木板纵轴方向分别打击其两端，可记录极性相反的两组剪切波波形。

(3)压缩波测试时，可锤击金属板，当激振能量不足时，可采用落锤或爆炸产生压缩波。

测试工作结束后，应选择部分测点重复观测，其数量不应少于测点总数的10%。

2)跨孔法

跨孔法有双孔和三孔等距方法，以三孔等距法用得较多。跨孔法测试精度高，可以达到较深的测试深度，因而应用也比较普遍，但该法成本高，操作也比较复杂。三孔法是在测试场地上钻3个具有一定间隔的测试孔，选择其中的1个孔为振源孔，另外2个相邻的钻孔内放置接收检波器，如图9－5所示。

跨孔法的测试场地宜平坦，测试孔宜布置在一条直线上。测试孔的间距在土层中宜取2～5m，在岩层中宜取8～15m。在测试时，应根据工程情况及地质分层，沿深度方向每隔1～2m布置1个测点。

钻孔时应注意保持井孔垂直，并宜用泥浆护壁或下套管，套管壁与孔壁应紧密接触。在测试时，振源与接收孔内的传感器应设置在同一水平面。

现场测试方法：①当振源采用剪切波锤时，宜采用一次成孔法；②当振源采用标准贯入试验装置时，宜采用分段测试法。

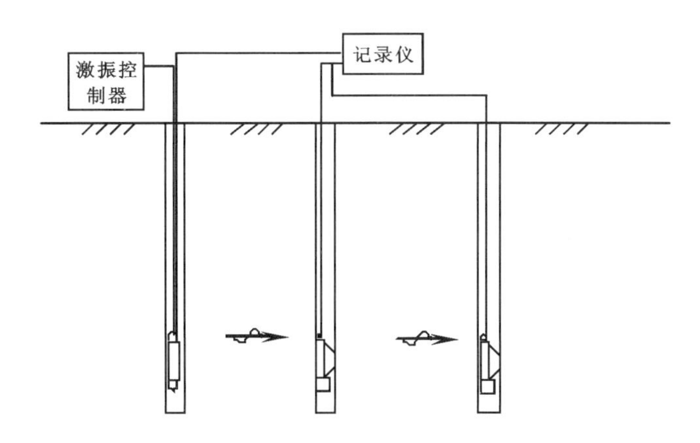

图 9-5 跨孔法的现场测试图

当测试深度大于 15m 时，必须对所有测试孔进行倾斜度及倾斜方位的测试，测点间距不应大于 1m。

当采用一次成孔法测试时，测试工作结束后，应选择部分测点重复观测，其数量不应少于测点总数的 10%，也可采用振源孔和接收孔互换的方法进行复测。

3)面波法

瑞利波是在介质表面传播的波，其能量从介质表面以指数规律沿深度衰减，大部分在一个波长的厚度内通过，因此在地表测得的面波波速反映了该深度范围内土的性质，而用不同的测试频率就可以获得不同深度土层的动参数。

面波法有两类测试方式：一是从频率域特性出发，通过变化激振频率进行量测，称为稳态法；另一种从时间域特性出发，瞬态激发采集宽频面波。

其中稳态法是利用稳态振源在地表施加一个频率为 f 的强迫振动，其能量以地震波的形式向周围扩散，这样在振源的周围将产生一个随时间变化的正弦波振动。通过设置在地面上的两个检波器 A 和 B 检出输入波的波峰之间的时间差，便可算出瑞利波速度 v_R。

测试设备由激振系统和拾振系统组成(图 9-6)。

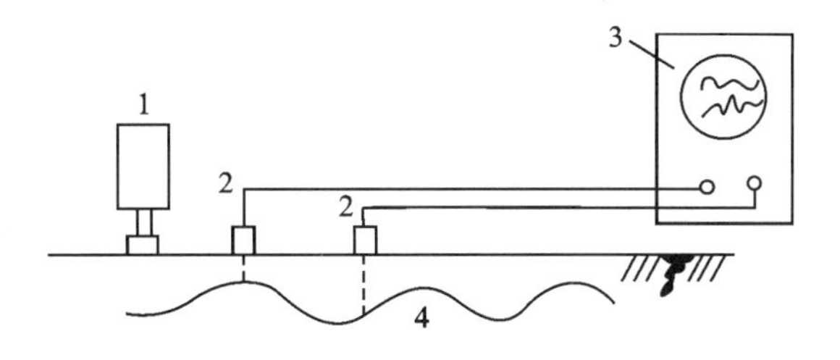

1. 激振器；2. 拾振器；3. 示波器；4. R 波。

图 9-6 稳态振动现场测试图

激振系统一般多采用电磁式激振器。系统工作时由信号发生器输出一定频率的电信号，经功率放大器放大后输入电磁激振器线圈，使其产生一定频率的振动。

拾振系统由检波器、放大器、双线示波仪及计算机四部分组成。检波器接收振动信号，经放大器放大，由双线示波仪显示并被记录。整个过程由计算机操作控制。

面波法不需要钻孔，不破坏地表结构物，成本低而效率高，是一种很有前景的测试方法。

测试工作可按下述步骤进行：

(1)激振设备宜采用机械式或电磁式激振器。

(2)在振源的同一侧放置两台间距为 Δl 的竖向传感器，接收由振源产生的瑞利波信号。

(3)改变激振频率，测试不同深度处土层的瑞利波波速。

(4)电磁式激振设备可采用单一正弦波信号或合成正弦波信号。

因为瑞利波在半无限空间中是在1个波长范围内传播的。低频激振时，波长变长，可测出深层瑞利波速度。由低向高逐渐改变激振频率，波长由长变短，探测深度由深变浅，从而得出不同深度的弹性常数。

测试过程中要注意如下几点：

(1)A、B检波器的距离一定要小于1个波长的距离。如果设置的距离过大，就可能会出现相位差的误判，但检波器间的间距又不应太小，否则会影响相位差的计算精度。

(2)为提高确定相位差的精度，应尽量选取小的采样间隔。

(3)为保证波峰的可靠对比和压制干扰波，需要时可将正弦激振波加以调制。

(4)根据实际情况调整频率变化速率(步长)，一般仪器中都设置了频率自动降低设备，可以任意选择，但步长太小，作业时间长；步长太大，又会影响观测精度。

9.4.7 场地地面微振动测试

地面微振动即通常所说的地脉动，其观测仪器主要由检波器、放大器和记录仪组成。由于地脉动频率较低，故测试系统的低频性能要求良好。为了提高记录信号的质量，目前常采用信号采集分析仪进行实际采集分析。用这种方法记录的数字化信号，在现场就能即时通过电脑荧屏显示所测得的地动脉波形，以便做出初步的数字信号分析，检查是否获得良好的观测记录。为了排除高频干扰信号，地脉动观测系统中还应配备滤波器。在地脉动施测时，应将垂直检震器和两个水平检震器(呈直角放置)安放在场地的天然地面上，应注意不要放在不稳定的松土地面或草地上。同时，应尽量保证在一定范围内没有特定振源，以避免较强干扰源的特性掩盖场地土层的自振特性。此外，也要避开在大风大雨的环境中施测。

实际上，地脉动测试方法是将一定范围的观测场地地基，看作一个线形系统，将脉动源作为输入，观测点的地脉动记录作为输出。根据随机振动理论，地脉动振幅谱 $Y(\omega)$ 可表示为脉动源谱 $X(\omega)$ 和传递函数 $H(\omega)$ 的乘积，即

$$Y(\omega)=H(\omega)\cdot X(\omega) \tag{9-9}$$

式中：$X(\omega)$ 反映了脉动源频谱结构；$H(\omega)$ 是观测场地地基特有的固定量，反映了地基土对入射波群的滤波和放大效应。

当脉动源接近白噪声信号，即 $X(\omega)$ 为某一常数时，$Y(\omega)$ 与 $X(\omega)$ 的形状一致。此时，地脉动的峰值频率直接反映了地基土层的自振频率。然而，实际脉动源往往不是白噪声，所

以，实测地脉动频谱的峰值频率可能对应两种情况：一种可能是地基的自振频率；另一种可能是脉动源的优势频率。如何从中识别地基固有频率，对地脉动测试结果的工程应用，具有关键的作用。

为了正确地认识地基的固有频率，必须确保测试结果具有代表性，为此，要求对一定地基土类型的工程场地，至少应有3个观测点在不同时间段的多次观测资料，以便对频谱曲线进行对比分析，判定场地自振频率的峰值，以此确定场地微振动的卓越周期。

9.4.8 岩土测试

为了测定场地土动力性能，《工程场地地震安全性评价技术规范》要求：Ⅰ级工作必须对场地内不同土层进行动三轴试验；Ⅱ级、Ⅲ级工作应对场地内具有代表性的土层进行动三轴试验。土动力三轴实验测定内容包括：初始剪切模量、剪切模量比与剪应变关系曲线、阻尼比与剪应变关系曲线。对于重大建设工程项目中的主要工程场地，应对饱和砂土层和软土层进行动力三轴的液化与震陷实验分析。

9.5 抗震措施

结合前文提到的液化及震陷问题，当液化土层较平坦、均匀时，可按表9-16选用抗液化（抗震）措施。

表9-16 抗液化（抗震）措施选择一览表

建筑抗震设防类别	地基的液化等级		
	轻微	中等	严重
乙类	部分消除液化沉陷，或对基础和上部结构处理	全部消除液化沉陷，或部分消除液化沉陷且对基础和上部结构处理	全部消除液化沉陷
丙类	基础和上部结构处理，亦可不采取措施	基础和上部结构处理，或更高要求的措施	全部消除液化沉陷，或部分消除液化沉陷且对基础和上部结构处理
丁类	可不采取措施	可不采取措施	基础和上部结构处理，或其他经济的措施

注：甲类建筑的地基抗液化措施应进行专门研究，但不宜低于乙类的相应要求。

具体的措施如下。

9.5.1 全部消除地基液化沉陷的措施

全部消除地基液化沉陷的措施应符合：

(1)采用桩基时，桩端深入液化深度以下稳定土层中的长度（不包括桩尖部分）应按计算确定，且对碎石土，砾、粗砂、中砂，坚硬黏性土和密实粉土不应小于 0.5m，对其他非岩石不应小于 1.5m。

(2)采用深基础时，基础底面埋入深度以下稳定土层中的深度，不应小于 0.5m。

(3)采用加密法(如振冲、振动加密、砂桩挤密、强夯等)加固时，应处理至液化深度下界，且处理后土层的标准贯入锤击数的实测值不宜大于相应的临界值。

(4)挖除全部液化土层。

(5)采用加密法或换土法处理时，在基础边缘以外的处理宽度，应超过基础底面下处理深度的 1/2 且不小于基础宽度的 1/5。

9.5.2 部分消除地基液化沉陷的措施

部分消除地基液化沉陷的措施应符合：

(1)处理深度应使处理后的地基液化指数减少。当判别深度为 15m 时，其值不宜大于 4；当判别深度为 20m 时，其值不宜大于 5；对独立基础与条形基础，不应小于基础底面下液化特征深度和基础宽度的较大值。

(2)处理深度范围内，应挖除其液化土层或采用加密法加固，使处理后土层的标准贯入锤击数实测值不小于相应的临界值。

(3)基础边缘以外的处理宽度与全部清除地基液化沉陷时的要求相同。

9.5.3 减轻液化影响的基础和上部结构处理措施

减轻液化影响的基础和上部结构处理，可综合考虑采用下列措施。

(1)选择合适的基础埋置深度。

(2)调整基础底面积，减少基础偏心。

(3)加强基础的整体性和刚性，如采用箱基、筏基或钢筋混凝土十字形基础，加设基础圈梁、基础梁系等。

(4)减轻荷载，增强上部结构的整体刚度和均匀对称性，合理设置沉降缝，避免采用对不均匀沉降敏感的结构形式等。

(5)管道穿过建筑处应预留足够尺寸或采用柔性接头等。

9.6 场地和地基的地震效应勘察实例

实例 1：

已知某建筑场地的地质钻探资料如表 9 - 17 所示，要求：试确定该建筑场地的类别。

表 9-17　场地的地质钻探资料

层底深度/m	土层厚度/m	土层名称	土层剪切波速/(m·s^{-1})
0.5	0.5	杂填土	160
8.5	8	淤泥质黏土	135
14.7	6.2	泥岩	395
19.4	4.7	中等风化砂页岩	450
24.6	5.2	微风化砂页岩	540

解析：第三层泥岩的波速为 395m/s，大于相邻上层波速（135m/s）的 1.9 倍，而泥岩又处于地下 5m 以下，且泥岩下卧层波速均大于 400m/s，依据“9.3.2 覆盖层厚度确定”中的第(2)条进行判断，该例覆盖层厚度应为 8.5m。确定地面下 8.5m 范围内土的类型剪切波从地表到 8.5m 深度范围的传播时间：

$$v_{se}=d_0\div t=8.5\div 0.0624=136.2(\text{m/s})$$

$$t=\sum_{i=1}^{n}d_i\div v_{si}=0.5\div 160+8\div 135=0.0624\text{s}$$

等效剪切波速：因等效剪切波速 250m/s$>v_{se}>$140m/s，故表层土属于中软土。

确定建筑场地的类别：根据表层土的等效剪切波速 250m/s$>v_{se}>$140m/s 和覆盖层厚度 8.5m 两个条件，查表 9-4，该建筑场地的类别属Ⅱ类。

实例 2：

液化等级确定：一场地地层为第四纪全新世冲积层及新近沉积层，地下水位埋深 2.8m，基础埋深 2m，当地地震烈度 8 度。设计基本地震加速度(g)为 0.15，第二组。岩土工程勘察钻孔深度为 15m，土层自上而下为 5 层：①粉细砂，稍湿—饱和，松散，$h_1=3.5$m；②细砂，饱和，松散，层厚 $h_2=3.7$m；③中—粗砂，稍密—中密，层厚 $h_3=3.1$m；④粉质黏土，可塑—硬塑，层厚 $h_4=3.2$m；⑤粉土，硬塑。

现场进行标准贯入试验的结果如表 9-18 所示。

表 9-18　标准贯入试验结果

编号	1	2	3	4	5	6	7
深度/m	2.15～2.45	3.15～3.45	4.15～4.45	5.65～5.95	6.65～6.95	7.65～7.95	8.65～8.95
实测 N	6	2	2	4	8	13	18

要求：①判别此地基砂土是否会液化；②若为液化土，试判别液化等级。

解析：

1. 液化判别

1）初步判别

(1)从地质年代判别：此场地为第四纪全新世冲积层及新近沉积层，在第四纪更新世之后，因此不能判别为不液化土。

(2)场地表土即为粉细砂，地下水埋深 $d_w=2.80$m，上覆非液化土层即 $d=2.80$m。对于烈度 8 度区的砂土，特征深度 $d_0=8$m。

$d_0+d_b-2>d_u=2.8$m

$d_0+d_b-3>d_w=2.8$m

$d_u+d_w=2.8+2.8=5.6<1.5d_0+2d_b-4.5=1.5\times8+2\times2-4.5=11.5$m

都不符合要求，故需进一步进行判别。

2)标准贯入试验法判别

(1)深度 2.15～2.45m 处：位于地下水位($d_w=2.8$m)以上，因此不会液化。

(2)深度 3.15～3.45m 处：$N_0=10$，$d_s=3.30$m，$\rho_c=3$，则标准贯入临界锤击数。

$N_{cr}=N_0\beta[\ln(0.6d_s+1.5)-0.1d_w]\sqrt{3/\rho_c}=10\times0.95[\ln(0.6\times3.30+1.50)-0.1\times2.8]\sqrt{3/3}=9.2>N=2$，为液化土。

(3)同理，对其余各点有：①深度 4.15～4.45m 处：$N_{cr}=10.7>N=2$，为液化土；②深度 5.65～5.95m 处：$N_{cr}=12.6>N=4$，为液化土；③深度 6.65～6.95m 处：$N_{cr}=13.7>N=8$，为液化土；④深度 7.65～7.95m 处：$N_{cr}=14.6>N=13$，为液化土；⑤深度 8.65～8.95m 处：$N_{cr}=15.5<N=18$，为非液化土。

2. 液化等级

计算液化指数 I_{LE}：

$d_1=1.0m$，$w_1=10$；$d_2=1.25m$，$w_2=10$；

$d_3=1.25$，$w_3=9.32$；$d_4=1.0m$，$w_4=8.20$；

$d_5=1.0m$，$w_5=7.20$。

将以上数据代入 I_{LE}的表达式：

$$I_{LE}=\sum_{i=1}^{n}\left(1-\frac{N_i}{N_{cri}}\right)d_iw_i=30.14$$

液化等级判别：$I_{LE}=30.14>15$，为严重液化等级。

主要参考文献

陈宁生,等,2011.泥石流勘查技术[M].北京:科学出版社.

程伯禹,1994.矿山地质灾害防治与地质环境保护[J].中国地质灾害与防治学报,5(S1):147-151.

重庆市国土资源和房屋管理局,2003.地质灾害防治工程勘察规范:DB50/143—2003[S].北京:中国标准出版社.

丛威青,潘懋,李铁锋,等,2006.降雨型泥石流临界雨量定量分析[J].岩石力学与工程学报,25(z1):2808-2812.

段永侯,1998.我国地面沉降研究现状与21世纪可持续发展[J].中国地质灾害与防治学报,9(2):1-5.

段永侯,1999.我国地质灾害的基本特征与发展趋势[J].第四纪研究(3):208-216.

甘建军,孙海燕,黄润秋,等,2012.汶川县映秀镇红椿沟特大型泥石流形成机制及堵江机理研究[J].灾害学,27(1):5-9.

甘峻松,1986.岩溶地基及其处理[J].勘察科学技术(5):35-40+29.

高宗军,张富中,鲁峰,2004.山东泰安岩溶地面塌陷前兆及其预测预报[J].中国地质灾害与防治学报,15(3):149-150.

郭建强,2003.地质灾害勘查地球物理技术手册[M].北京:地质出版社.

郭建强,朱庆俊,2003.地质灾害勘查的地球物理方法及其发展趋势[J].地球学报,24(5):483-486.

韩俊彪,2010.物探技术在采空区勘查中的应用[J].煤炭技术,29(1):174-175.

胡厚田,2005.崩塌落石研究[J].铁道工程学报(z1):387-391.

雷金山,阳军生,肖武权,等,2009.广州岩溶塌陷形成条件及主要影响因素[J].地质与勘探,45(4):488-492.

黎青宁,周国云,1990.地面变形地质灾害问题[J].水文地质工程地质(4):29-30.

李苍松,王石春,陈成宗,2005.岩溶地区铁路工程地质研究[J].铁道工程学报(S1):357-363.

李和学,白光宇,简明,等,2010.四川都江堰市水机关沟泥石流应急勘查评价[J].中国地质灾害与防治学报,21(3):129-133.

李耀华,杨进,李世峰,2011.瞬变电磁与电阻率测深在沙午铁路采空区勘查中的应用[J].物探与化探,35(2):274-279.

梁金国,李华伟,田鹏成,2006.唐山市体育场岩溶塌陷地质灾害勘察与治理[J].工程勘察(3):45-49.

刘传正,2000.地质灾害勘查指南[M].北京:地质出版社.

刘传正,2009.重大地质灾害防治理论与实践[M].北京:科学出版社.

刘德成,张荣隋,梁栋彬,2005.山东省兖州市采煤区地面塌陷的原因及其对策[J].水土保持研究,12(4):67-69.

刘飞,2002.上海市地面沉降变形特征研究[D].北京:中国地质大学(北京).

刘明坤,王荣,贾三满,2013.北京地区地裂缝危险性评价方法[J].城市地质,8(4):29-34.

刘沛,况顺达,姚智,2004.RS、GIS在贵州省环境地质综合调查中的应用——以崩塌、滑坡、泥石流调查为例[J].贵州地质,21(3):161-164.

罗元华,1994.关于地质灾害研究、勘查与防治工作的若干建议[J].中国地质灾害与防治学报,5(S1):393-395.

骆银辉,王兴安,2002.土体滑坡及松散层滑坡勘察设计中应注意的几个问题[J].工程勘察(5):41-43.

彭朝晖,张家奇,肖金平,2007.综合地球物理方法在冀东铁矿采空区勘查中的应用[J].物探与化探,31(4):354-357.

全国国土资源标准化技术委员会,2017.滑坡防治工程勘查规范:GB/T 32864—2016[S].北京:中国标准出版社.

任政委,武毅,孙党生,等,2011.高干扰环境下西安市地裂缝勘查新方法[J].物探与化探,35(1):75-79.

孙广忠,1994.地质灾害勘察工作中的若干问题[J].中国地质灾害与防治学报,5(S1):291-294.

孙建华,王建华,1998.我国地质灾害防治工作综述[J].西部探矿工程,10(3):60-65.

孙全德,梁连庆,1990.西北地区铁路泥石流的勘查研究与综合整治[J].铁道建筑(6):3-6.

索传郿,王德潜,刘祖植,2005.西安地裂缝地面沉降与防治对策[J].第四纪研究,25(1):23-28.

唐大荣,1994.地面岩溶塌陷的高分辨地震勘查[J].物探与化探,18(1):35-39.

田芳,郭萌,罗勇,等,2012.北京地面沉降区土体变形特征[J].中国地质,39(1):236-242.

韦京莲,董桂芝,2001.遥感技术在泥石流灾害勘查中的应用[J].北京地质(2):18-23.

伍洲云,余勤,张云,2003.苏锡常地区地裂缝形成过程[J].水文地质工程地质,30(1):67-72.

肖宏跃,雷宛,孙希蕾,2008.滑坡勘查中的高密度电阻率法异常特征[J].灾害学,23(3):27-31.

薛禹群，张云，叶淑君，等，2003. 中国地面沉降及其需要解决的几个问题[J]. 第四纪研究，23(6)：585－593.

杨明，徐世光，彭淑惠，2000. 云南省维西县二道河泥石流灾害防治技术应用及研究[J]. 地质灾害与环境保护，11(2)：163－167.

杨祥森，林昀，崔德海，2007. 地震映像法在铁路隧道隐伏岩溶勘查中的应用[J]. 工程地球物理学报，4(5)：470－474.

杨燕雄，马爱民，谢亚琼，2009. 河北省抚宁县房庄地裂缝灾害勘查治理[J]. 西部探矿工程，21(1)：32－35.

殷坤龙，柳源，2000. 滑坡灾害区划系统研究[J]. 中国地质灾害与防治学报，11(4)：28－32.

张长敏，董贤哲，祁丽华，等，2005. 采空区地面塌陷危险性两级模糊综合评判[J]. 地球与环境，33(S1)：99－103.

张梁，1994. 关于地质灾害涵义及其分类分级的探讨[J]. 中国地质灾害与防治学报，5(S1)：398－401.

张梁，张业成，罗元华，等，1998. 地质灾害灾情评估理论与实践[M]. 北京：地质出版社.

张茂省，黎志恒，王根龙，等，2011. 白龙江流域地质灾害特征及勘查思路[J]. 西北地质，44(3)：1－9.

赵翔，康景文，蒋进，等，2009. 滑坡勘察中滑带土强度指标确定方法的探讨[J]. 地质灾害与环境保护，20(1)：43－49.

赵允辉，2004. 危岩崩塌地质灾害调查评价与防治[J]. 中国地质灾害与防治学报，15(z1)：33－38.

郑颖人，时卫民，唐伯明，2003. 重庆三峡库区滑坡勘察工作中的一些问题[J]. 重庆建筑(1)：6－10.

周国云，李绍武，1993. 中国城市地面沉降研究的有关问题[J]. 水文地质工程地质(3)：28－31.

周竹生，马翠莲，石中平，2008. 瞬态瑞雷波法在滑坡勘查中的应用及其效果评价[J]. 工程地球物理学报，5(1)：9－13.

朱立峰，李益朝，刘方，等，2005. 西安地裂缝活动特征及勘查思路探讨[J]. 西北地质，38(4)：102－107.

朱汝烈，1998. 我国地质灾害勘察、监测新技术方法现状和展望[J]. 中国地质灾害与防治学报，9(S1)：352－356.